工业和信息化“十二五”规划教材

LINEAR
ALGEBRA

线性代数

同济大学数学系 ◎ 编

人 民 邮 电 出 版 社
北 京

图书在版编目（C I P）数据

线性代数 / 同济大学数学系编. -- 北京 : 人民邮
电出版社, 2017.1
同济大学数学系列教材
ISBN 978-7-115-42275-0

Ⅰ. ①线… Ⅱ. ①同… Ⅲ. ①线性代数－高等学校－
教材 Ⅳ. ①O151.2

中国版本图书馆CIP数据核字(2016)第198307号

内 容 提 要

本书根据工科类本科“线性代数”课程教学基本要求，参考同济大学“线性代数”课程及教材建设的经验和成果，按照硕士研究生考研大纲的要求编写而成．编者在内容编排、概念叙述、定理证明等诸多方面都做了精心安排，以使全书结构流畅，主次分明，通俗易懂．

本书共分五章，包括线性方程组与矩阵、方阵的行列式、向量空间与线性方程组解的结构、相似矩阵及二次型、线性空间与线性变换．每小节配有习题，每章末配有拓展阅读和测试题，拓展阅读用于讲解线性代数发展的相关知识；测试题难度高于习题难度，用于学生加强练习，部分习题和测试题答案放于本书最后章节．另外，为了更加清楚地讲解每章的重点、难点以及典型例题，本书还配有微课视频．

本书可作为高等院校非数学类专业“线性代数”课程的教材，也可作为自学者的参考书．

◆ 编　　　同济大学数学系
责任编辑　税梦玲
责任印制　沈　蓉　彭志环

◆ 人民邮电出版社出版发行　　北京市丰台区成寿寺路 11 号
邮编　100164　　电子邮件　315@ptpress.com.cn
网址　http://www.ptpress.com.cn
固安县铭成印刷有限公司印刷

◆ 开本：787×1092　1/16
印张：11.5　　　　2017 年 1 月第 1 版
字数：274 千字　　　2025 年 3 月河北第 31 次印刷

定价：24.00 元

读者服务热线：(010)81055256　印装质量热线：(010)81055316
反盗版热线：(010)81055315

前　　言

本书是同济大学数学系多年教学经验的总结，编者参考了近年来国内外出版的多本同类教材，吸取它们在内容安排、例题配置、定理证明等方面的优点，并结合工科院校的实际需求编写而成，本书主要特点如下.

一、优化编排，重点突出

本书第一章到第三章的内容以解线性方程组为主线，以矩阵为主要工具，内容由易到难、由浅入深、重点突出、层次分明.

第一章突出了初等变换在矩阵运算和求解线性方程组中的作用，首先通过线性方程组与矩阵的关系引入矩阵的定义，然后给出矩阵的各种运算和分块法，最后通过高斯消元法解线性方程组引入矩阵初等变换的概念，并利用矩阵的初等变换解线性方程组、求可逆阵的逆矩阵以及解矩阵方程，在求解线性方程组的同时给出了线性方程组的解的讨论.

第二章结合行列式和矩阵的初等变换，给出矩阵可逆的充分必要条件、求逆公式，以及克莱姆法则.

第三章讨论向量组的线性相关性，引进向量组的秩和矩阵的秩的概念，给出两者之间的联系和求秩的方法，并利用矩阵的秩的概念完善对线性方程组的解的讨论.

二、难度降低，帮助理解

在第三章中，本书重点关注向量组的线性相关性、向量组的秩以及矩阵的秩的有关概念，通过概念和线性方程组的解来讨论有关问题，降低了关于矩阵的秩的应用难度.

因为向量的内积与正交性、特征值与特征向量、矩阵的相似对角化等内容不仅可以看成独立的内容体系，也可作为二次型的预备知识，所以本书将它们单独作为第四章，有助于学生学习.

书中将一些理论性较强的定理的证明用 * 号标出，以示区别，便于选读. 如第二章中关于排列、对换的定理的证明以及关于行列式按行(列)展开的定理的证明.

三、习题丰富，题型多样

每小节和每章结束时均设置练习题，每小节后的习题与该小节内容匹配，用以帮助理解和巩固基本知识；每章的测试题在题型上更为多样，且难度高于每小节的习题，用于帮助学生提高.

本书将部分考研真题编入测试题中，可供学有余力的学生选做.

四、归纳总结，提升素养

设置章总结，并通过微课视频的形式呈现，总结的内容包括本章的基本要求、重点和难点、基本题型和综合例题等，帮助学生系统性地归纳该章所学重点. 设置拓展阅读栏目，在增强趣味性的同时让学生能够了解学科背景.

本书第一章到第三章由同济大学濮燕敏编写，第四章、第五章由同济大学殷俊峰编写，并由濮燕敏统稿. 中央民族大学李成岳和南京理工大学侯传志对书稿进行了审查，提出了很多可行的修改意见，在此表示感谢.

编 者

2016 年 4 月

目　录

第一章　线性方程组与矩阵

第一节　矩阵的概念及运算

[课前导读]

线性方程组的求解是线性代数要研究的重要问题之一，而矩阵是求解线性方程组的核心工具. 另一方面，矩阵理论在自然科学、工程技术、经济管理等领域中有着广泛的应用，是一些实际问题得以解决的基本工具. 这一节我们通过线性方程组和矩阵的关系引出矩阵的定义，并给出矩阵的运算及运算性质. 在正式学习矩阵之前，需要读者了解线性方程组的相关知识.

一、矩阵的定义

由 m 个方程 n 个未知量 x_1，x_2，…，x_n 构成的线性(即：一次)方程组可以表示为

$$\begin{cases} a_{11}x_1+a_{12}x_2+\cdots+a_{1n}x_n=b_1, \\ a_{21}x_1+a_{22}x_2+\cdots+a_{2n}x_n=b_2, \\ \cdots\cdots\cdots \\ a_{m1}x_1+a_{m2}x_2+\cdots+a_{mn}x_n=b_m. \end{cases} \tag{1-1}$$

在线性方程组中，未知量用什么字母表示无关紧要，重要的是方程组中未知量的个数以及未知量的系数和常数项. 也就是说，线性方程组(1-1)由常数 $a_{ij}(i=1, 2, \cdots, m; j=1, 2, \cdots, n)$ 和 $b_i(i=1, 2, \cdots, m)$ 完全确定，所以可以用一个 $m\times(n+1)$ 个数排成的 m 行 $n+1$ 列的数表

$$\widetilde{\boldsymbol{A}}=\begin{pmatrix} a_{11} & a_{12} & \cdots & a_{1n} & b_1 \\ a_{21} & a_{22} & \cdots & a_{2n} & b_2 \\ \vdots & \vdots & \ddots & \vdots & \vdots \\ a_{m1} & a_{m2} & \cdots & a_{mn} & b_m \end{pmatrix}$$

来表示线性方程组(1-1). 这个数表的第 $j(j=1, 2, \cdots, n)$ 列表示未知量 $x_j(j=1, 2, \cdots, n)$ 前的系数，第 $i(i=1, 2, \cdots, m)$ 行表示线性方程组(1-1)中的第 $i(i=1, 2, \cdots, m)$ 个方程，这个数表 $\widetilde{\boldsymbol{A}}$ 反映了线性方程组(1-1)的全部信息. 反之，任意给定一个 m 行 $n+1$ 列的数表，可以通过这个数表写出一个线性方程组. 因此，线性方程组与这样的数表之间有了一个对应关系.

定义 1　$m\times n$ 个数 $a_{ij}(i=1, 2, \cdots, m; j=1, 2, \cdots, n)$ 排成的 m 行 n 列的数表

$$\begin{pmatrix} a_{11} & a_{12} & \cdots & a_{1n} \\ a_{21} & a_{22} & \cdots & a_{2n} \\ \vdots & \vdots & \ddots & \vdots \\ a_{m1} & a_{m2} & \cdots & a_{mn} \end{pmatrix}$$

称为一个 $m \times n$ 矩阵，简记为 (a_{ij})，有时为了强调矩阵的行数和列数，也记为 $(a_{ij})_{m\times n}$. 数 a_{ij} 位于矩阵 (a_{ij}) 的第 i 行第 j 列，称为矩阵的 $(i,\ j)$ 元素，其中 i 称为元素 a_{ij} 的行标，j 称为元素 a_{ij} 的列标.

一般地，常用英文大写字母 $\boldsymbol{A}$，$\boldsymbol{B}$，…或字母 $\boldsymbol{\alpha}$，$\boldsymbol{\beta}$，$\boldsymbol{\gamma}$，…表示矩阵，如 $\boldsymbol{A}=(a_{ij})$，$\boldsymbol{B}=(b_{ij})$，$\boldsymbol{A}_{m\times n}$，$\boldsymbol{B}_{m\times n}$ 等.

元素是实数的矩阵称为实矩阵，元素是复数的矩阵称为复矩阵. 本书中的矩阵除特别指明外，都是指实矩阵.

1×1 的矩阵 $\boldsymbol{A}=(a)$ 就记为 $\boldsymbol{A}=a$.

$1\times n$ 的矩阵

$$(a_1,\ a_2,\ \cdots,\ a_n)$$

称为行矩阵，也称为 n 维行向量.

$n\times 1$ 的矩阵

$$\begin{pmatrix} a_1 \\ a_2 \\ \vdots \\ a_n \end{pmatrix}$$

称为列矩阵，也称为 n 维列向量.

所有元素都是零的 $m\times n$ 矩阵称为零矩阵，记为 $\boldsymbol{O}_{m\times n}$，或简记为 $\boldsymbol{O}$.

$n\times n$ 矩阵

$$\begin{pmatrix} a_{11} & a_{12} & \cdots & a_{1n} \\ a_{21} & a_{22} & \cdots & a_{2n} \\ \vdots & \vdots & \ddots & \vdots \\ a_{n1} & a_{n2} & \cdots & a_{nn} \end{pmatrix}$$

称为 n 阶方阵. 元素 $a_{ii}(i=1,\ 2,\ \cdots,\ n)$ 所在的位置称为 n 阶方阵的主对角线.

一个 n 阶方阵主对角线上方的元素全为零，即

$$\begin{pmatrix} a_{11} & 0 & \cdots & 0 \\ a_{21} & a_{22} & \cdots & 0 \\ \vdots & \vdots & \ddots & \vdots \\ a_{n1} & a_{n2} & \cdots & a_{nn} \end{pmatrix},$$

称该 n 阶方阵为下三角矩阵. 下三角矩阵的元素特点是：当 $i<j$ 时，$a_{ij}=0$.

类似地，有上三角矩阵

$$\begin{pmatrix} a_{11} & a_{12} & \cdots & a_{1n} \\ 0 & a_{22} & \cdots & a_{2n} \\ \vdots & \vdots & \ddots & \vdots \\ 0 & 0 & \cdots & a_{nn} \end{pmatrix},$$

上三角矩阵的元素特点是：当 $i>j$ 时，$a_{ij}=0$.

n 阶方阵

$$\begin{pmatrix} a_1 & 0 & \cdots & 0 \\ 0 & a_2 & \cdots & 0 \\ \vdots & \vdots & \ddots & \vdots \\ 0 & 0 & \cdots & a_n \end{pmatrix}$$

称为 n 阶对角矩阵，简称对角阵，记为 $\boldsymbol{diag}(a_1, a_2, \cdots, a_n)$.

如果 n 阶对角矩阵 $\boldsymbol{diag}(a_1, a_2, \cdots, a_n)$ 对角线上的元素全相等，即 $a_1=a_2=\cdots=a_n$，则称其为数量矩阵. 当 $a_1=a_2=\cdots=a_n=1$ 时，这个数量矩阵就称为 n 阶单位矩阵，简称为单位阵，记为 $\boldsymbol{E}_n$ 或 $\boldsymbol{E}$，即

$$\boldsymbol{E}=\begin{pmatrix} 1 & 0 & \cdots & 0 \\ 0 & 1 & \cdots & 0 \\ \vdots & \vdots & \ddots & \vdots \\ 0 & 0 & \cdots & 1 \end{pmatrix}.$$

定义 2　两个矩阵的行数相等、列数也相等，则称这两个矩阵为同型矩阵. 如果两个同型矩阵 $\boldsymbol{A}=(a_{ij})_{m\times n}$ 和 $\boldsymbol{B}=(b_{ij})_{m\times n}$ 中所有对应位置的元素都相等，即 $a_{ij}=b_{ij}$，其中 $i=1, 2, \cdots, m$；$j=1, 2, \cdots, n$，则称矩阵 $\boldsymbol{A}$ 和 $\boldsymbol{B}$ 相等，记为 $\boldsymbol{A}=\boldsymbol{B}$.

二、矩阵的线性运算

1. 矩阵的加法

定义 3　设 $\boldsymbol{A}=(a_{ij})_{m\times n}$ 和 $\boldsymbol{B}=(b_{ij})_{m\times n}$ 是两个同型矩阵，则矩阵 $\boldsymbol{A}$ 与 $\boldsymbol{B}$ 的和记为 $\boldsymbol{A}+\boldsymbol{B}$，规定

$$\boldsymbol{A}+\boldsymbol{B}=\begin{pmatrix} a_{11}+b_{11} & a_{12}+b_{12} & \cdots & a_{1n}+b_{1n} \\ a_{21}+b_{21} & a_{22}+b_{22} & \cdots & a_{2n}+b_{2n} \\ \vdots & \vdots & \ddots & \vdots \\ a_{m1}+b_{m1} & a_{m2}+b_{m2} & \cdots & a_{mn}+b_{mn} \end{pmatrix}.$$

同型矩阵的加法就是两个矩阵对应位置上元素的加法，由此易知矩阵的加法满足如下的运算规律：设 $\boldsymbol{A}$，$\boldsymbol{B}$，$\boldsymbol{C}$ 是任意三个 $m\times n$ 矩阵，则

（1）交换律：$\boldsymbol{A}+\boldsymbol{B}=\boldsymbol{B}+\boldsymbol{A}$；

（2）结合律：$(\boldsymbol{A}+\boldsymbol{B})+\boldsymbol{C}=\boldsymbol{A}+(\boldsymbol{B}+\boldsymbol{C})$；

（3）$\boldsymbol{A}+\boldsymbol{O}_{m\times n}=\boldsymbol{O}_{m\times n}+\boldsymbol{A}=\boldsymbol{A}$.

对于矩阵 $\boldsymbol{A}=(a_{ij})_{m\times n}$，称矩阵 $(-a_{ij})_{m\times n}$ 为矩阵 $\boldsymbol{A}$ 的负矩阵，记为 $-\boldsymbol{A}$. 显然，$\boldsymbol{A}+(-\boldsymbol{A})=\boldsymbol{O}_{m\times n}$. 由此可以定义矩阵 $\boldsymbol{A}=(a_{ij})_{m\times n}$ 和 $\boldsymbol{B}=(b_{ij})_{m\times n}$ 的减法为

$$\boldsymbol{A}-\boldsymbol{B}=\boldsymbol{A}+(-\boldsymbol{B})=(a_{ij}-b_{ij})_{m\times n}.$$

2. 矩阵的数乘

定义 4　用一个数 k 乘矩阵 $\boldsymbol{A}=(a_{ij})_{m\times n}$ 的所有元素得到的矩阵 $(ka_{ij})_{m\times n}$ 称为矩阵的数乘，记为 $k\boldsymbol{A}$ 或者 $\boldsymbol{A}k$，即 $k\boldsymbol{A}=\boldsymbol{A}k=(ka_{ij})_{m\times n}$.

如果 k，l 是任意两个数，$\boldsymbol{A}$，$\boldsymbol{B}$ 是任意两个 $m\times n$ 矩阵，则矩阵的数乘运算满足：

(1) $k(\boldsymbol{A}+\boldsymbol{B})=k\boldsymbol{A}+k\boldsymbol{B}$；

(2) $(k+l)\boldsymbol{A}=k\boldsymbol{A}+l\boldsymbol{A}$；

(3) $(kl)\boldsymbol{A}=k(l\boldsymbol{A})=l(k\boldsymbol{A})$；

(4) $1\boldsymbol{A}=\boldsymbol{A}$；

(5) $(-1)\boldsymbol{A}=-\boldsymbol{A}$；

(6) $0\boldsymbol{A}=\boldsymbol{O}_{m\times n}$.

矩阵的加法和矩阵的数乘统称为矩阵的线性运算.

例 1 设 $\boldsymbol{A}=\begin{pmatrix}3&0&2\\1&3&4\end{pmatrix}$，$\boldsymbol{B}=\begin{pmatrix}-1&2&1\\0&2&3\end{pmatrix}$，求 $\boldsymbol{A}+\boldsymbol{B}$ 和 $2\boldsymbol{A}-\boldsymbol{B}$.

解 $\boldsymbol{A}+\boldsymbol{B}=\begin{pmatrix}3&0&2\\1&3&4\end{pmatrix}+\begin{pmatrix}-1&2&1\\0&2&3\end{pmatrix}=\begin{pmatrix}3-1&0+2&2+1\\1+0&3+2&4+3\end{pmatrix}=\begin{pmatrix}2&2&3\\1&5&7\end{pmatrix}$；

$$
\begin{aligned}
2\boldsymbol{A}-\boldsymbol{B}&=2\begin{pmatrix}3&0&2\\1&3&4\end{pmatrix}-\begin{pmatrix}-1&2&1\\0&2&3\end{pmatrix}=\begin{pmatrix}3\times2&0\times2&2\times2\\1\times2&3\times2&4\times2\end{pmatrix}-\begin{pmatrix}-1&2&1\\0&2&3\end{pmatrix}\\
&=\begin{pmatrix}6+1&0-2&4-1\\2-0&6-2&8-3\end{pmatrix}=\begin{pmatrix}7&-2&3\\2&4&5\end{pmatrix}.
\end{aligned}
$$

三、矩阵的乘法

定义 5 设矩阵 $\boldsymbol{A}=(a_{ij})$ 是一个 $m\times p$ 矩阵，矩阵 $\boldsymbol{B}=(b_{ij})$ 是一个 $p\times n$ 矩阵，定义矩阵 $\boldsymbol{A}$ 与 $\boldsymbol{B}$ 的乘积是一个 $m\times n$ 矩阵 $\boldsymbol{C}=(c_{ij})$，其中矩阵 $\boldsymbol{C}=(c_{ij})$ 的第 i 行第 j 列元素 c_{ij} 是矩阵 $\boldsymbol{A}$ 的第 i 行元素 a_{i1}，a_{i2}，…，a_{ip} 与矩阵 $\boldsymbol{B}$ 的第 j 列相应元素 b_{1j}，b_{2j}，…，b_{pj} 的乘积之和，即

$$
c_{ij}=\sum_{k=1}^{p}a_{ik}b_{kj}=a_{i1}b_{1j}+a_{i2}b_{2j}+\cdots+a_{ip}b_{pj}. \tag{1-2}
$$

必须注意：只有当第一个矩阵(左边的矩阵)的列数与第二个矩阵(右边的矩阵)的行数相等时，两个矩阵才能相乘.

例 2 求矩阵 $\boldsymbol{A}=\begin{pmatrix}3&-1&1\\2&2&0\end{pmatrix}$ 与 $\boldsymbol{B}=\begin{pmatrix}1&-1&0\\1&1&1\\2&1&-1\end{pmatrix}$ 的乘积 $\boldsymbol{AB}$.

解 因为矩阵 $\boldsymbol{A}$ 是 2×3 矩阵，矩阵 $\boldsymbol{B}$ 是 3×3 矩阵，$\boldsymbol{A}$ 的列数等于 $\boldsymbol{B}$ 的行数，所以矩阵 $\boldsymbol{A}$ 与 $\boldsymbol{B}$ 可以相乘，乘积 $\boldsymbol{AB}$ 是一个 2×3 矩阵. 按公式(1-2)有

$$
\begin{aligned}
\boldsymbol{AB}&=\begin{pmatrix}3&-1&1\\2&2&0\end{pmatrix}\begin{pmatrix}1&-1&0\\1&1&1\\2&1&-1\end{pmatrix}\\
&=\begin{pmatrix}3\times1+(-1)\times1+1\times2 & 3\times(-1)+(-1)\times1+1\times1 & 3\times0+(-1)\times1+1\times(-1)\\ 2\times1+2\times1+0\times2 & 2\times(-1)+2\times1+0\times1 & 2\times0+2\times1+0\times(-1)\end{pmatrix}\\
&=\begin{pmatrix}4&-3&-2\\4&0&2\end{pmatrix}.
\end{aligned}
$$

例 3　求矩阵 $\boldsymbol{A}=\begin{pmatrix}-1 & 1\\ 2 & -2\end{pmatrix}$与 $\boldsymbol{B}=\begin{pmatrix}2 & 1\\ -6 & -3\end{pmatrix}$的乘积 $\boldsymbol{AB}$ 及 $\boldsymbol{BA}$.

解　$\boldsymbol{AB}=\begin{pmatrix}-1 & 1\\ 2 & -2\end{pmatrix}\begin{pmatrix}2 & 1\\ -6 & -3\end{pmatrix}=\begin{pmatrix}-8 & -4\\ 16 & 8\end{pmatrix}$；$\boldsymbol{BA}=\begin{pmatrix}2 & 1\\ -6 & -3\end{pmatrix}\begin{pmatrix}-1 & 1\\ 2 & -2\end{pmatrix}=\begin{pmatrix}0 & 0\\ 0 & 0\end{pmatrix}$.

在例 2 中，矩阵 $\boldsymbol{A}$ 是 2×3 矩阵，矩阵 $\boldsymbol{B}$ 是 3×3 矩阵，所以乘积 $\boldsymbol{AB}$ 有意义，而矩阵 $\boldsymbol{B}$ 与 $\boldsymbol{A}$ 却不能相乘. 在例 3 中，虽然乘积 $\boldsymbol{AB}$ 与乘积 $\boldsymbol{BA}$ 都有意义，但是 $\boldsymbol{AB}\neq\boldsymbol{BA}$. 在例 3 中还看到，尽管 $\boldsymbol{A}\neq\boldsymbol{O}$，$\boldsymbol{B}\neq\boldsymbol{O}$，仍旧有 $\boldsymbol{BA}=\boldsymbol{O}$. 所以在做矩阵乘法时，我们要注意：

(1) 矩阵乘法不满足交换律，即在一般情况下，$\boldsymbol{AB}\neq\boldsymbol{BA}$；

(2) 尽管矩阵 $\boldsymbol{A}$ 与 $\boldsymbol{B}$ 满足 $\boldsymbol{AB}=\boldsymbol{O}$，但是得不出 $\boldsymbol{A}=\boldsymbol{O}$ 或 $\boldsymbol{B}=\boldsymbol{O}$ 的结论.

但是，矩阵乘法仍满足下列运算规律(假设运算都是可行的).

(1) 结合律：$(\boldsymbol{AB})\boldsymbol{C}=\boldsymbol{A}(\boldsymbol{BC})$.

(2) 矩阵乘法对矩阵加法的分配律：$\boldsymbol{A}(\boldsymbol{B}+\boldsymbol{C})=\boldsymbol{AB}+\boldsymbol{AC}$，$(\boldsymbol{A}+\boldsymbol{B})\boldsymbol{C}=\boldsymbol{AC}+\boldsymbol{BC}$.

(3) $(k\boldsymbol{A})\boldsymbol{B}=\boldsymbol{A}(k\boldsymbol{B})=k(\boldsymbol{AB})$.

(4) $\boldsymbol{E}_m\boldsymbol{A}_{m\times n}=\boldsymbol{A}_{m\times n}\boldsymbol{E}_n=\boldsymbol{A}_{m\times n}$.

(5) $\boldsymbol{O}_{m\times s}\boldsymbol{A}_{s\times n}=\boldsymbol{O}_{m\times n}$；$\boldsymbol{A}_{m\times s}\boldsymbol{O}_{s\times n}=\boldsymbol{O}_{m\times n}$.

证明　这几个运算律的证明都是验证式的证明，在此我们只写出结合律的证明，而将其余证明留给读者.

设矩阵 $\boldsymbol{A}=(a_{ij})$是一个 $m\times s$ 矩阵，矩阵 $\boldsymbol{B}=(b_{ij})$ 是一个 $s\times p$ 矩阵，矩阵 $\boldsymbol{C}=(c_{ij})$ 是一个 $p\times n$ 矩阵. 由矩阵乘法的定义知，矩阵$(\boldsymbol{A}_{m\times s}\boldsymbol{B}_{s\times p})\boldsymbol{C}_{p\times n}$与 $\boldsymbol{A}_{m\times s}(\boldsymbol{B}_{s\times p}\boldsymbol{C}_{p\times n})$都有意义，且都是 $m\times n$ 矩阵. 由矩阵相等的定义，我们只需验证这两个矩阵在相应位置的元素相等即可.

矩阵 $\boldsymbol{A}_{m\times s}\boldsymbol{B}_{s\times p}$ 中第 i 行元素为 $\sum\limits_{k=1}^{s}a_{ik}b_{k1}$，$\sum\limits_{k=1}^{s}a_{ik}b_{k2}$，…，$\sum\limits_{k=1}^{s}a_{ik}b_{kp}$，于是矩阵$(\boldsymbol{A}_{m\times s}\boldsymbol{B}_{s\times p})\boldsymbol{C}_{p\times n}$中$(i, j)$元素为矩阵 $\boldsymbol{A}_{m\times s}\boldsymbol{B}_{s\times p}$ 中第 i 行元素与矩阵 $\boldsymbol{C}_{p\times n}$ 中第 j 列对应元素 c_{1j}，c_{2j}，…，c_{pj}乘积之和，即

$$\Big(\sum_{k=1}^{s}a_{ik}b_{k1}\Big)c_{1j}+\Big(\sum_{k=1}^{s}a_{ik}b_{k2}\Big)c_{2j}+\cdots+\Big(\sum_{k=1}^{s}a_{ik}b_{kp}\Big)c_{pj}=\sum_{t=1}^{p}\sum_{k=1}^{s}a_{ik}b_{kt}c_{tj}.$$

同理可以验证矩阵 $\boldsymbol{A}_{m\times s}(\boldsymbol{B}_{s\times p}\boldsymbol{C}_{p\times n})$中$(i, j)$ 元素也是 $\sum\limits_{t=1}^{p}\sum\limits_{k=1}^{s}a_{ik}b_{kt}c_{tj}$，所以矩阵乘法的结合律成立.

例 4　设有线性方程组

$$\begin{cases}a_{11}x_1+a_{12}x_2+\cdots+a_{1n}x_n=b_1,\\ a_{21}x_1+a_{22}x_2+\cdots+a_{2n}x_n=b_2,\\ \cdots\cdots\cdots\\ a_{m1}x_1+a_{m2}x_2+\cdots+a_{mn}x_n=b_m.\end{cases}$$

矩阵 $\boldsymbol{A}=\begin{pmatrix}a_{11} & a_{12} & \cdots & a_{1n}\\ a_{21} & a_{22} & \cdots & a_{2n}\\ \vdots & \vdots & \ddots & \vdots\\ a_{m1} & a_{m2} & \cdots & a_{mn}\end{pmatrix}$称为该线性方程组的系数矩阵. 令 $\boldsymbol{x}=\begin{pmatrix}x_1\\ x_2\\ \vdots\\ x_n\end{pmatrix}$，$\boldsymbol{\beta}=\begin{pmatrix}b_1\\ b_2\\ \vdots\\ b_m\end{pmatrix}$，按公式(1-2)有

$$Ax=\begin{pmatrix}a_{11}&a_{12}&\cdots&a_{1n}\\a_{21}&a_{22}&\cdots&a_{2n}\\\vdots&\vdots&\ddots&\vdots\\a_{m1}&a_{m2}&\cdots&a_{mn}\end{pmatrix}\begin{pmatrix}x_1\\x_2\\\vdots\\x_n\end{pmatrix}=\begin{pmatrix}a_{11}x_1+a_{12}x_2+\cdots+a_{1n}x_n\\a_{21}x_1+a_{22}x_2+\cdots+a_{2n}x_n\\\cdots\cdots\cdots\\a_{m1}x_1+a_{m2}x_2+\cdots+a_{mn}x_n\end{pmatrix}.$$

再根据矩阵相等的定义，该线性方程组可以用矩阵形式来表示：$\boldsymbol{Ax}=\boldsymbol{\beta}$.

由于矩阵乘法满足结合律，我们可以定义方阵的方幂如下：

$$\boldsymbol{A}^k=\underbrace{\boldsymbol{AA}\cdots\boldsymbol{A}}_{k个}(这里\ k\ 为正整数).$$

并且规定：对非零方阵 $\boldsymbol{A}$，有 $\boldsymbol{A}^0=\boldsymbol{E}$.

方阵的方幂满足以下运算规律(这里 k，l 均为非负整数)：

$$\boldsymbol{A}^k\boldsymbol{A}^l=\boldsymbol{A}^{k+l}；\ (\boldsymbol{A}^k)^l=\boldsymbol{A}^{kl}.$$

由于矩阵乘法不满足交换律，一般来讲$(\boldsymbol{AB})^k\neq\boldsymbol{A}^k\boldsymbol{B}^k$，$(\boldsymbol{A}+\boldsymbol{B})^2\neq\boldsymbol{A}^2+2\boldsymbol{AB}+\boldsymbol{B}^2$. 只有当 $\boldsymbol{A}$ 与 $\boldsymbol{B}$ 可交换(即 $\boldsymbol{AB}=\boldsymbol{BA}$)时，公式

$$(\boldsymbol{AB})^k=\boldsymbol{A}^k\boldsymbol{B}^k，(\boldsymbol{A}+\boldsymbol{B})^2=\boldsymbol{A}^2+2\boldsymbol{AB}+\boldsymbol{B}^2，(\boldsymbol{A}+\boldsymbol{B})(\boldsymbol{A}-\boldsymbol{B})=\boldsymbol{A}^2-\boldsymbol{B}^2$$

等才成立.

例 5 设矩阵 $\boldsymbol{A}=\begin{pmatrix}0&1&0\\0&0&1\\0&0&0\end{pmatrix}$，求 $\boldsymbol{A}^2$ 和 $\boldsymbol{A}^3$.

解 $\boldsymbol{A}^2=\begin{pmatrix}0&1&0\\0&0&1\\0&0&0\end{pmatrix}\begin{pmatrix}0&1&0\\0&0&1\\0&0&0\end{pmatrix}=\begin{pmatrix}0&0&1\\0&0&0\\0&0&0\end{pmatrix}$,

$$\boldsymbol{A}^3=\boldsymbol{A}^2\boldsymbol{A}=\begin{pmatrix}0&0&1\\0&0&0\\0&0&0\end{pmatrix}\begin{pmatrix}0&1&0\\0&0&1\\0&0&0\end{pmatrix}=\begin{pmatrix}0&0&0\\0&0&0\\0&0&0\end{pmatrix}.$$

四、矩阵的转置

定义 6 设 $m\times n$ 矩阵 $\boldsymbol{A}=\begin{pmatrix}a_{11}&a_{12}&\cdots&a_{1n}\\a_{21}&a_{22}&\cdots&a_{2n}\\\vdots&\vdots&\ddots&\vdots\\a_{m1}&a_{m2}&\cdots&a_{mn}\end{pmatrix}$，把矩阵 $\boldsymbol{A}$ 的行换成同序数的列，得到的 $n\times m$ 矩阵称为矩阵 $\boldsymbol{A}$ 的转置矩阵，记为 $\boldsymbol{A}^{\mathrm{T}}$，即

$$\boldsymbol{A}^{\mathrm{T}}=\begin{pmatrix}a_{11}&a_{21}&\cdots&a_{m1}\\a_{12}&a_{22}&\cdots&a_{m2}\\\vdots&\vdots&\ddots&\vdots\\a_{1n}&a_{2n}&\cdots&a_{nm}\end{pmatrix}.$$

矩阵的转置满足下面的运算规律(这里 k 为常数，$\boldsymbol{A}$ 与 $\boldsymbol{B}$ 为同型矩阵)：

(1) $(\boldsymbol{A}^{\mathrm{T}})^{\mathrm{T}}=\boldsymbol{A}$；

(2) $(\boldsymbol{A}+\boldsymbol{B})^{\mathrm{T}}=\boldsymbol{A}^{\mathrm{T}}+\boldsymbol{B}^{\mathrm{T}}$;

(3) $(\boldsymbol{AB})^{\mathrm{T}}=\boldsymbol{B}^{\mathrm{T}}\boldsymbol{A}^{\mathrm{T}}$;

(4) $(k\boldsymbol{A})^{\mathrm{T}}=k\boldsymbol{A}^{\mathrm{T}}$.

证明　这些性质的证明仍属验证式的证明，可仿照矩阵乘法性质的证明，留给读者自己验证.

例 6　设矩阵 $\boldsymbol{A}=\begin{pmatrix}2&-1&3\\1&1&1\end{pmatrix}$，$\boldsymbol{B}=\begin{pmatrix}1&-1\\0&2\\-1&1\end{pmatrix}$，求$(\boldsymbol{AB})^{\mathrm{T}}$.

解法一

$$\boldsymbol{AB}=\begin{pmatrix}2&-1&3\\1&1&1\end{pmatrix}\begin{pmatrix}1&-1\\0&2\\-1&1\end{pmatrix}=\begin{pmatrix}-1&-1\\0&2\end{pmatrix},$$

所以$(\boldsymbol{AB})^{\mathrm{T}}=\begin{pmatrix}-1&0\\-1&2\end{pmatrix}$.

解法二

$$(\boldsymbol{AB})^{\mathrm{T}}=\boldsymbol{B}^{\mathrm{T}}\boldsymbol{A}^{\mathrm{T}}=\begin{pmatrix}1&0&-1\\-1&2&1\end{pmatrix}\begin{pmatrix}2&1\\-1&1\\3&1\end{pmatrix}=\begin{pmatrix}-1&0\\-1&2\end{pmatrix}.$$

定义 7　n 阶方阵 $\boldsymbol{A}$ 如果满足 $\boldsymbol{A}^{\mathrm{T}}=\boldsymbol{A}$，则称 $\boldsymbol{A}$ 为对称矩阵，如果满足 $\boldsymbol{A}^{\mathrm{T}}=-\boldsymbol{A}$，则称 $\boldsymbol{A}$ 为反对称矩阵.

由定义可知，如果 n 阶方阵 $\boldsymbol{A}=(a_{ij})$是对称矩阵，则 $a_{ij}=a_{ji}(i\neq j;\ i,\ j=1,\ 2,\ \cdots,\ n)$. 如果 n 阶方阵 $\boldsymbol{A}=(a_{ij})$是反对称矩阵，则 $a_{ij}=-a_{ji}(i\neq j;\ i,\ j=1,\ 2,\ \cdots,\ n)$，且 $a_{ii}=0(i=1,\ 2,\ \cdots,\ n)$.

例 7　设矩阵 $\boldsymbol{A}$ 是 $m\times n$ 矩阵，证明：$\boldsymbol{A}^{\mathrm{T}}\boldsymbol{A}$ 和 $\boldsymbol{AA}^{\mathrm{T}}$ 都是对称矩阵.

证明　因为

$$(\boldsymbol{A}^{\mathrm{T}}\boldsymbol{A})^{\mathrm{T}}=\boldsymbol{A}^{\mathrm{T}}(\boldsymbol{A}^{\mathrm{T}})^{\mathrm{T}}=\boldsymbol{A}^{\mathrm{T}}\boldsymbol{A},\ (\boldsymbol{AA}^{\mathrm{T}})^{\mathrm{T}}=(\boldsymbol{A}^{\mathrm{T}})^{\mathrm{T}}\boldsymbol{A}^{\mathrm{T}}=\boldsymbol{AA}^{\mathrm{T}},$$

所以 $\boldsymbol{A}^{\mathrm{T}}\boldsymbol{A}$ 和 $\boldsymbol{AA}^{\mathrm{T}}$ 都是对称矩阵.

习题 1-1

1. 设 $\widetilde{\boldsymbol{A}}=\begin{pmatrix}1&1&2&2&1\\2&1&3&-1&3\\1&-1&1&4&5\end{pmatrix}$，写出 $\widetilde{\boldsymbol{A}}$ 为增广矩阵的线性方程组.

2. 设等式$\begin{pmatrix}1&2\\a&b\end{pmatrix}+\begin{pmatrix}x&y\\3&4\end{pmatrix}=\begin{pmatrix}3&-4\\7&1\end{pmatrix}$成立，求 a，b，x，y.

3. 设 $\boldsymbol{A}=\begin{pmatrix}3&-1&2\\2&1&-2\end{pmatrix}$，$\boldsymbol{B}=\begin{pmatrix}1&5&1\\-2&-1&0\end{pmatrix}$，计算

(1) $\boldsymbol{A}+2\boldsymbol{B}$，$3\boldsymbol{A}-\boldsymbol{B}$；　　(2) $\boldsymbol{AB}^{\mathrm{T}}$ 和 $\boldsymbol{A}^{\mathrm{T}}\boldsymbol{B}$.

4. 设矩阵 $\boldsymbol{A}=\begin{pmatrix}1 & -3\\ 1 & 2\end{pmatrix}$，$\boldsymbol{B}=\begin{pmatrix}2 & 0\\ 3 & -1\end{pmatrix}$，求$(\boldsymbol{A}+\boldsymbol{B})(\boldsymbol{A}-\boldsymbol{B})$.

5. 设矩阵 $\boldsymbol{A}=\begin{pmatrix}1 & 0 & 0\\ 0 & 1 & 2\\ 0 & 2 & 1\end{pmatrix}$，$\boldsymbol{B}=\begin{pmatrix}1 & 0 & 0\\ 0 & 2 & 5\\ 0 & 5 & 2\end{pmatrix}$，求 $\boldsymbol{A}^2+3\boldsymbol{A}-2\boldsymbol{B}$.

6. 计算下列各题：

（1）$\begin{pmatrix}1\\ 2\\ 3\end{pmatrix}(3,\ -2,\ 1)$；　　（2）$(2,\ 3,\ 1)\begin{pmatrix}1\\ -1\\ 2\end{pmatrix}$；

（3）$(x,\ y,\ z)\begin{pmatrix}1 & 1 & -1\\ 1 & 2 & 1\\ -1 & 1 & 0\end{pmatrix}\begin{pmatrix}x\\ y\\ z\end{pmatrix}$；　　（4）$\begin{pmatrix}1 & 1 & 0\\ 0 & 1 & 1\\ 0 & 0 & 1\end{pmatrix}^n$.

7. 设 $\boldsymbol{A}=\begin{pmatrix}1 & 1\\ 0 & 1\end{pmatrix}$，求所有与 $\boldsymbol{A}$ 可交换的矩阵.

8. 设 $\boldsymbol{A}$ 是 n 阶矩阵，证明 $\boldsymbol{A}^{\mathrm{T}}+\boldsymbol{A}$ 是对称矩阵，$\boldsymbol{A}^{\mathrm{T}}-\boldsymbol{A}$ 是反对称矩阵.

9. 设矩阵 $\boldsymbol{A}=\begin{pmatrix}\lambda_1 & & & \\ & \lambda_2 & & \\ & & \ddots & \\ & & & \lambda_n\end{pmatrix}$，求 $\boldsymbol{A}^n$.

第二节　分块矩阵

[课前导读]

当矩阵的行数和列数较高时，为了证明或计算的方便，常把矩阵分成若干小块，把每个小块当作“数”来处理，这便是矩阵的分块. 这一节我们将讨论矩阵的分块方式和分块矩阵的计算. 在学习这一节之前，需要读者熟练掌握矩阵的线性运算、矩阵乘法和矩阵的转置运算.

一、分块矩阵的概念

对于行数和列数较高的矩阵 $\boldsymbol{A}$，运算时常用一些横线和竖线将矩阵 $\boldsymbol{A}$ 分划成若干个小矩阵，每一个小矩阵称为 $\boldsymbol{A}$ 的子块，以子块为元素的形式上的矩阵称为分块矩阵. 一个矩阵的分块方式会有很多种，例如，将 4×5 矩阵

$$\boldsymbol{A}=\begin{pmatrix}a_{11} & a_{12} & a_{13} & a_{14} & a_{15}\\ a_{21} & a_{22} & a_{23} & a_{24} & a_{25}\\ a_{31} & a_{32} & a_{33} & a_{34} & a_{35}\\ a_{41} & a_{42} & a_{43} & a_{44} & a_{45}\end{pmatrix}$$

划分成如下三种形式：

$$(1)\ \boldsymbol{A}=\left(\begin{array}{cc|ccc} a_{11} & a_{12} & a_{13} & a_{14} & a_{15} \\ a_{21} & a_{22} & a_{23} & a_{24} & a_{25} \\ \hline a_{31} & a_{32} & a_{33} & a_{34} & a_{35} \\ a_{41} & a_{42} & a_{43} & a_{44} & a_{45} \end{array}\right);\quad (2)\ \boldsymbol{A}=\left(\begin{array}{cc|cc|c} a_{11} & a_{12} & a_{13} & a_{14} & a_{15} \\ \hline a_{21} & a_{22} & a_{23} & a_{24} & a_{25} \\ a_{31} & a_{32} & a_{33} & a_{34} & a_{35} \\ \hline a_{41} & a_{42} & a_{43} & a_{44} & a_{45} \end{array}\right);$$

$$(3)\ \boldsymbol{A}=\left(\begin{array}{c|c|c|c|c} a_{11} & a_{12} & a_{13} & a_{14} & a_{15} \\ a_{21} & a_{22} & a_{23} & a_{24} & a_{25} \\ a_{31} & a_{32} & a_{33} & a_{34} & a_{35} \\ a_{41} & a_{42} & a_{43} & a_{44} & a_{45} \end{array}\right).$$

按(1)的分块，我们可以记为

$$\boldsymbol{A}=\begin{pmatrix} \boldsymbol{A}_{11} & \boldsymbol{A}_{12} \\ \boldsymbol{A}_{21} & \boldsymbol{A}_{22} \end{pmatrix},$$

其中

$$\boldsymbol{A}_{11}=\begin{pmatrix} a_{11} & a_{12} \\ a_{21} & a_{22} \end{pmatrix},\ \boldsymbol{A}_{12}=\begin{pmatrix} a_{13} & a_{14} & a_{15} \\ a_{23} & a_{24} & a_{25} \end{pmatrix},\ \boldsymbol{A}_{21}=\begin{pmatrix} a_{31} & a_{32} \\ a_{41} & a_{42} \end{pmatrix},\ \boldsymbol{A}_{22}=\begin{pmatrix} a_{33} & a_{34} & a_{35} \\ a_{43} & a_{44} & a_{45} \end{pmatrix}.$$

按(2)的分块，我们可以记为

$$\boldsymbol{A}=\begin{pmatrix} \boldsymbol{A}_{11} & \boldsymbol{A}_{12} & \boldsymbol{A}_{13} \\ \boldsymbol{A}_{21} & \boldsymbol{A}_{22} & \boldsymbol{A}_{23} \\ \boldsymbol{A}_{31} & \boldsymbol{A}_{32} & \boldsymbol{A}_{33} \end{pmatrix},$$

其中

$$\boldsymbol{A}_{11}=(a_{11},\ a_{12}),\ \boldsymbol{A}_{12}=(a_{13},\ a_{14}),\ \boldsymbol{A}_{13}=a_{15},$$

$$\boldsymbol{A}_{21}=\begin{pmatrix} a_{21} & a_{22} \\ a_{31} & a_{32} \end{pmatrix},\ \boldsymbol{A}_{22}=\begin{pmatrix} a_{23} & a_{24} \\ a_{33} & a_{34} \end{pmatrix},\ \boldsymbol{A}_{23}=\begin{pmatrix} a_{25} \\ a_{35} \end{pmatrix},$$

$$\boldsymbol{A}_{31}=(a_{41},\ a_{42}),\ \boldsymbol{A}_{32}=(a_{43},\ a_{44}),\ \boldsymbol{A}_{33}=a_{45}.$$

按(3)的分块，我们可以记为

$$\boldsymbol{A}=(\boldsymbol{A}_{11},\ \boldsymbol{A}_{12},\ \boldsymbol{A}_{13},\ \boldsymbol{A}_{14},\ \boldsymbol{A}_{15}),$$

其中

$$\boldsymbol{A}_{11}=\begin{pmatrix} a_{11} \\ a_{21} \\ a_{31} \\ a_{41} \end{pmatrix},\ \boldsymbol{A}_{12}=\begin{pmatrix} a_{12} \\ a_{22} \\ a_{32} \\ a_{42} \end{pmatrix},\ \boldsymbol{A}_{13}=\begin{pmatrix} a_{13} \\ a_{23} \\ a_{33} \\ a_{43} \end{pmatrix},\ \boldsymbol{A}_{14}=\begin{pmatrix} a_{14} \\ a_{24} \\ a_{34} \\ a_{44} \end{pmatrix},\ \boldsymbol{A}_{15}=\begin{pmatrix} a_{15} \\ a_{25} \\ a_{35} \\ a_{45} \end{pmatrix}.$$

第三种分块方式称为矩阵的按列分块. 类似地，也有矩阵的按行分块，分块矩阵请读者写出.

对于线性方程组

$$\begin{cases}a_{11}x_1+a_{12}x_2+\cdots+a_{1n}x_n=b_1,\\ a_{21}x_1+a_{22}x_2+\cdots+a_{2n}x_n=b_2,\\ \cdots\cdots\cdots \\ a_{m1}x_1+a_{m2}x_2+\cdots+a_{mn}x_n=b_m,\end{cases}$$

其系数矩阵

$$\boldsymbol{A}=\begin{pmatrix}a_{11}&a_{12}&\cdots&a_{1n}\\ a_{21}&a_{22}&\cdots&a_{2n}\\ \vdots&\vdots&\ddots&\vdots\\ a_{m1}&a_{m2}&\cdots&a_{mn}\end{pmatrix}$$

按列分块可写成

$$\boldsymbol{A}=(\boldsymbol{\alpha}_1,\ \boldsymbol{\alpha}_2,\ \cdots,\ \boldsymbol{\alpha}_n),$$

其中，$\boldsymbol{\alpha}_j=\begin{pmatrix}a_{1j}\\ a_{2j}\\ \vdots\\ a_{mj}\end{pmatrix}$表示 $\boldsymbol{A}$ 的第 j 列. 记$\boldsymbol{\beta}=\begin{pmatrix}b_1\\ b_2\\ \vdots\\ b_m\end{pmatrix}$，则该线性方程组的增广矩阵

$$\widetilde{\boldsymbol{A}}=\begin{pmatrix}a_{11}&a_{12}&\cdots&a_{1n}&b_1\\ a_{21}&a_{22}&\cdots&a_{2n}&b_2\\ \vdots&\vdots&\ddots&\vdots&\vdots\\ a_{m1}&a_{m2}&\cdots&a_{mn}&b_m\end{pmatrix}$$

按分块矩阵的记法，可记为

$$\widetilde{\boldsymbol{A}}=(\boldsymbol{A}\,|\,\boldsymbol{\beta}),\ 或\ \widetilde{\boldsymbol{A}}=(\boldsymbol{A},\ \boldsymbol{\beta})=(\boldsymbol{\alpha}_1,\ \boldsymbol{\alpha}_2,\ \cdots,\ \boldsymbol{\alpha}_n,\ \boldsymbol{\beta}).$$

二、分块矩阵的运算

分块矩阵的运算规则与普通矩阵的运算规则相类似，不同的计算方式，分块的原则不同，下面分情况讨论.

（1）分块矩阵加(减)运算：设 $\boldsymbol{A}$、$\boldsymbol{B}$ 都是 $m\times n$ 矩阵，对两个矩阵的行和列采用相同的分块方式，不妨设

$$\boldsymbol{A}=\begin{pmatrix}\boldsymbol{A}_{11}&\boldsymbol{A}_{12}&\cdots&\boldsymbol{A}_{1t}\\ \boldsymbol{A}_{21}&\boldsymbol{A}_{22}&\cdots&\boldsymbol{A}_{2t}\\ \vdots&\vdots&\ddots&\vdots\\ \boldsymbol{A}_{s1}&\boldsymbol{A}_{s2}&\cdots&\boldsymbol{A}_{st}\end{pmatrix},\quad \boldsymbol{B}=\begin{pmatrix}\boldsymbol{B}_{11}&\boldsymbol{B}_{12}&\cdots&\boldsymbol{B}_{1t}\\ \boldsymbol{B}_{21}&\boldsymbol{B}_{22}&\cdots&\boldsymbol{B}_{2t}\\ \vdots&\vdots&\ddots&\vdots\\ \boldsymbol{B}_{s1}&\boldsymbol{B}_{s2}&\cdots&\boldsymbol{B}_{st}\end{pmatrix},$$

其中 A_{ij}和 B_{ij}的行数相同、列数相同，则有

$$\boldsymbol{A}\pm\boldsymbol{B}=\begin{pmatrix}\boldsymbol{A}_{11}\pm\boldsymbol{B}_{11}&\boldsymbol{A}_{12}\pm\boldsymbol{B}_{12}&\cdots&\boldsymbol{A}_{1t}\pm\boldsymbol{B}_{1t}\\ \boldsymbol{A}_{21}\pm\boldsymbol{B}_{21}&\boldsymbol{A}_{22}\pm\boldsymbol{B}_{22}&\cdots&\boldsymbol{A}_{2t}\pm\boldsymbol{B}_{2t}\\ \vdots&\vdots&\ddots&\vdots\\ \boldsymbol{A}_{s1}\pm\boldsymbol{B}_{s1}&\boldsymbol{A}_{s2}\pm\boldsymbol{B}_{s2}&\cdots&\boldsymbol{A}_{st}\pm\boldsymbol{B}_{st}\end{pmatrix}.$$

例 1　求矩阵 $\boldsymbol{A}=\begin{pmatrix}1&0&0&0\\0&0&0&0\\2&0&0&0\\1&1&0&3\end{pmatrix}$ 与 $\boldsymbol{B}=\begin{pmatrix}-2&0&1&0\\0&-1&0&1\\1&1&-4&2\\2&-1&0&-3\end{pmatrix}$ 的和 $\boldsymbol{A}+\boldsymbol{B}$.

解　因为矩阵 $\boldsymbol{A}$ 与 $\boldsymbol{B}$ 都是 4×4 的矩阵，为了方便计算，我们用矩阵的分块来求 $\boldsymbol{A}+\boldsymbol{B}$. 先根据矩阵 $\boldsymbol{A}$ 的特点划分矩阵 $\boldsymbol{A}$，再根据矩阵加法的分块原则来划分矩阵 $\boldsymbol{B}$. 将矩阵 $\boldsymbol{A}$ 与 $\boldsymbol{B}$ 写成分块矩阵如下：

$$\boldsymbol{A}=\left(\begin{array}{c|ccc}1&0&0&0\\0&0&0&0\\2&0&0&0\\\hline 1&1&0&3\end{array}\right)=\begin{pmatrix}\boldsymbol{A}_1&\boldsymbol{O}\\\boldsymbol{A}_2&\boldsymbol{A}_3\end{pmatrix},\quad \boldsymbol{B}=\left(\begin{array}{c|ccc}-2&0&1&0\\0&-1&0&1\\1&1&-4&2\\\hline 2&-1&0&-3\end{array}\right)=\begin{pmatrix}\boldsymbol{B}_1&\boldsymbol{B}_2\\\boldsymbol{B}_3&\boldsymbol{B}_4\end{pmatrix}$$

于是，

$$\boldsymbol{A}+\boldsymbol{B}=\begin{pmatrix}\boldsymbol{A}_1&\boldsymbol{O}\\\boldsymbol{A}_2&\boldsymbol{A}_3\end{pmatrix}+\begin{pmatrix}\boldsymbol{B}_1&\boldsymbol{B}_2\\\boldsymbol{B}_3&\boldsymbol{B}_4\end{pmatrix}=\begin{pmatrix}\boldsymbol{A}_1+\boldsymbol{B}_1&\boldsymbol{O}+\boldsymbol{B}_2\\\boldsymbol{A}_2+\boldsymbol{B}_3&\boldsymbol{A}_3+\boldsymbol{B}_4\end{pmatrix}=\begin{pmatrix}\boldsymbol{A}_1+\boldsymbol{B}_1&\boldsymbol{B}_2\\\boldsymbol{A}_2+\boldsymbol{B}_3&\boldsymbol{A}_3+\boldsymbol{B}_4\end{pmatrix}.$$

而

$$\boldsymbol{A}_1+\boldsymbol{B}_1=\begin{pmatrix}1\\0\\2\end{pmatrix}+\begin{pmatrix}-2\\0\\1\end{pmatrix}=\begin{pmatrix}-1\\0\\3\end{pmatrix},\quad \boldsymbol{A}_2+\boldsymbol{B}_3=1+2=3,$$

$$\boldsymbol{A}_3+\boldsymbol{B}_4=(1,\ 0,\ 3)+(-1,\ 0,\ -3)=(0,\ 0,\ 0),$$

所以

$$\boldsymbol{A}+\boldsymbol{B}=\left(\begin{array}{c|ccc}-1&0&1&0\\0&-1&0&1\\3&1&-4&2\\\hline 3&0&0&0\end{array}\right).$$

（2）分块矩阵的数乘运算：矩阵的分块方式没有特别规定，对任意的分块

$$\boldsymbol{A}=\begin{pmatrix}\boldsymbol{A}_{11}&\boldsymbol{A}_{12}&\cdots&\boldsymbol{A}_{1t}\\\boldsymbol{A}_{21}&\boldsymbol{A}_{22}&\cdots&\boldsymbol{A}_{2t}\\\vdots&\vdots&\ddots&\vdots\\\boldsymbol{A}_{s1}&\boldsymbol{A}_{s2}&\cdots&\boldsymbol{A}_{st}\end{pmatrix},$$

都有

$$k\boldsymbol{A}=\begin{pmatrix}k\boldsymbol{A}_{11}&k\boldsymbol{A}_{12}&\cdots&k\boldsymbol{A}_{1t}\\k\boldsymbol{A}_{21}&k\boldsymbol{A}_{22}&\cdots&k\boldsymbol{A}_{2t}\\\vdots&\vdots&\ddots&\vdots\\k\boldsymbol{A}_{s1}&k\boldsymbol{A}_{s2}&\cdots&k\boldsymbol{A}_{st}\end{pmatrix}.$$

所以在矩阵的数乘运算中，对矩阵的分块可以根据矩阵本身的特点而定.

（3）分块矩阵的乘法：设 $\boldsymbol{A}$ 为 $m\times s$ 矩阵，$\boldsymbol{B}$ 为 $s\times n$ 矩阵，要求矩阵 $\boldsymbol{A}$ 的列分块方式与矩阵 $\boldsymbol{B}$ 的行分块方式保持一致，而对矩阵 $\boldsymbol{A}$ 的行分块方式及矩阵 $\boldsymbol{B}$ 的列分块方式没有任何要求和限制. 不妨设

$$\boldsymbol{A}=\begin{pmatrix}\boldsymbol{A}_{11} & \boldsymbol{A}_{12} & \cdots & \boldsymbol{A}_{1k}\\ \boldsymbol{A}_{21} & \boldsymbol{A}_{22} & \cdots & \boldsymbol{A}_{2k}\\ \vdots & \vdots & \ddots & \vdots\\ \boldsymbol{A}_{t1} & \boldsymbol{A}_{t2} & \cdots & \boldsymbol{A}_{tk}\end{pmatrix},\quad \boldsymbol{B}=\begin{pmatrix}\boldsymbol{B}_{11} & \boldsymbol{B}_{12} & \cdots & \boldsymbol{B}_{1u}\\ \boldsymbol{B}_{21} & \boldsymbol{B}_{22} & \cdots & \boldsymbol{B}_{2u}\\ \vdots & \vdots & \ddots & \vdots\\ \boldsymbol{B}_{k1} & \boldsymbol{B}_{k2} & \cdots & \boldsymbol{B}_{ku}\end{pmatrix},$$

其中 $\boldsymbol{A}_{i1}$，$\boldsymbol{A}_{i2}$，…，$\boldsymbol{A}_{ik}$ 的列数分别等于 $\boldsymbol{B}_{1j}$，$\boldsymbol{B}_{2j}$，…，$\boldsymbol{B}_{kj}$ 的行数，则

$$\boldsymbol{AB}=\begin{pmatrix}\boldsymbol{C}_{11} & \boldsymbol{C}_{12} & \cdots & \boldsymbol{C}_{1u}\\ \boldsymbol{C}_{21} & \boldsymbol{C}_{22} & \cdots & \boldsymbol{C}_{2u}\\ \vdots & \vdots & \ddots & \vdots\\ \boldsymbol{C}_{t1} & \boldsymbol{C}_{t2} & \cdots & \boldsymbol{C}_{tu}\end{pmatrix},$$

其中

$$\boldsymbol{C}_{ij}=\sum_{t=1}^{k}\boldsymbol{A}_{it}\boldsymbol{B}_{tj}=\boldsymbol{A}_{i1}\boldsymbol{B}_{1j}+\boldsymbol{A}_{i2}\boldsymbol{B}_{2j}+\cdots+\boldsymbol{A}_{ik}\boldsymbol{B}_{kj}.$$

例 2　设 $\boldsymbol{A}=\begin{pmatrix}1 & 0 & 1 & 0\\ -1 & 1 & 0 & 1\\ -1 & 0 & 0 & 0\\ 0 & -1 & 0 & 0\end{pmatrix}$，$\boldsymbol{B}=\begin{pmatrix}1 & 2 & 0 & 0\\ -2 & 1 & 0 & 0\\ 1 & 0 & 0 & -1\\ 0 & 1 & -1 & 0\end{pmatrix}$，求 $\boldsymbol{AB}$.

解　把矩阵 $\boldsymbol{A}$ 与 $\boldsymbol{B}$ 进行如下分块：

$$\boldsymbol{A}=\left(\begin{array}{cc|cc}1 & 0 & 1 & 0\\ -1 & 1 & 0 & 1\\ \hline -1 & 0 & 0 & 0\\ 0 & -1 & 0 & 0\end{array}\right)=\begin{pmatrix}\boldsymbol{A}_{11} & \boldsymbol{E}\\ -\boldsymbol{E} & \boldsymbol{O}\end{pmatrix},\quad \boldsymbol{B}=\left(\begin{array}{cc|cc}1 & 2 & 0 & 0\\ -2 & 1 & 0 & 0\\ \hline 1 & 0 & 0 & -1\\ 0 & 1 & -1 & 0\end{array}\right)=\begin{pmatrix}\boldsymbol{B}_{11} & \boldsymbol{O}\\ \boldsymbol{E} & \boldsymbol{B}_{22}\end{pmatrix}.$$

$$\boldsymbol{AB}=\begin{pmatrix}\boldsymbol{A}_{11} & \boldsymbol{E}\\ -\boldsymbol{E} & \boldsymbol{O}\end{pmatrix}\begin{pmatrix}\boldsymbol{B}_{11} & \boldsymbol{O}\\ \boldsymbol{E} & \boldsymbol{B}_{22}\end{pmatrix}=\begin{pmatrix}\boldsymbol{A}_{11}\boldsymbol{B}_{11}+\boldsymbol{E}^2 & \boldsymbol{A}_{11}\boldsymbol{O}+\boldsymbol{E}\boldsymbol{B}_{22}\\ -\boldsymbol{E}\boldsymbol{B}_{11}+\boldsymbol{O}\boldsymbol{E} & -\boldsymbol{E}\boldsymbol{O}+\boldsymbol{O}\boldsymbol{B}_{22}\end{pmatrix}=\begin{pmatrix}\boldsymbol{A}_{11}\boldsymbol{B}_{11}+\boldsymbol{E} & \boldsymbol{B}_{22}\\ -\boldsymbol{B}_{11} & \boldsymbol{O}\end{pmatrix}.$$

而

$$\boldsymbol{A}_{11}\boldsymbol{B}_{11}+\boldsymbol{E}=\begin{pmatrix}1 & 0\\ -1 & 1\end{pmatrix}\begin{pmatrix}1 & 2\\ -2 & 1\end{pmatrix}+\begin{pmatrix}1 & 0\\ 0 & 1\end{pmatrix}=\begin{pmatrix}1 & 2\\ -3 & -1\end{pmatrix}+\begin{pmatrix}1 & 0\\ 0 & 1\end{pmatrix}=\begin{pmatrix}2 & 2\\ -3 & 0\end{pmatrix},\quad -\boldsymbol{B}_{11}=\begin{pmatrix}-1 & -2\\ 2 & -1\end{pmatrix},$$

所以

$$\boldsymbol{AB}=\left(\begin{array}{cc|cc}2 & 2 & 0 & -1\\ -3 & 0 & -1 & 0\\ \hline -1 & -2 & 0 & 0\\ 2 & -1 & 0 & 0\end{array}\right).$$

（4）分块矩阵的转置：设 $\boldsymbol{A}=\begin{pmatrix}\boldsymbol{A}_{11} & \boldsymbol{A}_{12} & \cdots & \boldsymbol{A}_{1k}\\ \boldsymbol{A}_{21} & \boldsymbol{A}_{22} & \cdots & \boldsymbol{A}_{2k}\\ \vdots & \vdots & \ddots & \vdots\\ \boldsymbol{A}_{t1} & \boldsymbol{A}_{t2} & \cdots & \boldsymbol{A}_{tk}\end{pmatrix}$，则 $\boldsymbol{A}^{\mathrm{T}}=\begin{pmatrix}\boldsymbol{A}_{11}^{\mathrm{T}} & \boldsymbol{A}_{21}^{\mathrm{T}} & \cdots & \boldsymbol{A}_{t1}^{\mathrm{T}}\\ \boldsymbol{A}_{12}^{\mathrm{T}} & \boldsymbol{A}_{22}^{\mathrm{T}} & \cdots & \boldsymbol{A}_{t2}^{\mathrm{T}}\\ \vdots & \vdots & \ddots & \vdots\\ \boldsymbol{A}_{1k}^{\mathrm{T}} & \boldsymbol{A}_{2k}^{\mathrm{T}} & \cdots & \boldsymbol{A}_{tk}^{\mathrm{T}}\end{pmatrix}$

(5) 分块对角阵：设 $\boldsymbol{A}$ 是 n 阶方阵，若 $\boldsymbol{A}$ 的分块矩阵只有在主对角线上有非零子块，且这些非零子块都是方阵，而其余子块都是零矩阵，即

$$\boldsymbol{A}=\begin{pmatrix}\boldsymbol{A}_1 & \boldsymbol{O} & \cdots & \boldsymbol{O}\\ \boldsymbol{O} & \boldsymbol{A}_2 & \cdots & \boldsymbol{O}\\ \vdots & \vdots & \ddots & \vdots\\ \boldsymbol{O} & \boldsymbol{O} & \cdots & \boldsymbol{A}_t\end{pmatrix},$$

其中 $\boldsymbol{A}_i(i=1,2,\cdots,t)$ 都是方阵，这样的分块阵称为分块对角阵.

例 3　设 $\boldsymbol{e}_i=(0,\cdots,0,1,0,\cdots,0)^{\mathrm{T}}$ 为第 i 个分量为 1 而其余元素全为 0 的列向量，则 n 阶单位矩阵可以分块为 $\boldsymbol{E}_n=(\boldsymbol{e}_1,\boldsymbol{e}_2,\cdots,\boldsymbol{e}_n)$. 将矩阵 $\boldsymbol{A}$ 按列分块为 $\boldsymbol{A}=(\boldsymbol{A}_1,\boldsymbol{A}_2,\cdots,\boldsymbol{A}_n)$，其中 $\boldsymbol{A}_k$ 为矩阵 $\boldsymbol{A}$ 的第 k 个列向量，则有

$$(\boldsymbol{A}_1,\boldsymbol{A}_2,\cdots,\boldsymbol{A}_n)=\boldsymbol{A}=\boldsymbol{AE}=\boldsymbol{A}(\boldsymbol{e}_1,\boldsymbol{e}_2,\cdots,\boldsymbol{e}_n)=(\boldsymbol{Ae}_1,\boldsymbol{Ae}_2,\cdots,\boldsymbol{Ae}_n),$$

从而有

$$\boldsymbol{Ae}_k=\boldsymbol{A}_k(k=1,2,\cdots,n),$$

即 $\boldsymbol{Ae}_k$ 为矩阵 $\boldsymbol{A}$ 的第 k 列. 同理，$\boldsymbol{e}_k^{\mathrm{T}}\boldsymbol{A}$ 是矩阵 $\boldsymbol{A}$ 的第 k 行. 易知 $\boldsymbol{e}_k^{\mathrm{T}}\boldsymbol{Ae}_l=a_{kl}$ 是 $\boldsymbol{A}$ 的 (k,l) 元素.

例 4　设 $\boldsymbol{A}$ 是 $m\times n$ 矩阵，如果对任意的 $n\times 1$ 矩阵 $\boldsymbol{\alpha}$ 都有 $\boldsymbol{A\alpha}=\boldsymbol{O}$，证明 $\boldsymbol{A}=\boldsymbol{O}$.

证明　由矩阵 $\boldsymbol{\alpha}$ 的任意性，可选取 $\boldsymbol{\alpha}$ 分别等于 $\boldsymbol{e}_j(j=1,2,\cdots,n)$，根据例 3 则有

$$\boldsymbol{A\alpha}=\boldsymbol{Ae}_j=\boldsymbol{A}_j=\boldsymbol{O}(j=1,2,\cdots,n),$$

所以 $\boldsymbol{A}=\boldsymbol{O}$.

习题 1-2

1. 设 $\boldsymbol{A}=\begin{pmatrix}3&1&0&0\\2&1&0&0\\0&0&1&4\\0&0&2&5\end{pmatrix}$，$\boldsymbol{B}=\begin{pmatrix}-1&0&1&0\\0&-1&0&1\\3&0&2&1\\1&-1&1&2\end{pmatrix}$，$\boldsymbol{C}=\begin{pmatrix}2&4&0&0\\1&3&0&0\\0&0&3&1\\0&0&0&2\end{pmatrix}$，求 $\boldsymbol{AC}$ 及 $\boldsymbol{AB}-\boldsymbol{B}^{\mathrm{T}}\boldsymbol{A}$.

2. 设 $\boldsymbol{A}$ 是一个 3 阶方阵，矩阵 $\boldsymbol{B}=\begin{pmatrix}\lambda_1&&\\&\lambda_2&\\&&\lambda_3\end{pmatrix}$，利用分块矩阵的乘法求 $\boldsymbol{AB}$.

3. 设 n 阶方阵 $\boldsymbol{A}=\begin{pmatrix}\boldsymbol{O}&\boldsymbol{E}_{n-1}\\1&\boldsymbol{O}\end{pmatrix}$，其中 $\boldsymbol{E}_{n-1}$ 表示 $n-1$ 阶单位阵，证明：$\boldsymbol{A}^k=\begin{pmatrix}\boldsymbol{O}&\boldsymbol{E}_{n-k}\\\boldsymbol{E}_k&\boldsymbol{O}\end{pmatrix}$，$k=1,2,\cdots,n-1$，$\boldsymbol{A}^n=\boldsymbol{E}_n$.

4. 设 $\boldsymbol{A}_1,\boldsymbol{A}_2,\cdots,\boldsymbol{A}_s$ 分别是 $n_i(i=1,2,\cdots,s)$ 阶方阵，分块对角阵 $\boldsymbol{D}=\begin{pmatrix}\boldsymbol{A}_1 & \boldsymbol{O} & \cdots & \boldsymbol{O}\\ \boldsymbol{O} & \boldsymbol{A}_2 & \cdots & \boldsymbol{O}\\ \vdots & \vdots & \ddots & \vdots\\ \boldsymbol{O} & \boldsymbol{O} & \cdots & \boldsymbol{A}_s\end{pmatrix}$，求 $\boldsymbol{D}^k$，其中 k 是正整数.

第三节　线性方程组与矩阵的初等变换

[课前导读]

本节通过高斯消元法解线性方程组，引入矩阵的初等行变换，并给出矩阵的初等变换、阶梯形矩阵、行最简形矩阵、矩阵等价等概念. 最后，我们利用矩阵的初等行变换来求解线性方程组. 在学习本节之前，需要读者回忆消元法解线性方程组的相关知识. 当然，正文中会详细给出如何用消元法解线性方程组.

一、矩阵的初等变换

在中学时我们就学过高斯消元法解线性方程组，简单地说，就是通过方程组中方程之间的运算，把一些方程中的未知量消去，从而得到方程组的解.

矩阵的初等变换

下面，我们用高斯消元法来解一个线性方程组. 由于线性方程组与它的增广矩阵有着对应关系，为了了解在求解过程中线性方程组的增广矩阵的变化，我们把在消元过程中出现的线性方程组的增广矩阵写在该方程组的右边.

例 1　求解线性方程组

$$\begin{cases}2x_1+x_2 \qquad =3,\\ x_1-x_2+x_3=4,\\ 2x_1+x_2-x_3=-1.\end{cases}$$

解

线性方程组	对应的增广矩阵
$\begin{cases}2x_1+x_2 \qquad =3,\\ x_1-x_2+x_3=4,\\ 2x_1+x_2-x_3=-1,\end{cases}$	$\begin{pmatrix}2&1&0&3\\1&-1&1&4\\2&1&-1&-1\end{pmatrix}.$
交换方程组的第一个方程和第二个方程	对应的增广矩阵正好是交换第一行和第二行
(1) $\begin{cases}x_1-x_2+x_3=4,\\ 2x_1+x_2 \qquad =3,\\ 2x_1+x_2-x_3=-1,\end{cases}$	$\begin{pmatrix}1&-1&1&4\\2&1&0&3\\2&1&-1&-1\end{pmatrix}.$
把方程组的第一个方程乘以−2 加到第二个方程和第三个方程上	对应的增广矩阵正好是把第一行的每个元素乘以−2 分别加到第二行、第三行对应位置的元素上
(2) $\begin{cases}x_1-x_2+\ x_3=4,\\ \quad 3x_2-2x_3=-5,\\ \quad 3x_2-3x_3=-9,\end{cases}$	$\begin{pmatrix}1&-1&1&4\\0&3&-2&-5\\0&3&-3&-9\end{pmatrix}.$

第二个方程乘以 -1 加到第三个方程上，第三个方程乘以 -1

对应的增广矩阵正好是把第二行的每个元素乘以 -1 加到第三行对应位置的元素上，第三行每个元素乘以 -1

(3) $\begin{cases} x_1-x_2+\ x_3=4, \\ \quad 3x_2-2x_3=-5, \\ \qquad\qquad x_3=4, \end{cases}$

$$\begin{pmatrix} 1 & -1 & 1 & 4 \\ 0 & 3 & -2 & -5 \\ 0 & 0 & 1 & 4 \end{pmatrix}.$$

第三个方程乘以 2 加到第二个方程上，第二个方程乘以 $\frac{1}{3}$

对应的增广矩阵正好是把第三行的每个元素乘以 2 加到第二行对应位置的元素上，第二行每个元素乘以 $\frac{1}{3}$

(4) $\begin{cases} x_1-x_2+x_3=4, \\ \quad x_2 \qquad =1, \\ \qquad\quad x_3=4, \end{cases}$

$$\begin{pmatrix} 1 & -1 & 1 & 4 \\ 0 & 1 & 0 & 1 \\ 0 & 0 & 1 & 4 \end{pmatrix}.$$

第三个方程乘以 -1 加到第一个方程上，第二个方程乘以 1 加到第一个方程上

对应的增广矩阵正好是把第三行的每个元素乘以 -1，第二行的每个元素乘以 1，都加到第一行对应位置的元素上

(5) $\begin{cases} x_1 \qquad\quad =1, \\ \quad x_2 \qquad =1, \\ \qquad\quad x_3=4, \end{cases}$

$$\begin{pmatrix} 1 & 0 & 0 & 1 \\ 0 & 1 & 0 & 1 \\ 0 & 0 & 1 & 4 \end{pmatrix}.$$

最后一个方程组有唯一解 $x_1=1$，$x_2=1$，$x_3=4$.

在用消元法解线性方程组的过程中，我们主要用到了下列三种方程之间的变换：

(1) 交换两个方程的次序；

(2) 一个方程乘上一个非零数；

(3) 一个方程乘上一个非零数加到另一个方程上.

这三种方程之间的变换都是可逆的，比如在例 1 中，交换原方程组的第一个方程和第二个方程得到方程组(1)，于是交换方程组(1)的第一个方程和第二个方程就得到原方程组；把方程组(1)的第一个方程乘以 -2 分别加到第二个方程和第三个方程上得到方程组(2)，则方程组(2)的第一个方程乘以 2 分别加到第二个方程和第三个方程上就得到方程组(1)；方程组(2)的第二个方程乘以 -1 加到第三个方程上，然后第三个方程乘以 -1 得到方程组(3)，则方程组(3)的第三个方程乘以 -1，然后第二个方程乘以 1 加到第三个方程上就得到方程组(2). 因此，变换前的方程组与变换后的方程组是同解的. 从而最后求得的方程组(5)的解就是原方程组的解，即原方程组有唯一解：$x_1=1$，$x_2=1$，$x_3=4$. 由此可见，对矩阵实施这些变换是十分必要的，我们引入如下定义.

定义 1　下面三种变换称为矩阵的初等行变换：

(1) 交换矩阵的某两行，我们用 $\boldsymbol{r}_i \leftrightarrow \boldsymbol{r}_j$ 表示交换矩阵的第 i、j 两行；

(2) 矩阵的某一行乘以非零数，用 $k\boldsymbol{r}_i$ 表示矩阵的第 i 行元素乘以非零数 k；

(3) 将矩阵的某一行的倍数加到另一行，用 $\boldsymbol{r}_j+k\boldsymbol{r}_i$ 表示将矩阵第 i 行的 k 倍加到第

j 行.

将上面定义中的“行”换成“列”(记号由“$\boldsymbol{r}$”换成“$\boldsymbol{c}$”)，就得到了矩阵的初等列变换的定义.

矩阵的初等行变换和初等列变换统称为矩阵的初等变换.

显然，三种初等行(列)变换都是可逆的(简单的说，就是变换可以还原)，它们的逆变换分别为：变换 $\boldsymbol{r}_i \leftrightarrow \boldsymbol{r}_j$ 的逆变换就是其本身；变换 $k\boldsymbol{r}_i$ 的逆变换是$\frac{1}{k}\boldsymbol{r}_i$；变换 $\boldsymbol{r}_j+k\boldsymbol{r}_i$ 的逆变换是 $\boldsymbol{r}_j+(-k)\boldsymbol{r}_i$.

在例 1 中，线性方程组(3)、(4)、(5)对应的增广矩阵有一个共同特点，就是：可画一条阶梯线，线的下方全为零；每个台阶只有一行，台阶数就是非零行的行数；每一非零行的第一个非零元位于上一行第一个非零元的右侧，即

$$\begin{pmatrix} 1 & -1 & 1 & 4 \\ 0 & 3 & -2 & -5 \\ 0 & 0 & 1 & 4 \end{pmatrix},\ \begin{pmatrix} 1 & -1 & 1 & 4 \\ 0 & 1 & 0 & 1 \\ 0 & 0 & 1 & 4 \end{pmatrix},\ \begin{pmatrix} 1 & 0 & 0 & 1 \\ 0 & 1 & 0 & 1 \\ 0 & 0 & 1 & 4 \end{pmatrix},$$

这样的矩阵，我们称为行阶梯形矩阵. 对于最后一个矩阵，它的非零行的第一个非零元全为 1，并且这些“1”所在的列的其余元素全为零，这样的阶梯形矩阵，我们称为行最简形矩阵.

例 2　矩阵$\begin{pmatrix} 0 & 2 & 2 & 1 \\ 0 & 4 & 0 & 3 \\ 0 & 0 & 1 & 6 \end{pmatrix}$不是行阶梯形矩阵，因为第一行第一个非零元 2 下方有非零元素 4；

矩阵$\begin{pmatrix} 0 & 1 & 2 & 1 \\ 3 & 1 & -1 & 2 \\ 0 & 0 & 2 & 7 \end{pmatrix}$也不是行阶梯形矩阵，因为第二行第一个非零元 3 不在上一行第一个非零元 1 的右侧；

矩阵$\begin{pmatrix} 2 & 2 & 3 & 1 \\ 0 & 0 & 0 & 0 \\ 0 & 1 & 5 & 3 \end{pmatrix}$也不是行阶梯矩阵，因为全零行(第二行)下面有非全零行(第三行)；

矩阵$\begin{pmatrix} 1 & 0 & 0 & -1 & 2 \\ 0 & 1 & 0 & 1 & 3 \\ 0 & 0 & 1 & 2 & 1 \\ 0 & 0 & 0 & 0 & 0 \end{pmatrix}$是行阶梯形矩阵，并且是行最简形矩阵.

例 3　试用矩阵的初等行变换将矩阵 $\boldsymbol{A}=\begin{pmatrix} 2 & -3 & 1 & -1 & 2 \\ 2 & -1 & -1 & 1 & 2 \\ 1 & 1 & -2 & 1 & 4 \\ -1 & 4 & -3 & 2 & 2 \end{pmatrix}$先化为行阶梯形矩阵，

再进一步化为行最简形矩阵.

解 $\begin{pmatrix} 2 & -3 & 1 & -1 & 2 \\ 2 & -1 & -1 & 1 & 2 \\ 1 & 1 & -2 & 1 & 4 \\ -1 & 4 & -3 & 2 & 2 \end{pmatrix} \xrightarrow{r_1 \leftrightarrow r_3} \begin{pmatrix} 1 & 1 & -2 & 1 & 4 \\ 2 & -1 & -1 & 1 & 2 \\ 2 & -3 & 1 & -1 & 2 \\ -1 & 4 & -3 & 2 & 2 \end{pmatrix}$

$$\xrightarrow[r_4+r_1]{\substack{r_2+(-1)r_3 \\ r_3+(-2)r_1}} \begin{pmatrix} 1 & 1 & -2 & 1 & 4 \\ 0 & 2 & -2 & 2 & 0 \\ 0 & -5 & 5 & -3 & -6 \\ 0 & 5 & -5 & 3 & 6 \end{pmatrix} \xrightarrow[r_4+r_3]{\frac{1}{2}r_2} \begin{pmatrix} 1 & 1 & -2 & 1 & 4 \\ 0 & 1 & -1 & 1 & 0 \\ 0 & -5 & 5 & -3 & -6 \\ 0 & 0 & 0 & 0 & 0 \end{pmatrix}$$

$$\xrightarrow{r_3+5r_2} \begin{pmatrix} 1 & 1 & -2 & 1 & 4 \\ 0 & 1 & -1 & 1 & 0 \\ 0 & 0 & 0 & 2 & -6 \\ 0 & 0 & 0 & 0 & 0 \end{pmatrix} \qquad \text{行阶梯形矩阵}$$

$$\xrightarrow{\frac{1}{2}r_3} \begin{pmatrix} 1 & 1 & -2 & 1 & 4 \\ 0 & 1 & -1 & 1 & 0 \\ 0 & 0 & 0 & 1 & -3 \\ 0 & 0 & 0 & 0 & 0 \end{pmatrix} \xrightarrow[r_1+(-1)r_3]{r_2+(-1)r_3} \begin{pmatrix} 1 & 1 & -2 & 0 & 7 \\ 0 & 1 & -1 & 0 & 3 \\ 0 & 0 & 0 & 1 & -3 \\ 0 & 0 & 0 & 0 & 0 \end{pmatrix}$$

$$\xrightarrow{r_1+(-1)r_2} \begin{pmatrix} 1 & 0 & -1 & 0 & 4 \\ 0 & 1 & -1 & 0 & 3 \\ 0 & 0 & 0 & 1 & -3 \\ 0 & 0 & 0 & 0 & 0 \end{pmatrix}. \qquad \text{行最简形矩阵}$$

对于行最简形矩阵再实施初等列变换，可变成一种形状更简单的矩阵. 例如，将例 3 中的行最简形矩阵再实施初等列变换，得

$$\begin{pmatrix} 1 & 0 & -1 & 0 & 4 \\ 0 & 1 & -1 & 0 & 3 \\ 0 & 0 & 0 & 1 & -3 \\ 0 & 0 & 0 & 0 & 0 \end{pmatrix} \xrightarrow[c_3+c_2]{c_3+c_1} \begin{pmatrix} 1 & 0 & 0 & 0 & 4 \\ 0 & 1 & 0 & 0 & 3 \\ 0 & 0 & 0 & 1 & -3 \\ 0 & 0 & 0 & 0 & 0 \end{pmatrix} \xrightarrow[c_5+3c_4]{\substack{c_5+(-4)c_1 \\ c_5+(-3)c_2}} \begin{pmatrix} 1 & 0 & 0 & 0 & 0 \\ 0 & 1 & 0 & 0 & 0 \\ 0 & 0 & 0 & 1 & 0 \\ 0 & 0 & 0 & 0 & 0 \end{pmatrix}$$

$$\xrightarrow{c_3 \leftrightarrow c_4} \left(\begin{array}{ccc|cc} 1 & 0 & 0 & 0 & 0 \\ 0 & 1 & 0 & 0 & 0 \\ 0 & 0 & 1 & 0 & 0 \\ \hline 0 & 0 & 0 & 0 & 0 \end{array}\right) = \boldsymbol{F},$$

最后一个矩阵 $\boldsymbol{F}$ 称为矩阵 $\boldsymbol{A}$ 的标准形，写成分块矩阵的形式，则有

$$\boldsymbol{F} = \begin{pmatrix} \boldsymbol{E}_3 & \boldsymbol{O} \\ \boldsymbol{O} & \boldsymbol{O} \end{pmatrix}.$$

对于一般的矩阵，我们有下面的结论.

定理 （1）任意一个 $m \times n$ 矩阵总可以经过若干次初等行变换化为行阶梯形矩阵；

（2）任意一个 $m \times n$ 矩阵总可以经过若干次初等行变换化为行最简形矩阵；

（3）任意一个 $m \times n$ 矩阵总可以经过若干次初等变换(行变换和列变换)化为它

的标准形 $\boldsymbol{F}=\begin{pmatrix}\boldsymbol{E}_r & \boldsymbol{O}\\ \boldsymbol{O} & \boldsymbol{O}\end{pmatrix}_{m\times n}$，其中 r 为行阶梯形矩阵中非零行的行数.

定义 2　若矩阵 $\boldsymbol{A}$ 经过有限次初等行(列)变换化为矩阵 $\boldsymbol{B}$，则称矩阵 $\boldsymbol{A}$ 与矩阵 $\boldsymbol{B}$ 行(列)等价；若矩阵 $\boldsymbol{A}$ 经过有限次初等变换化为矩阵 $\boldsymbol{B}$，则称矩阵 $\boldsymbol{A}$ 与矩阵 $\boldsymbol{B}$ 等价.

我们用 $\boldsymbol{A}\overset{r}{\sim}\boldsymbol{B}$ 表示矩阵 $\boldsymbol{A}$ 与矩阵 $\boldsymbol{B}$ 行等价，用 $\boldsymbol{A}\overset{c}{\sim}\boldsymbol{B}$ 表示矩阵 $\boldsymbol{A}$ 与矩阵 $\boldsymbol{B}$ 列等价，用 $\boldsymbol{A}\sim\boldsymbol{B}$ 表示矩阵 $\boldsymbol{A}$ 与矩阵 $\boldsymbol{B}$ 等价.

注意：矩阵间的行(列)等价以及矩阵间的等价是一个等价关系，即满足

(1) 自反性：任意矩阵 $\boldsymbol{A}$ 与自身等价.

(2) 对称性：若矩阵 $\boldsymbol{A}$ 与矩阵 $\boldsymbol{B}$ 等价，则矩阵 $\boldsymbol{B}$ 与矩阵 $\boldsymbol{A}$ 等价.

(3) 传递性：若矩阵 $\boldsymbol{A}$ 与矩阵 $\boldsymbol{B}$ 等价，矩阵 $\boldsymbol{B}$ 与矩阵 $\boldsymbol{C}$ 等价，则矩阵 $\boldsymbol{A}$ 与矩阵 $\boldsymbol{C}$ 等价.

等价关系是数学中一个十分重要的概念. 等价的对象具有某种共性，这在以后可以得到具体的体现.

二、求解线性方程组

对于 n 元线性方程组

$$\begin{cases}a_{11}x_1+a_{12}x_2+\cdots+a_{1n}x_n=b_1,\\ a_{21}x_1+a_{22}x_2+\cdots+a_{2n}x_n=b_2,\\ \cdots\cdots\cdots\\ a_{m1}x_1+a_{m2}x_2+\cdots+a_{mn}x_n=b_m.\end{cases}\tag{3-1}$$

如果 $b_i(i=1, 2, \cdots, m)$ 不全为零，那么这个线性方程组称为 n 元非齐次线性方程组，如例 1 中的方程组就是 3 元非齐次线性方程组. 如果 $b_1=b_2=\cdots=b_m=0$，即形如

$$\begin{cases}a_{11}x_1+a_{12}x_2+\cdots+a_{1n}x_n=0,\\ a_{21}x_1+a_{22}x_2+\cdots+a_{2n}x_n=0,\\ \cdots\cdots\cdots\\ a_{m1}x_1+a_{m2}x_2+\cdots+a_{mn}x_n=0.\end{cases}\tag{3-2}$$

的线性方程组称为 n 元齐次线性方程组. 显然，齐次线性方程组一定有解 $x_1=x_2=\cdots=x_n=0$，这个解称为齐次线性方程组的零解. 如果齐次线性方程组有唯一解，则这个唯一解必定是零解. 当齐次线性方程组有无穷多解时，我们称齐次线性方程组有非零解. 下面，我们用矩阵的初等行变换来求解线性方程组.

消元法解线性方程组的过程就是对线性方程组的增广矩阵做初等行变换，将原方程组的增广矩阵先化为行阶梯形矩阵，然后再化为行最简形矩阵的过程. 而增广矩阵的行最简形矩阵所对应的线性方程组与原线性方程组是同解的. 因此，解 n 元非齐次线性方程组的具体步骤如下：

(1) 写出线性方程组(3-1)的增广矩阵 $\widetilde{\boldsymbol{A}}$；

(2) 对 $\widetilde{\boldsymbol{A}}$ 实施初等行变换，化为行最简形矩阵 $\widetilde{\boldsymbol{R}}$；

(3) 写出以 $\widetilde{\boldsymbol{R}}$ 为增广矩阵的线性方程组；

(4) 以第一个非零元为系数的未知量作为固定未知量，留在等号的左边，其余的未知量作为自由未知量，移到等号右边，并令自由未知量为任意常数，从而求得线性方程组的解.

例 4　解方程组 $\begin{cases} x_1-x_2+2x_3-2x_4=1, \\ \quad\ \ x_2+\ x_3+2x_4=-1, \\ 2x_1-x_2+5x_3-2x_4=1, \\ x_1-x_2 \qquad\ -4x_4=3. \end{cases}$

解　对该线性方程组的增广矩阵实施初等行变换，得

$$\widetilde{\boldsymbol{A}}=\begin{pmatrix} 1 & -1 & 2 & -2 & 1 \\ 0 & 1 & 1 & 2 & -1 \\ 2 & -1 & 5 & -2 & 1 \\ 1 & -1 & 0 & -4 & 3 \end{pmatrix} \xrightarrow[\boldsymbol{r}_4+(-1)\boldsymbol{r}_1]{\boldsymbol{r}_3+(-2)\boldsymbol{r}_1} \begin{pmatrix} 1 & -1 & 2 & -2 & 1 \\ 0 & 1 & 1 & 2 & -1 \\ 0 & 1 & 1 & 2 & -1 \\ 0 & 0 & -2 & -2 & 2 \end{pmatrix}$$

$$\xrightarrow[\left(-\frac{1}{2}\right)\boldsymbol{r}_4]{\boldsymbol{r}_3+(-1)\boldsymbol{r}_2} \begin{pmatrix} 1 & -1 & 2 & -2 & 1 \\ 0 & 1 & 1 & 2 & -1 \\ 0 & 0 & 0 & 0 & 0 \\ 0 & 0 & 1 & 1 & -1 \end{pmatrix} \xrightarrow{\boldsymbol{r}_3\leftrightarrow\boldsymbol{r}_4} \begin{pmatrix} 1 & -1 & 2 & -2 & 1 \\ 0 & 1 & 1 & 2 & -1 \\ 0 & 0 & 1 & 1 & -1 \\ 0 & 0 & 0 & 0 & 0 \end{pmatrix}$$

$$\xrightarrow[\boldsymbol{r}_1+(-2)\boldsymbol{r}_3]{\boldsymbol{r}_2+(-1)\boldsymbol{r}_3} \begin{pmatrix} 1 & -1 & 0 & -4 & 3 \\ 0 & 1 & 0 & 1 & 0 \\ 0 & 0 & 1 & 1 & -1 \\ 0 & 0 & 0 & 0 & 0 \end{pmatrix} \xrightarrow{\boldsymbol{r}_1+\boldsymbol{r}_2} \begin{pmatrix} 1 & 0 & 0 & -3 & 3 \\ 0 & 1 & 0 & 1 & 0 \\ 0 & 0 & 1 & 1 & -1 \\ 0 & 0 & 0 & 0 & 0 \end{pmatrix},$$

从而原方程组等价于 $\begin{cases} x_1 \qquad -3x_4=3, \\ \quad x_2 \quad\ +x_4=0, \\ \qquad x_3+x_4=-1, \\ \qquad\quad 0=0. \end{cases}$ 令 $x_4=c$，移项，得原方程组的解为：$\begin{cases} x_1=3+3c, \\ x_2=-c, \\ x_3=-1-c, \\ x_4=c, \end{cases}$ 其中 c 为任意常数.

例 5　解方程组 $\begin{cases} x_1+\ x_2-\ 2x_3=1, \\ 3x_1+8x_2+\quad x_3=-2, \\ 7x_1+2x_2-21x_3=13. \end{cases}$

解　对该线性方程组的增广矩阵实施初等行变换，得

$$\widetilde{\boldsymbol{A}}=\begin{pmatrix} 1 & 1 & -2 & 1 \\ 3 & 8 & 1 & -2 \\ 7 & 2 & -21 & 13 \end{pmatrix} \xrightarrow[\boldsymbol{r}_3+(-7)\boldsymbol{r}_1]{\boldsymbol{r}_2+(-3)\boldsymbol{r}_1} \begin{pmatrix} 1 & 1 & -2 & 1 \\ 0 & 5 & 7 & -5 \\ 0 & -5 & -7 & 6 \end{pmatrix} \xrightarrow{\boldsymbol{r}_3+\boldsymbol{r}_2} \begin{pmatrix} 1 & 1 & -2 & 1 \\ 0 & 5 & 7 & -5 \\ 0 & 0 & 0 & 1 \end{pmatrix},$$

从而原方程组等价于 $\begin{cases} x_1+x_2-2x_3=1, \\ \quad 5x_2+7x_3=-5, \\ \qquad\quad 0=1. \end{cases}$ 最后一个方程为矛盾方程，所以原方程组无解.

从例 1、例 4、例 5 可以看出，若线性方程组(3-1)的增广矩阵为 $\widetilde{\boldsymbol{A}}$，$\widetilde{\boldsymbol{R}}$ 为 $\widetilde{\boldsymbol{A}}$ 的行最简形，则关于线性方程组(3-1)的解，我们有以下命题：

命题 (1) 线性方程组(3-1)有解的充分必要条件是第一个非零元不出现在 $\widetilde{\boldsymbol{R}}$ 的最后一列;

(2) 线性方程组(3-1)有唯一解的充分必要条件是第一个非零元不出现在 $\widetilde{\boldsymbol{R}}$ 的最后一列,且第一个非零元的个数等于未知量的个数;

(3) 线性方程组(3-1)有无穷多解的充分必要条件是第一个非零元不出现在 $\widetilde{\boldsymbol{R}}$ 的最后一列,且第一个非零元的个数小于未知量的个数.

证明 只需证明条件的充分性,因为(1)、(2)、(3)的必要性可分别由(2)、(3),(1)、(3)和(1)、(2)的充分性利用反证法得到. 对线性方程组(3-1)的增广矩阵 $\widetilde{\boldsymbol{A}}$ 实施初等行变换,化为行最简形矩阵 $\widetilde{\boldsymbol{R}}$,为了书写方便,不妨设 $\widetilde{\boldsymbol{R}}$ 为

$$\widetilde{\boldsymbol{R}}=\begin{pmatrix} 1 & 0 & \cdots & 0 & c_{11} & \cdots & c_{1,n-r} & d_1 \\ 0 & 1 & \cdots & 0 & c_{21} & \cdots & c_{2,n-r} & d_2 \\ \vdots & \vdots & \ddots & \vdots & \vdots & \ddots & \vdots & \vdots \\ 0 & 0 & \cdots & 1 & c_{r1} & \cdots & c_{r,n-r} & d_r \\ 0 & 0 & \cdots & 0 & 0 & \cdots & 0 & d_{r+1} \\ 0 & 0 & \cdots & 0 & 0 & \cdots & 0 & 0 \\ \vdots & \vdots & \ddots & \vdots & \vdots & \ddots & \vdots & \vdots \\ 0 & 0 & \cdots & 0 & 0 & \cdots & 0 & 0 \end{pmatrix}.$$

(1) 如果“1”出现在最后一列,即 $d_{r+1}=1$,于是 $\widetilde{\boldsymbol{R}}$ 的第 r 行对应矛盾方程 $0=1$,从而线性方程组(3-1)无解.

(2) 当 $d_{r+1}=0$(或 d_{r+1} 不出现),且“1”的个数等于未知量的个数时,$\widetilde{\boldsymbol{R}}$ 变为

$$\widetilde{\boldsymbol{R}}=\begin{pmatrix} 1 & 0 & 0 & \cdots & 0 & d_1 \\ \vdots & \vdots & \vdots & \cdots & \vdots & \vdots \\ 0 & 0 & 0 & \cdots & 1 & d_n \\ 0 & 0 & 0 & \cdots & 0 & 0 \\ \vdots & \vdots & \vdots & \ddots & \vdots & \vdots \\ 0 & 0 & 0 & \cdots & 0 & 0 \end{pmatrix},$$

$\widetilde{\boldsymbol{R}}$ 对应的方程组为

$$\begin{cases} x_1=d_1, \\ x_2=d_2, \\ \cdots\cdots\cdots \\ x_n=d_n. \end{cases}$$

从而线性方程组(3-1)有唯一解.

(3) 当 $d_{r+1}=0$(或 d_{r+1} 不出现),且第一个非零元的个数小于未知量的个数时,$\widetilde{\boldsymbol{R}}$ 变为

$$\widetilde{\boldsymbol{R}}=\begin{pmatrix}1&0&\cdots&0&c_{11}&\cdots&c_{1,n-r}&d_1\\0&1&\cdots&0&c_{21}&\cdots&c_{2,n-r}&d_2\\\vdots&\vdots&\ddots&\vdots&\vdots&\ddots&\vdots&\vdots\\0&0&\cdots&1&c_{r1}&\cdots&c_{r,n-r}&d_r\\0&0&\cdots&0&0&\cdots&0&0\\0&0&\cdots&0&0&\cdots&0&0\\\vdots&\vdots&\ddots&\vdots&\vdots&\ddots&\vdots&\vdots\\0&0&\cdots&0&0&\cdots&0&0\end{pmatrix},$$

$\widetilde{\boldsymbol{R}}$ 对应的方程组为

$$\begin{cases}x_1=-c_{11}x_{r+1}-c_{12}x_{r+2}-c_{1,n-r}x_n+d_1,\\x_2=-c_{21}x_{r+1}-c_{22}x_{r+2}-c_{2,n-r}x_n+d_2,\\\cdots\cdots\cdots\\x_r=-c_{r1}x_{r+1}-c_{r2}x_{r+2}-c_{r,n-r}x_n+d_r.\end{cases}$$

令自由未知数 $x_{r+1}=k_1$，$x_{r+2}=k_2$，$\cdots$，$x_n=k_{n-r}$，即得线性方程组(3-1)的含有 $n-r$ 个参数的解

$$\begin{cases}x_1=-c_{11}k_1-c_{12}k_2-c_{1,n-r}k_{n-r}+d_1,\\x_2=-c_{21}k_1-c_{22}k_2-c_{2,n-r}k_{n-r}+d_2,\\\cdots\cdots\cdots\\x_r=-c_{r1}k_1-c_{r2}k_2-c_{r,n-r}k_{n-r}+d_r,\\x_{r+1}=k_1,\\x_{r+2}=k_2,\\\cdots\cdots\cdots\\x_n=k_{n-r}.\end{cases}$$

从而线性方程组(3-1)有无穷多解.

对于 n 元齐次线性方程组（3-2），由于等号右端的常数项全为零，所以只需对方程组的系数矩阵实施初等行变换即可.

例 6　解线性方程组 $\begin{cases}3x_1+2x_2+5x_3=0,\\3x_1-2x_2+6x_3=0,\\2x_1\qquad\;\;+5x_3=0.\end{cases}$

解　对该线性方程组的系数矩阵实施初等行变换，得

$$\begin{pmatrix}3&2&5\\3&-2&6\\2&0&5\end{pmatrix}\xrightarrow{r_1\leftrightarrow r_3}\begin{pmatrix}2&0&5\\3&-2&6\\3&2&5\end{pmatrix}\xrightarrow[r_3+(-1)r_2]{\frac{1}{2}r_1}\begin{pmatrix}1&0&\frac{5}{2}\\3&-2&6\\0&4&-1\end{pmatrix}\xrightarrow{r_2+(-3)r_1}\begin{pmatrix}1&0&\frac{5}{2}\\0&-2&-\frac{3}{2}\\0&4&-1\end{pmatrix}$$

$$\xrightarrow{r_3+2r_2}\begin{pmatrix}1&0&\frac{5}{2}\\0&-2&-\frac{3}{2}\\0&0&-4\end{pmatrix}\xrightarrow[r_1+\frac{5}{8}r_3]{r_2+\left(-\frac{3}{8}\right)r_3}\begin{pmatrix}1&0&0\\0&-2&0\\0&0&-4\end{pmatrix}\xrightarrow[\left(-\frac{1}{4}\right)r_3]{\left(-\frac{1}{2}\right)r_2}\begin{pmatrix}1&0&0\\0&1&0\\0&0&1\end{pmatrix},$$

所以该线性方程组只有零解.

例 7 解方程组 $\begin{cases}x_1+x_2-2x_3+x_4=0,\\2x_1-x_2-x_3+x_4=0,\\3x_1+6x_2-9x_3+7x_4=0,\\4x_1-6x_2+2x_3-2x_4=0.\end{cases}$

解 对该线性方程组的系数矩阵实施初等行变换，得

$$\begin{pmatrix}1&1&-2&1\\2&-1&-1&1\\3&6&-9&7\\4&-6&2&-2\end{pmatrix}\xrightarrow[r_4+(-4)r_1]{\substack{r_2+(-2)r_1\\r_3+(-3)r_1}}\begin{pmatrix}1&1&-2&1\\0&-3&3&-1\\0&3&-3&4\\0&-10&10&-6\end{pmatrix}\xrightarrow{r_3+r_2}\begin{pmatrix}1&1&-2&1\\0&-3&3&-1\\0&0&0&3\\0&-10&10&-6\end{pmatrix}$$

$$\xrightarrow[\frac{1}{3}r_3]{r_4+2r_3}\begin{pmatrix}1&1&-2&1\\0&-3&3&-1\\0&0&0&1\\0&-10&10&0\end{pmatrix}\xrightarrow[r_2\leftrightarrow r_4]{\left(-\frac{1}{10}\right)r_4}\begin{pmatrix}1&1&-2&1\\0&1&-1&0\\0&0&0&1\\0&-3&3&-1\end{pmatrix}\xrightarrow{r_4+3r_2}\begin{pmatrix}1&1&-2&1\\0&1&-1&0\\0&0&0&1\\0&0&0&-1\end{pmatrix}$$

$$\xrightarrow[r_1+(-1)r_3]{r_4+r_3}\begin{pmatrix}1&1&-2&0\\0&1&-1&0\\0&0&0&1\\0&0&0&0\end{pmatrix}\xrightarrow{r_1+(-1)r_2}\begin{pmatrix}1&0&-1&0\\0&1&-1&0\\0&0&0&1\\0&0&0&0\end{pmatrix}.$$

从而原方程组等价于 $\begin{cases}x_1-x_3=0,\\x_2-x_3=0,\\x_4=0.\end{cases}$ 令 $x_3=c$，移项，得原方程组的解为：$\begin{cases}x_1=c,\\x_2=c,\\x_3=c,\\x_4=0,\end{cases}$ 其中 c 为任意常数.

习题 1-3

1. 用初等行变换将下列矩阵化为行最简形矩阵：

(1) $\begin{pmatrix}2&2&0&2\\0&1&1&-1\\1&2&1&0\\2&5&3&-1\end{pmatrix}$； (2) $\begin{pmatrix}0&1&1&-1\\0&2&-3&1\\0&4&-7&-1\\0&3&-4&3\end{pmatrix}$； (3) $\begin{pmatrix}3&1&1\\1&-1&3\\0&2&-4\\2&-1&4\end{pmatrix}$.

2. 解下列齐次线性方程组：

（1）$\begin{cases} x_1+x_2-x_3=0, \\ 3x_1+x_2+4x_3=0, \\ x_1-2x_2+3x_3=0; \end{cases}$　　（2）$\begin{cases} x_1-5x_2+2x_3-3x_4=0, \\ 2x_1+4x_2+2x_3+x_4=0, \\ 5x_1+3x_2+6x_3-x_4=0; \end{cases}$

（3）$\begin{cases} x_1+2x_2+3x_3+x_4=0, \\ 2x_1+4x_2-x_4=0, \\ x_1+2x_2-9x_3-5x_4=0, \\ -x_1-2x_2+3x_3+2x_4=0. \end{cases}$

3. 解下列非齐次线性方程组：

（1）$\begin{cases} x_1-2x_2+4x_3=-5, \\ 2x_1+3x_2+x_3=4, \\ 3x_1+8x_2-2x_3=13; \end{cases}$　　（2）$\begin{cases} 2x_1+3x_2-x_4=0, \\ 3x_1+x_2+5x_3-4x_4=2, \\ 7x_2-10x_3+5x_4=-4, \\ 3x_1-6x_2+15x_3-9x_4=1; \end{cases}$

（3）$\begin{cases} x_1+2x_2-x_3=0, \\ 3x_1-2x_2+x_3=4, \\ x_1-x_2-x_3=6; \end{cases}$　　（4）$\begin{cases} x_1-x_2+2x_3-x_4=1, \\ 2x_1-2x_2+x_3=1, \\ x_1+x_2-2x_3-x_4=-1, \\ x_1-x_2+x_3+x_4=2. \end{cases}$

4. 设有齐次线性方程组$\begin{cases} x_1+x_2+\lambda x_3=0, \\ x_1+\lambda x_2+x_3=0, \\ \lambda x_1+x_2+x_3=0, \end{cases}$当 λ 取何值时该方程组只有零解？当 λ 取何值时该方程组有非零解？并在有非零解时求出全部解.

5. 设有非齐次线性方程组$\begin{cases} x_1+x_2-2x_3+3x_4=0, \\ 2x_1+x_2-6x_3+4x_4=-1, \\ 3x_1+2x_2+px_3+7x_4=-1, \\ x_1-x_2-6x_3-x_4=t, \end{cases}$讨论 p，t 的取值对该方程组解的影响，并在有无穷多解时求其解.

第四节　初等矩阵与矩阵的逆矩阵

[课前导读]

我们知道，在实数的运算中有逆的概念，即如果 $ab=ba=1$，则有 $b=a^{-1}$ 和 $a=b^{-1}$. 本节我们也在矩阵的运算中引入类似的概念，即方阵的逆，并给出逆矩阵的性质和求法. 在学习本节前，需要读者熟悉矩阵的初等变换.

一、方阵的逆矩阵

1. 逆矩阵的定义

定义 1　设 $\boldsymbol{A}$ 为 n 阶方阵，如果存在 n 阶方阵 $\boldsymbol{B}$ 使得

$$\boldsymbol{AB}=\boldsymbol{BA}=\boldsymbol{E} \tag{4-1}$$

其中，$\boldsymbol{E}$ 为 n 阶单位方阵，则称矩阵 $\boldsymbol{A}$ 是可逆的，矩阵 $\boldsymbol{B}$ 称为 $\boldsymbol{A}$ 的逆矩阵；否则称 $\boldsymbol{A}$ 是不可逆的.

如果矩阵 $\boldsymbol{A}$ 可逆，则 $\boldsymbol{A}$ 的逆矩阵一定是唯一的. 这是因为，若矩阵 $\boldsymbol{B}$、$\boldsymbol{C}$ 都满足

$$\boldsymbol{AB}=\boldsymbol{BA}=\boldsymbol{E},\ \boldsymbol{AC}=\boldsymbol{CA}=\boldsymbol{E},$$

由于矩阵乘法满足结合律，于是

$$\boldsymbol{C}=\boldsymbol{CE}=\boldsymbol{C}(\boldsymbol{AB})=(\boldsymbol{CA})\boldsymbol{B}=\boldsymbol{EB}=\boldsymbol{B}.$$

所以 $\boldsymbol{A}$ 的逆矩阵一定是唯一的. $\boldsymbol{A}$ 的逆矩阵记为 $\boldsymbol{A}^{-1}$.

2. 逆矩阵的性质

(1) 若 $\boldsymbol{A}$ 可逆，则 $\boldsymbol{A}^{-1}$ 也可逆，并且 $(\boldsymbol{A}^{-1})^{-1}=\boldsymbol{A}$；

(2) 若矩阵 $\boldsymbol{A}_1$，$\boldsymbol{A}_2$，…，$\boldsymbol{A}_s$ 都可逆，则它们的乘积 $\boldsymbol{A}_1\boldsymbol{A}_2\cdots\boldsymbol{A}_s$ 也可逆，并且 $(\boldsymbol{A}_1\boldsymbol{A}_2\cdots\boldsymbol{A}_s)^{-1}=\boldsymbol{A}_s^{-1}\cdots\boldsymbol{A}_2^{-1}\boldsymbol{A}_1^{-1}$；

(3) 若 $\boldsymbol{A}$ 可逆，则 $\boldsymbol{A}^{\mathrm{T}}$ 也可逆，并且 $(\boldsymbol{A}^{\mathrm{T}})^{-1}=(\boldsymbol{A}^{-1})^{\mathrm{T}}$；

(4) 若 $\boldsymbol{A}$ 可逆并且数 $k\neq0$，则 $k\boldsymbol{A}$ 也可逆，并且 $(k\boldsymbol{A})^{-1}=k^{-1}\boldsymbol{A}^{-1}$.

证明　我们用逆矩阵的定义验证性质(3)，其余性质留给读者自己验证.

由 $\boldsymbol{A}$ 可逆推出 $\boldsymbol{A}^{-1}$ 存在，且 $\boldsymbol{AA}^{-1}=\boldsymbol{A}^{-1}\boldsymbol{A}=\boldsymbol{E}$，于是有 $(\boldsymbol{AA}^{-1})^{\mathrm{T}}=(\boldsymbol{A}^{-1}\boldsymbol{A})^{\mathrm{T}}=\boldsymbol{E}^{\mathrm{T}}$. 由矩阵转置的运算规律得

$$(\boldsymbol{A}^{-1})^{\mathrm{T}}\boldsymbol{A}^{\mathrm{T}}=\boldsymbol{A}^{\mathrm{T}}(\boldsymbol{A}^{-1})^{\mathrm{T}}=\boldsymbol{E}.$$

所以 $(\boldsymbol{A}^{\mathrm{T}})^{-1}=(\boldsymbol{A}^{-1})^{\mathrm{T}}$.

例 1　若矩阵 $\boldsymbol{A}$ 有全零行(全零列)，那么矩阵 $\boldsymbol{A}$ 一定不可逆.

证明　假设矩阵 $\boldsymbol{A}$ 的第 i 行是全零行，则对任何一个矩阵 $\boldsymbol{B}$，矩阵 $\boldsymbol{AB}$ 的第 i 行总是全为零，从而不存在矩阵 $\boldsymbol{B}$ 使得 $\boldsymbol{AB}=\boldsymbol{BA}=\boldsymbol{E}$，所以矩阵 $\boldsymbol{A}$ 不可逆. 类似可证，若矩阵 $\boldsymbol{A}$ 有全零列，那么矩阵 $\boldsymbol{A}$ 一定不可逆.

例 2　设 $\boldsymbol{A}^k=\boldsymbol{O}$($k$ 为正整数)，证明：$(\boldsymbol{E}-\boldsymbol{A})^{-1}=\boldsymbol{E}+\boldsymbol{A}+\boldsymbol{A}^2+\cdots+\boldsymbol{A}^{k-1}$.

证明　因为 $\boldsymbol{A}^k=\boldsymbol{O}$，于是

$$\begin{aligned}(\boldsymbol{E}-\boldsymbol{A})(\boldsymbol{E}+\boldsymbol{A}+\boldsymbol{A}^2+\cdots+\boldsymbol{A}^{k-1})&=\boldsymbol{E}(\boldsymbol{E}+\boldsymbol{A}+\boldsymbol{A}^2+\cdots+\boldsymbol{A}^{k-1})-\boldsymbol{A}(\boldsymbol{E}+\boldsymbol{A}+\boldsymbol{A}^2+\cdots+\boldsymbol{A}^{k-1})\\&=\boldsymbol{E}+\boldsymbol{A}+\boldsymbol{A}^2+\cdots+\boldsymbol{A}^{k-1}-\boldsymbol{A}-\boldsymbol{A}^2-\cdots-\boldsymbol{A}^{k-1}-\boldsymbol{A}^k\\&=\boldsymbol{E}-\boldsymbol{A}^k=\boldsymbol{E},\end{aligned}$$

$$\begin{aligned}(\boldsymbol{E}+\boldsymbol{A}+\boldsymbol{A}^2+\cdots+\boldsymbol{A}^{k-1})(\boldsymbol{E}-\boldsymbol{A})&=(\boldsymbol{E}+\boldsymbol{A}+\boldsymbol{A}^2+\cdots+\boldsymbol{A}^{k-1})\boldsymbol{E}-(\boldsymbol{E}+\boldsymbol{A}+\boldsymbol{A}^2+\cdots+\boldsymbol{A}^{k-1})\boldsymbol{A}\\&=\boldsymbol{E}+\boldsymbol{A}+\boldsymbol{A}^2+\cdots+\boldsymbol{A}^{k-1}-\boldsymbol{A}-\boldsymbol{A}^2-\cdots-\boldsymbol{A}^{k-1}-\boldsymbol{A}^k\\&=\boldsymbol{E}-\boldsymbol{A}^k=\boldsymbol{E}.\end{aligned}$$

所以 $\boldsymbol{E}-\boldsymbol{A}$ 可逆，且 $(\boldsymbol{E}-\boldsymbol{A})^{-1}=\boldsymbol{E}+\boldsymbol{A}+\boldsymbol{A}^2+\cdots+\boldsymbol{A}^{k-1}$.

下面我们介绍几类最基本的可逆矩阵.

二、初等矩阵

定义 2 对 n 阶单位矩阵 $\boldsymbol{E}$ 实施一次初等变换得到的矩阵称为 n 阶初等矩阵.

初等矩阵

由于初等变换有三种，对 n 阶单位矩阵 $\boldsymbol{E}$ 实施一次初等变换得到的初等矩阵也有三类.

(1) 交换单位阵 $\boldsymbol{E}$ 的第 i 行和第 j 行，或交换 $\boldsymbol{E}$ 的第 i 列和第 j 列，得到的初等矩阵记为 $\boldsymbol{E}(i,\ j)$，即

$$\boldsymbol{E}(i,\ j)=\begin{pmatrix}1 & & & & & & \\ & \ddots & & & & & \\ & & 0 & & 1 & & \\ & & & \ddots & & & \\ & & 1 & & 0 & & \\ & & & & & \ddots & \\ & & & & & & 1\end{pmatrix}\begin{matrix} \\ \\ 第\,i\,行 \\ \\ 第\,j\,行 \\ \\ \\ \end{matrix}.$$

(2) 用非零的数 k 乘单位阵 $\boldsymbol{E}$ 的第 i 行或第 i 列得到的初等矩阵记为 $\boldsymbol{E}(i(k))$，即

$$\boldsymbol{E}(i(k))=\begin{pmatrix}1 & & & & & & \\ & \ddots & & & & & \\ & & 1 & & & & \\ & & & k & & & \\ & & & & 1 & & \\ & & & & & \ddots & \\ & & & & & & 1\end{pmatrix}\begin{matrix} \\ \\ \\ 第\,i\,行 \\ \\ \\ \\ \end{matrix}.$$

(3) 将单位阵 $\boldsymbol{E}$ 的第 i 行乘以 k 加到第 j 行(或将单位阵 $\boldsymbol{E}$ 的第 j 列乘以 k 加到第 i 列)得到的矩阵记为 $\boldsymbol{E}(i(k),\ j)$，即

$$\boldsymbol{E}(i(k),\ j)=\begin{pmatrix}1 & & & & & & \\ & \ddots & & & & & \\ & & 1 & & 0 & & \\ & & & \ddots & & & \\ & & k & & 1 & & \\ & & & & & \ddots & \\ & & & & & & 1\end{pmatrix}\begin{matrix} \\ \\ 第\,i\,行 \\ \\ 第\,j\,行 \\ \\ \\ \end{matrix}.$$

关于初等变换与初等矩阵的关系，我们有下面的结论.

命题 1 初等矩阵都是可逆的，并且初等矩阵的逆矩阵仍为同一类型的初等矩阵，即

$$\boldsymbol{E}(i,\ j)^{-1}=\boldsymbol{E}(i,\ j),\ \boldsymbol{E}(i(k))^{-1}=\boldsymbol{E}\left(i\left(\frac{1}{k}\right)\right),\ \boldsymbol{E}(i(k),\ j)^{-1}=\boldsymbol{E}(i(-k),\ j).$$

证明 直接计算得：

$$\boldsymbol{E}(i,\ j)\boldsymbol{E}(i,\ j)=\boldsymbol{E},\ \boldsymbol{E}(i(k))\boldsymbol{E}\left(i\left(\frac{1}{k}\right)\right)=\boldsymbol{E}\left(i\left(\frac{1}{k}\right)\right)\boldsymbol{E}(i(k))=\boldsymbol{E},$$

$$\boldsymbol{E}(i(k),\ j)\boldsymbol{E}(i(-k),\ j)=\boldsymbol{E}(i(-k),\ j)\boldsymbol{E}(i(k),\ j)=\boldsymbol{E}.$$

所以

$$\boldsymbol{E}(i,\ j)^{-1}=\boldsymbol{E}(i,\ j),\ \boldsymbol{E}(i(k))^{-1}=\boldsymbol{E}\left(i\left(\frac{1}{k}\right)\right),\ \boldsymbol{E}(i(k),\ j)^{-1}=\boldsymbol{E}(i(-k),\ j).$$

命题 2　设 $\boldsymbol{A}$ 是一个 $m\times n$ 矩阵，对 $\boldsymbol{A}$ 施行一次初等行变换，相当于在 $\boldsymbol{A}$ 的左边乘以相应的 m 阶初等矩阵；对 $\boldsymbol{A}$ 施行一次初等列变换，相当于在 $\boldsymbol{A}$ 的右边乘以相应的 n 阶初等矩阵.

证明　只需理解初等变换的意义，然后用矩阵乘法直接验证即可，具体验证留给读者.

例 3　设 $\boldsymbol{A}=(a_{ij})$ 是一个 3 阶方阵，试求一个 3 阶可逆矩阵 $\boldsymbol{P}$，使得

$$\boldsymbol{PA}=\begin{pmatrix} a_{11} & a_{12} & a_{13} \\ a_{31}+ka_{11} & a_{32}+ka_{12} & a_{33}+ka_{13} \\ a_{21} & a_{22} & a_{23} \end{pmatrix}.$$

解　矩阵 $\boldsymbol{PA}$ 可看成是先交换矩阵 $\boldsymbol{A}$ 的第 2 行和第 3 行得到矩阵 $\boldsymbol{B}$，再将矩阵 $\boldsymbol{B}$ 的第 1 行乘以数 k 加到第 2 行得到的. 根据命题 2，这相当于先后用初等矩阵 $\boldsymbol{E}(2,\ 3)=\begin{pmatrix} 1 & 0 & 0 \\ 0 & 0 & 1 \\ 0 & 1 & 0 \end{pmatrix}$、$\boldsymbol{E}(1(k),\ 2)=\begin{pmatrix} 1 & 0 & 0 \\ k & 1 & 0 \\ 0 & 0 & 1 \end{pmatrix}$左乘矩阵 $\boldsymbol{A}$，即

$$\boldsymbol{PA}=\boldsymbol{E}(1(k),\ 2)\boldsymbol{E}(2,\ 3)\boldsymbol{A},$$

所以

$$\boldsymbol{P}=\boldsymbol{E}(1(k),\ 2)\boldsymbol{E}(2,\ 3)=\begin{pmatrix} 1 & 0 & 0 \\ k & 1 & 0 \\ 0 & 0 & 1 \end{pmatrix}\begin{pmatrix} 1 & 0 & 0 \\ 0 & 0 & 1 \\ 0 & 1 & 0 \end{pmatrix}=\begin{pmatrix} 1 & 0 & 0 \\ k & 0 & 1 \\ 0 & 1 & 0 \end{pmatrix}.$$

另外，矩阵 $\boldsymbol{PA}$ 也可看成是先将矩阵 $\boldsymbol{A}$ 的第 1 行乘以数 k 加到第 3 行得到矩阵 $\boldsymbol{B}$，再交换矩阵 $\boldsymbol{B}$ 的第 2 行和第 3 行得到的，即

$$\boldsymbol{PA}=\boldsymbol{E}(2,\ 3)\boldsymbol{E}(1(k),\ 3)\boldsymbol{A},$$

所以

$$\boldsymbol{P}=\boldsymbol{E}(2,\ 3)\boldsymbol{E}(1(k),\ 3)=\begin{pmatrix} 1 & 0 & 0 \\ 0 & 0 & 1 \\ 0 & 1 & 0 \end{pmatrix}\begin{pmatrix} 1 & 0 & 0 \\ 0 & 1 & 0 \\ k & 0 & 1 \end{pmatrix}=\begin{pmatrix} 1 & 0 & 0 \\ k & 0 & 1 \\ 0 & 1 & 0 \end{pmatrix}.$$

三、初等矩阵与逆矩阵的应用

初等行变换的应用

首先，我们利用初等矩阵和初等变换给出一个方阵可逆的判别条件.

定理 1　下面命题互相等价：

（1）n 阶方阵 $\boldsymbol{A}$ 可逆；

（2）方阵 $\boldsymbol{A}$ 行等价于 n 阶单位矩阵 $\boldsymbol{E}$；

(3) 方阵 $\boldsymbol{A}$ 可表示为一些初等方阵的乘积.

证明　为了证明的方便，我们采取(1)⇒(2)⇒(3)⇒(1)的方式来证明.

(1)⇒(2)：由本章第三节的定理可知，方阵 $\boldsymbol{A}$ 经过若干次初等行变换可化为行最简形矩阵 $\boldsymbol{R}$. 再由命题 2 可知，这相当于存在若干个初等矩阵 $\boldsymbol{P}_1$，$\boldsymbol{P}_2$，…，$\boldsymbol{P}_s$，使得 $\boldsymbol{P}_s\cdots\boldsymbol{P}_2\boldsymbol{P}_1\boldsymbol{A}=\boldsymbol{R}$. 由于初等矩阵都可逆，若 $\boldsymbol{A}$ 可逆，则根据逆矩阵的性质知 $\boldsymbol{P}_s\cdots\boldsymbol{P}_2\boldsymbol{P}_1\boldsymbol{A}=\boldsymbol{R}$ 可逆，从而行最简形矩阵 $\boldsymbol{R}$ 没有全零行，这迫使 $\boldsymbol{R}=\boldsymbol{E}$，即 $\boldsymbol{P}_s\cdots\boldsymbol{P}_2\boldsymbol{P}_1\boldsymbol{A}=\boldsymbol{E}$，所以方阵 $\boldsymbol{A}$ 行等价于 n 阶单位矩阵 $\boldsymbol{E}$.

(2)⇒(3)：若方阵 $\boldsymbol{A}$ 行等价于 n 阶单位矩阵 $\boldsymbol{E}$，则存在若干个初等矩阵 $\boldsymbol{P}_1$，$\boldsymbol{P}_2$，…，$\boldsymbol{P}_s$，使得 $\boldsymbol{P}_s\cdots\boldsymbol{P}_2\boldsymbol{P}_1\boldsymbol{A}=\boldsymbol{E}$. 由于初等矩阵都可逆且其逆矩阵仍为初等矩阵，记 $\boldsymbol{P}_1$，$\boldsymbol{P}_2$，…，$\boldsymbol{P}_s$ 的逆矩阵分别为 $\boldsymbol{P}_1^{-1}$，$\boldsymbol{P}_2^{-1}$，…，$\boldsymbol{P}_s^{-1}$，于是

$$\boldsymbol{P}_1^{-1}\boldsymbol{P}_2^{-1}\cdots\boldsymbol{P}_s^{-1}(\boldsymbol{P}_s\cdots\boldsymbol{P}_2\boldsymbol{P}_1\boldsymbol{A})=\boldsymbol{P}_1^{-1}\boldsymbol{P}_2^{-1}\cdots\boldsymbol{P}_s^{-1}\boldsymbol{E},$$

即 $\boldsymbol{A}=\boldsymbol{P}_1^{-1}\boldsymbol{P}_2^{-1}\cdots\boldsymbol{P}_s^{-1}$. 也就是说，$\boldsymbol{A}$ 可表示为初等方阵 $\boldsymbol{P}_1^{-1}$，$\boldsymbol{P}_2^{-1}$，…，$\boldsymbol{P}_s^{-1}$ 的乘积.

(3)⇒(1)：设方阵 $\boldsymbol{A}=\boldsymbol{P}_1\boldsymbol{P}_2\cdots\boldsymbol{P}_s$，其中 $\boldsymbol{P}_1$，$\boldsymbol{P}_2$，…，$\boldsymbol{P}_s$ 均为初等矩阵，由于初等矩阵均可逆，于是它们的乘积 $\boldsymbol{A}=\boldsymbol{P}_1\boldsymbol{P}_2\cdots\boldsymbol{P}_s$ 也可逆.

由定理 1 的证明可知，若 n 阶方阵 $\boldsymbol{A}$ 可逆，则存在一个可逆阵 $\boldsymbol{P}=\boldsymbol{P}_s\cdots\boldsymbol{P}_2\boldsymbol{P}_1$，使得 $\boldsymbol{PA}=\boldsymbol{E}$，于是

$$\boldsymbol{A}^{-1}=(\boldsymbol{P}_1^{-1}\boldsymbol{P}_2^{-1}\cdots\boldsymbol{P}_s^{-1})^{-1}=\boldsymbol{P}_s\cdots\boldsymbol{P}_2\boldsymbol{P}_1=\boldsymbol{P}.$$

构造一个分块矩阵$(\boldsymbol{A}\mid\boldsymbol{E})$，做分块矩阵的乘法：

$$\boldsymbol{P}(\boldsymbol{A}\mid\boldsymbol{E})=(\boldsymbol{PA}\mid\boldsymbol{PE})=(\boldsymbol{E}\mid\boldsymbol{P})=(\boldsymbol{E}\mid\boldsymbol{A}^{-1}).$$

上式等价于对分块矩阵$(\boldsymbol{A}\mid\boldsymbol{E})$实施了若干次初等行变换，当 $\boldsymbol{A}$ 变成 $\boldsymbol{E}$ 时，$\boldsymbol{E}$ 就变成了 $\boldsymbol{A}^{-1}$. 所以，定理 1 给出了判别矩阵 $\boldsymbol{A}$ 是否可逆，并在可逆时求 $\boldsymbol{A}^{-1}$ 的一种方法：

(1) 首先构造分块矩阵$(\boldsymbol{A}\mid\boldsymbol{E})$；

(2) 对矩阵$(\boldsymbol{A}\mid\boldsymbol{E})$实施初等行变换，将$(\boldsymbol{A}\mid\boldsymbol{E})$化为行最简形矩阵；

(3) 如果 $\boldsymbol{A}$ 不能行等价于 $\boldsymbol{E}$，则矩阵 $\boldsymbol{A}$ 不可逆；若 $\boldsymbol{A}$ 能行等价于 $\boldsymbol{E}$，则 $\boldsymbol{A}$ 可逆，且 $\boldsymbol{E}$ 就行等价于 $\boldsymbol{A}^{-1}$.

例 4　判断下列矩阵是否可逆，若可逆则求其逆矩阵.

(1) $\begin{pmatrix}1&1&-2\\2&-1&-1\\3&6&-9\end{pmatrix}$；　　(2) $\begin{pmatrix}1&1&1\\1&2&3\\1&3&6\end{pmatrix}$.

解　(1) $\left(\begin{array}{ccc|ccc}1&1&-2&1&0&0\\2&-1&-1&0&1&0\\3&6&-9&0&0&1\end{array}\right)\xrightarrow[r_3+(-3)r_1]{r_2+(-2)r_1}\left(\begin{array}{ccc|ccc}1&1&-2&1&0&0\\0&-3&3&-2&1&0\\0&3&-3&-3&0&1\end{array}\right)\xrightarrow{r_3+r_2}$

$\left(\begin{array}{ccc|ccc}1&1&-2&1&0&0\\0&-3&3&-2&1&0\\0&0&0&-5&1&1\end{array}\right)$,

由于阶梯阵 $\begin{pmatrix}1&1&-2\\0&-3&3\\0&0&0\end{pmatrix}$ 最后一行全为零，所以矩阵 $\begin{pmatrix}1&1&-2\\2&-1&-1\\3&6&-9\end{pmatrix}$ 不可逆.

$$(2)\left(\begin{array}{ccc|ccc}1&1&1&1&0&0\\1&2&3&0&1&0\\1&3&6&0&0&1\end{array}\right)\xrightarrow[r_3+(-1)r_1]{r_2+(-1)r_1}\left(\begin{array}{ccc|ccc}1&1&1&1&0&0\\0&1&2&-1&1&0\\0&2&5&-1&0&1\end{array}\right)\xrightarrow{r_3+(-2)r_2}$$

$$\left(\begin{array}{ccc|ccc}1&1&1&1&0&0\\0&1&2&-1&1&0\\0&0&1&1&-2&1\end{array}\right)\xrightarrow[r_1+(-1)r_3]{r_2+(-2)r_3}\left(\begin{array}{ccc|ccc}1&1&0&0&2&-1\\0&1&0&-3&5&-2\\0&0&1&1&-2&1\end{array}\right)\xrightarrow{r_1+(-1)r_2}$$

$$\left(\begin{array}{ccc|ccc}1&0&0&3&-3&1\\0&1&0&-3&5&-2\\0&0&1&1&-2&1\end{array}\right),$$

所以矩阵$\begin{pmatrix}1&1&1\\1&2&3\\1&3&6\end{pmatrix}$可逆，并且

$$\begin{pmatrix}1&1&1\\1&2&3\\1&3&6\end{pmatrix}^{-1}=\begin{pmatrix}3&-3&1\\-3&5&-2\\1&-2&1\end{pmatrix}.$$

利用逆矩阵还可以求解矩阵方程 $\boldsymbol{AX}=\boldsymbol{B}$、$\boldsymbol{XA}=\boldsymbol{B}$ 和 $\boldsymbol{AXB}=\boldsymbol{C}$.

若矩阵 $\boldsymbol{A}$ 可逆，则有

$$\boldsymbol{A}^{-1}(\boldsymbol{AX})=\boldsymbol{A}^{-1}\boldsymbol{B}\Rightarrow(\boldsymbol{A}^{-1}\boldsymbol{A})\boldsymbol{X}=\boldsymbol{A}^{-1}\boldsymbol{B}\Rightarrow\boldsymbol{X}=\boldsymbol{A}^{-1}\boldsymbol{B},$$

$$(\boldsymbol{XA})\boldsymbol{A}^{-1}=\boldsymbol{BA}^{-1}\Rightarrow\boldsymbol{X}(\boldsymbol{AA}^{-1})=\boldsymbol{BA}^{-1}\Rightarrow\boldsymbol{X}=\boldsymbol{BA}^{-1}.$$

若矩阵 $\boldsymbol{A}$、$\boldsymbol{B}$ 均可逆，则有

$$\boldsymbol{A}^{-1}(\boldsymbol{AXB})\boldsymbol{B}^{-1}=\boldsymbol{A}^{-1}\boldsymbol{CB}^{-1}\Rightarrow(\boldsymbol{A}^{-1}\boldsymbol{A})\boldsymbol{X}(\boldsymbol{BB}^{-1})=\boldsymbol{A}^{-1}\boldsymbol{CB}^{-1}\Rightarrow\boldsymbol{X}=\boldsymbol{A}^{-1}\boldsymbol{CB}^{-1}.$$

值得注意的是，由于矩阵乘法不满足交换律，在解矩阵方程时必须分清楚逆矩阵是“左乘”还是“右乘”.

解矩阵方程也可以用初等行变换的方法. 对于方程 $\boldsymbol{AX}=\boldsymbol{B}$，构造分块矩阵$(\boldsymbol{A}\mid\boldsymbol{B})$，并对$(\boldsymbol{A}\mid\boldsymbol{B})$实施初等行变换化为行最简形矩阵. 如果 $\boldsymbol{A}$ 变为 $\boldsymbol{E}$，则说明 $\boldsymbol{A}$ 可逆，这时 $\boldsymbol{B}$ 就变成了 $\boldsymbol{X}=\boldsymbol{A}^{-1}\boldsymbol{B}$.

例 5　解下列矩阵方程：

(1) $\begin{pmatrix}-1&4\\-2&7\end{pmatrix}\boldsymbol{X}=\begin{pmatrix}2&-1&3\\1&0&-2\end{pmatrix}$；　　(2) $\boldsymbol{X}\begin{pmatrix}1&0&-2\\0&-2&1\\-2&-1&5\end{pmatrix}=\begin{pmatrix}-1&1&0\\1&2&-1\end{pmatrix}$；

(3) $\begin{pmatrix}1&1\\-1&-2\end{pmatrix}\boldsymbol{X}\begin{pmatrix}-1&1&0\\0&1&-1\\1&0&-2\end{pmatrix}=\begin{pmatrix}1&-1&0\\-1&0&1\end{pmatrix}$.

解　(1) $\left(\begin{array}{cc|ccc}-1&4&2&-1&3\\-2&7&1&0&-2\end{array}\right)\xrightarrow[(-1)r_1]{r_2+(-2)r_1}\left(\begin{array}{cc|ccc}1&-4&-2&1&-3\\0&-1&-3&2&-8\end{array}\right)\xrightarrow[(-1)r_2]{r_1+(-4)r_2}$

$$\left(\begin{array}{cc|ccc}1&0&10&-7&29\\0&1&3&-2&8\end{array}\right),$$

所以 $\boldsymbol{X}=\begin{pmatrix}10&-7&29\\3&-2&8\end{pmatrix}$.

（2）对于方程 $\boldsymbol{XA}=\boldsymbol{B}$，可以先用初等行变换求解方程 $\boldsymbol{A}^{\mathrm{T}}\boldsymbol{X}^{\mathrm{T}}=\boldsymbol{B}^{\mathrm{T}}$，再转置求出 $\boldsymbol{X}$.

$$(\boldsymbol{A}^{\mathrm{T}}\mid\boldsymbol{B}^{\mathrm{T}})=\left(\begin{array}{ccc|cc}1&0&-2&-1&1\\0&-2&-1&1&2\\-2&1&5&0&-1\end{array}\right)\xrightarrow{r_3+2r_1}\left(\begin{array}{ccc|cc}1&0&-2&-1&1\\0&-2&-1&1&2\\0&1&1&-2&1\end{array}\right)$$

$$\xrightarrow[r_2\leftrightarrow r_3]{r_2+2r_3}\left(\begin{array}{ccc|cc}1&0&-2&-1&1\\0&1&1&-2&1\\0&0&1&-3&4\end{array}\right)\xrightarrow[r_1+2r_3]{r_2+(-1)r_3}\left(\begin{array}{ccc|cc}1&0&0&-7&9\\0&1&0&1&-3\\0&0&1&-3&4\end{array}\right),$$

所以 $\boldsymbol{X}^{\mathrm{T}}=\begin{pmatrix}-7&9\\1&-3\\-3&4\end{pmatrix}$，从而 $\boldsymbol{X}=\begin{pmatrix}-7&1&-3\\9&-3&4\end{pmatrix}$.

（3）此题是 $\boldsymbol{AXB}=\boldsymbol{C}$ 类型的方程. 令 $\boldsymbol{XB}=\boldsymbol{Y}$，先用初等行变换求解方程 $\boldsymbol{AY}=\boldsymbol{C}$，然后用初等行变换求解方程 $\boldsymbol{B}^{\mathrm{T}}\boldsymbol{X}^{\mathrm{T}}=\boldsymbol{Y}^{\mathrm{T}}$，最后转置求出 $\boldsymbol{X}$. 由于

$$(\boldsymbol{A}\mid\boldsymbol{C})=\left(\begin{array}{cc|ccc}1&1&1&-1&0\\-1&-2&-1&0&1\end{array}\right)\xrightarrow{r_2+r_1}\left(\begin{array}{cc|ccc}1&1&1&-1&0\\0&-1&0&-1&1\end{array}\right)\xrightarrow[(-1)r_2]{r_1+r_2}\left(\begin{array}{cc|ccc}1&0&1&-2&1\\0&1&0&1&-1\end{array}\right),$$

于是得 $\boldsymbol{Y}=\begin{pmatrix}1&-2&1\\0&1&-1\end{pmatrix}$. 再由

$$(\boldsymbol{B}^{\mathrm{T}}\mid\boldsymbol{Y}^{\mathrm{T}})=\left(\begin{array}{ccc|cc}-1&0&1&1&0\\1&1&0&-2&1\\0&-1&-2&1&-1\end{array}\right)\xrightarrow{r_2+r_1}\left(\begin{array}{ccc|cc}-1&0&1&1&0\\0&1&1&-1&1\\0&-1&-2&1&-1\end{array}\right)$$

$$\xrightarrow[(-1)r_3]{r_3+r_2}\left(\begin{array}{ccc|cc}-1&0&1&1&0\\0&1&1&-1&1\\0&0&1&0&0\end{array}\right)\xrightarrow[r_2+(-1)r_3]{\substack{r_1+(-1)r_3\\(-1)r_1}}\left(\begin{array}{ccc|cc}1&0&0&-1&0\\0&1&0&-1&1\\0&0&1&0&0\end{array}\right)$$

可知 $\boldsymbol{X}^{\mathrm{T}}=\begin{pmatrix}-1&0\\-1&1\\0&0\end{pmatrix}$，从而 $\boldsymbol{X}=\begin{pmatrix}-1&-1&0\\0&1&0\end{pmatrix}$.

根据第三节定理，任何一个 $m\times n$ 矩阵 $\boldsymbol{A}$ 通过若干次初等行变换都可化为行最简形矩阵；再通过若干次初等列变换，可以把该行最简形矩阵化为标准形 $\boldsymbol{F}=\begin{pmatrix}\boldsymbol{E}_r&\boldsymbol{O}\\\boldsymbol{O}&\boldsymbol{O}\end{pmatrix}_{m\times n}$. 用初等矩阵的语言，上述结论可以重新叙述为定理 2.

定理 2　对于任意 $m\times n$ 矩阵 $\boldsymbol{A}$，均存在一个 m 阶可逆方阵 $\boldsymbol{P}$ 和一个 n 可逆方阵 $\boldsymbol{Q}$，使得 $\boldsymbol{PAQ}$ 为标准形.

习题 1–4

1. 设 $\boldsymbol{A}$ 是 3 阶方阵，交换 $\boldsymbol{A}$ 的第 1 列和第 3 列得到矩阵 $\boldsymbol{B}$，再把 $\boldsymbol{B}$ 的第 1 列乘以非零数 k 加到 $\boldsymbol{B}$ 的第 2 列得到矩阵 $\boldsymbol{C}$，求满足 $\boldsymbol{AQ}=\boldsymbol{C}$ 的可逆方阵 $\boldsymbol{Q}$.

2. 设 $\boldsymbol{A}=\begin{pmatrix}5&-2\\3&0\end{pmatrix}$，$\boldsymbol{P}=\begin{pmatrix}1&2\\1&3\end{pmatrix}$：

（1）求 $\boldsymbol{P}^{-1}$；（2）计算 $\boldsymbol{P}^{-1}\boldsymbol{A}\boldsymbol{P}$；（3）计算 $\boldsymbol{A}^{10}$.

3. 求下列矩阵的逆矩阵：

（1）$\begin{pmatrix} 1 & 1 & -1 \\ 1 & -1 & 1 \\ -1 & 1 & 1 \end{pmatrix}$；　（2）$\begin{pmatrix} 2 & 2 & 1 \\ 3 & 4 & 3 \\ 1 & 2 & 3 \end{pmatrix}$；

（3）$\begin{pmatrix} 1 & -1 & 0 \\ -1 & 2 & 1 \\ 2 & 2 & 3 \end{pmatrix}$；　（4）$\begin{pmatrix} 1 & 3 & 1 & 6 \\ 2 & 1 & 0 & 0 \\ 3 & 2 & 0 & 0 \\ 5 & 7 & 1 & 8 \end{pmatrix}$.

4. 解下列矩阵方程：

（1）$\begin{pmatrix} 1 & 1 & -1 \\ 2 & 5 & -4 \\ 2 & 4 & -5 \end{pmatrix}\boldsymbol{X}=\begin{pmatrix} 0 & 3 \\ 4 & 8 \\ 1 & 9 \end{pmatrix}$；　（2）$\boldsymbol{X}\begin{pmatrix} 1 & -1 & 1 \\ 2 & 1 & 0 \\ 2 & 1 & -1 \end{pmatrix}=\begin{pmatrix} 1 & -1 & 3 \\ 2 & 1 & 4 \end{pmatrix}$；

（3）$\begin{pmatrix} -1 & 1 & 1 \\ 1 & -1 & 1 \\ 1 & 1 & -1 \end{pmatrix}\boldsymbol{X}\begin{pmatrix} 2 & 1 \\ 5 & 3 \end{pmatrix}=\begin{pmatrix} 1 & 2 \\ 1 & 0 \\ -1 & 2 \end{pmatrix}$.

本章小结

本章小结

矩阵的概念及运算	理解 矩阵的概念，熟悉零矩阵、单位矩阵、对角矩阵、上(下)三角矩阵、对称矩阵、反对称矩阵等特殊的矩阵 熟练 掌握矩阵的线性运算(即：矩阵的加法和数乘)、矩阵与矩阵的乘法、矩阵的转置以及它们的运算规律
分块矩阵	了解 矩阵分块及其运算规律 熟悉 矩阵的按行分块和按列分块
线性方程组与矩阵的初等变换	理解 矩阵的初等变换的概念 熟练 掌握用矩阵的初等行变换把矩阵化为阶梯形矩阵和行最简形矩阵的方法 理解 矩阵等价的概念 熟练 掌握用矩阵的初等行变换求解线性方程组的方法 理解 线性方程组无解、有唯一解、有无穷多解的充分必要条件
初等矩阵与矩阵的逆矩阵	理解 初等矩阵的概念 理解 初等矩阵的作用 理解 矩阵可逆的概念、性质和充分必要条件 熟练 掌握用矩阵的初等行变换判断矩阵是否可逆以及求逆矩阵的方法

拓展阅读

矩阵的来源

行列式的研究开始于18世纪中叶之前，大约比形成独立体系的矩阵理论早160年. 多年以来，行列式主要出现在线性方程组的讨论中. 从行列式的定义我们知道，行列式包括一个数字方阵，通常总是涉及这个方阵的值，也就是由行列式的定义所给出的值. 然而在很多的问题中，不管行列式的值是否与该问题有关，方阵本身都可以供研究和使用. 这让人们认识到，方阵本身应该有与行列式无关的特性. 方阵也称为矩阵. 矩阵这个词是 Sylvester 首先使用的，当时，他实际上是希望引用矩形数表，但又不能再用行列式这个词，因此，他使用了矩阵这一说法. 数学家 Cayley 也曾经说过，他不是通过四元素而获得矩阵概念的，矩阵的概念或是直接从行列式的概念而来，或是为了便于表达一个方程组

$$\begin{cases} x'=ax+by, \\ y'=cx+dy \end{cases}$$

而来，易见，通过引进矩阵

$$\begin{pmatrix} a & b \\ c & d \end{pmatrix}$$

可以表达上述方程组的主要信息. 由此可知，矩阵是在行列式的发展中建立起来的，在矩阵引进的时候它的基本性质就已经比较清楚了.

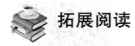

测试题一

一、填空题

1. 设A、B都是n阶方阵，则等式$(A+B)(A-B)=A^2-B^2$成立的充分必要条件是________.

2. 设矩阵$\alpha=\begin{pmatrix}2\\2\end{pmatrix}$，$\beta=\begin{pmatrix}2\\3\end{pmatrix}$，$E$是2阶单位矩阵，则$\alpha\beta^T-E=$________.

3. 设矩阵$\alpha=\begin{pmatrix}1\\2\\1\end{pmatrix}$，$\beta=\begin{pmatrix}1\\1\\1\end{pmatrix}$，矩阵$A=\alpha\beta^T$，则$A^8=$________.

4. 设矩阵$A=\begin{pmatrix}4&0&0\\1&3&0\\0&0&4\end{pmatrix}$，则$(A-2E)^{-1}=$________.

5. 当可逆阵$P=$________________时，等式$P\begin{pmatrix}a_{11}&a_{12}&a_{13}\\a_{21}&a_{22}&a_{23}\\a_{31}&a_{32}&a_{33}\end{pmatrix}=\begin{pmatrix}a_{11}&a_{12}&a_{13}\\a_{21}-2a_{31}&a_{22}-2a_{32}&a_{23}-2a_{33}\\a_{31}&a_{32}&a_{33}\end{pmatrix}$成立.

二、选择题

1. 以下结论或等式正确的是(　　).

A. 若$AB=AC$，且$A\neq O$，则$B=C$　　B. 若$A\neq O$，$B\neq O$，则$AB\neq O$

C. 若A，B均为零矩阵，则有$A=B$　　D. 对角矩阵是对称矩阵

2. 设A，B为同阶可逆矩阵，且A是对称矩阵，则下列等式不成立的是(　　).

A. $(A^TB)^{-1}=B^{-1}A^{-1}$　　B. $(AB)^T=B^TA$

C. $(AB^T)^{-1}=(B^{-1})^TA^{-1}$　　D. $(AB^T)^{-1}=A^{-1}(B^{-1})^T$

3. 设A为3×4矩阵，B为4×3矩阵，则下列运算中可以进行的是(　　).

A. $A+B$　　B. AB　　C. A^TB　　D. AB^T

4. 设线性方程组的增广矩阵为$\widetilde{A}=\begin{bmatrix}1&\lambda&1\\-2&1&0\end{bmatrix}$，若线性方程组无解，则$\lambda$的取值是(　　).

A. 2　　B. -2　　C. $\frac{1}{2}$　　D. $-\frac{1}{2}$

5. 设非零阵A满足等式$A^3=O$，则下列说法正确的是(　　).

A. 矩阵$A+E$与$A-E$均可逆

B. 矩阵$A+E$可逆，矩阵$A-E$不可逆

C. 矩阵 $\boldsymbol{A}+\boldsymbol{E}$ 不可逆，矩阵 $\boldsymbol{A}-\boldsymbol{E}$ 可逆

D. 矩阵 $\boldsymbol{A}+\boldsymbol{E}$ 与 $\boldsymbol{A}-\boldsymbol{E}$ 均不可逆

三、解答题

1. 解矩阵方程 $\begin{pmatrix} \frac{1}{2} & 0 & 0 \\ 0 & \frac{1}{3} & 0 \\ 0 & 0 & \frac{1}{3} \end{pmatrix} \boldsymbol{X} \begin{pmatrix} 1 & -1 & 1 \\ 1 & 1 & -1 \\ -1 & 1 & 1 \end{pmatrix} = \begin{pmatrix} \frac{1}{2} & 1 & -1 \\ 2 & \frac{1}{3} & 1 \\ -1 & -1 & \frac{1}{3} \end{pmatrix}$.

2. 当 λ 为何值时，线性方程组 $\begin{cases} (1+\lambda)x_1+x_2+x_3=0, \\ x_1+(1+\lambda)x_2+x_3=0, \\ x_1+x_2+(1+\lambda)x_3=0 \end{cases}$ 有零解、非零解？在有非零解的情况下，求出该线性方程组的解.

3. 设 $\boldsymbol{A}=\begin{pmatrix} 1 & 0 & 1 \\ 0 & 2 & 0 \\ 1 & 0 & 1 \end{pmatrix}$，且 $n \geqslant 2$ 为正整数，求 $\boldsymbol{A}^n-2\boldsymbol{A}^{n-1}$.

四、证明题

设 $\boldsymbol{A}$ 是 n 阶方阵，其中的元素均为 1，证明：$(\boldsymbol{E}-\boldsymbol{A})^{-1}=\boldsymbol{E}-\frac{1}{n-1}\boldsymbol{A}$.

第二章　方阵的行列式

第一节　行列式的定义

[课前导读]

这一节我们要介绍方阵的行列式的定义，并用定义得到一些特殊行列式的值. 在学习这一节之前，先回忆在中学代数学过的二元线性方程组有唯一解的讨论. 对于二元线性方程组

$$\begin{cases} a_{11}x_1+a_{12}x_2=b_1, \\ a_{21}x_1+a_{22}x_2=b_2, \end{cases}$$

当 $a_{11}a_{22}-a_{12}a_{21}\neq 0$ 时，有唯一解：

$$x_1=\frac{b_1a_{22}-b_2a_{12}}{a_{11}a_{22}-a_{12}a_{21}},\quad x_2=\frac{b_2a_{11}-b_1a_{21}}{a_{11}a_{22}-a_{12}a_{21}}.$$

一、排列

作为定义 n 阶行列式的预备知识，我们先来介绍一下排列及其逆序数.

1. 排列及其逆序数

定义 1　从 1，2，…，n 中任意选取 r 个不同的数排成一列，称为排列.

定义 2　将 1，2，…，n 这 n 个不同的数排成一列，称为 n 阶全排列，也简称为全排列.

例如，设有 1，2，3，4，5 五个元素，则 31 是五个元素的一个排列，312 是五个元素的一个排列，312 也可以看成是 1，2，3 三个元素的一个全排列；4215 是五个元素的一个排列，而 42153 是五个元素的一个全排列.

n 阶全排列的总数为 $n!=n\cdot(n-1)\cdots3\cdot2\cdot1$. 例如，$4!=4\times3\times2\times1=24$，$5!=5\times4\times3\times2\times1=120$.

显然，$12\cdots n$ 也是 n 个数的全排列，而且元素是按从小到大的自然顺序排列的，这样的全排列称为标准排列. 而其他的 n 阶全排列都或多或少地破坏了自然顺序，如全排列 42153 中，4 和 2、2 和 1、5 和 3 的顺序都与自然顺序相反.

定义 3　在一个排列中，如果一对数的排列顺序与自然顺序相反，即排在左边的数比排在它右边的数大，那么它们就称为一个逆序，一个排列中逆序的总数就称为这个排列的逆序数. 排列 $i_1i_2\cdots i_n$ 的逆序数记为 $\tau(i_1i_2\cdots i_n)$.

例如，全排列 42153 中，42、41、43、21、53 都是逆序，从而 42153 的逆序数为 $\tau(42153)=5$.

标准排列的逆序数为 0. 例如，$\tau(12345)=0$.

2. 奇排列与偶排列

定义 4　逆序数为偶数的排列，称为偶排列；逆序数为奇数的排列，称为奇排列.

例如，$\tau(213)=1$，所以 213 是一个奇排列；而 $\tau(312)=2$，所以 312 是一个偶排列.

定义 5　只交换排列中某两个数的位置，其他的数保持不动而得到一个新排列的变换，称为一个对换. 若交换的是相邻位置的两个元素，则称该对换为相邻对换.

例如，经过 2、1 对换，排列 42153 就变成了排列 41253，而且这个对换是相邻对换；经过 2、5 对换，排列 42153 就变成了排列 45123，但这个对换不是相邻对换. 显然，连续实施两次相同的对换，则排列就还原了. 另外，排列 42153 的逆序数是 $\tau(42153)=5$，但是排列 41253 和 45123 的逆序数分别是 $\tau(41253)=4$ 和 $\tau(45123)=6$. 可见，对换会改变排列的逆序数，进一步地，我们有下面的事实.

定理 1　对换改变排列的奇偶性.

* **证明**　先证相邻对换的情况. 排列

$$i_1\cdots i_k ab\cdots j_1\cdots j_s \tag{1-1}$$

经过 a，b 相邻对换变成排列

$$i_1\cdots i_k ba\cdots j_1\cdots j_s. \tag{1-2}$$

显然，a，b 与其他数构成的逆序在排列(1-1)和排列(1-2)中是一样的，不同的只是 a，b 的次序. 当 $a<b$ 时，ab 原来是标准序，对换后 ba 构成一个逆序，于是排列(1-2)的逆序数是排列(1-1)的逆序数增加 1；当 $a>b$ 时，ab 原来是逆序，对换后 ba 是标准序，于是排列(1-2)的逆序数是排列(1-1)的逆序数减少 1. 所以无论增加还是减少 1，相邻对换都改变了排列的奇偶性.

对于不相邻的对换，不妨假设原排列为

$$\cdots a i_1\cdots i_s b\cdots,$$

经过 a，b 对换后变为排列

$$\cdots b i_1\cdots i_s a\cdots,$$

这个改变过程实际上就是通过先将 a 依次与其后面相邻的元素作 $s+1$ 次相邻对换变为

$$\cdots i_1\cdots i_s ba\cdots,$$

再通过将 b 依次与前面相邻的元素作 s 次相邻对换而得到. 一共进行了 $2s+1$ 次相邻对换，所以改变了排列的奇偶性.

关于全排列中奇排列和偶排列的个数，我们有下面的定理.

定理 2　在 n 阶全排列中，偶排列和奇排列各占一半，即各有$\dfrac{n!}{2}$个.

* **证明**　记 $P_n(S_n、T_n)$为所有 n 阶(奇、偶)排列构成的集合，则 $P_n=S_n\cup T_n$ 且 $S_n\cap T_n=\varnothing$，于是$|P_n|=|S_n|+|T_n|$. 任意取定一个对换 σ：$P_n\to P_n$，显然映射 σ 是单射且 $\sigma(S_n)\subseteq T_n$、$\sigma(T_n)\subseteq S_n$，于是有$|S_n|\leqslant|T_n|$、$|T_n|\leqslant|S_n|$，所以$|S_n|=|T_n|=\dfrac{1}{2}|P_n|=\dfrac{1}{2}n!$.

二、n 阶行列式

1. n 阶行列式的定义

由 n^2 个元素 $a_{ij}(i,\ j=1,\ 2,\ \cdots,\ n)$ 排成 n 行 n 列的正方形的数表：

$$\begin{matrix} a_{11} & a_{12} & \cdots & a_{1n} \\ a_{21} & a_{22} & \cdots & a_{2n} \\ \vdots & \vdots & \ddots & \vdots \\ a_{n1} & a_{n2} & \cdots & a_{nn} \end{matrix}.$$

由这个数表所决定的数

$$\sum_{p_1p_2\cdots p_n}(-1)^{\tau(p_1p_2\cdots p_n)}a_{1p_1}a_{2p_2}\cdots a_{np_n}$$

称为由 n^2 个元素 $a_{ij}(i,\ j=1,\ 2,\ \cdots,\ n)$ 构成的 n 阶行列式，记为

$$D_n=\begin{vmatrix} a_{11} & a_{12} & \cdots & a_{1n} \\ a_{21} & a_{22} & \cdots & a_{2n} \\ \vdots & \vdots & \ddots & \vdots \\ a_{n1} & a_{n2} & \cdots & a_{nn} \end{vmatrix},$$

即

$$D_n=\begin{vmatrix} a_{11} & a_{12} & \cdots & a_{1n} \\ a_{21} & a_{22} & \cdots & a_{2n} \\ \vdots & \vdots & \ddots & \vdots \\ a_{n1} & a_{n2} & \cdots & a_{nn} \end{vmatrix}=\sum_{p_1p_2\cdots p_n}(-1)^{\tau(p_1p_2\cdots p_n)}a_{1p_1}a_{2p_2}\cdots a_{np_n}.$$

其中 $\sum\limits_{p_1p_2\cdots p_n}$ 表示对所有的 n 阶全排列 $p_1p_2\cdots p_n$ 求和. 数 $a_{ij}(i,\ j=1,\ 2,\ \cdots,\ n)$ 称为行列式的 $(i,\ j)$ 元素，其中第一个下标 i 称为元素 a_{ij} 的行标，第二个下标 j 称为元素 a_{ij} 的列标.

记矩阵

$$\boldsymbol{A}=\begin{pmatrix} a_{11} & a_{12} & \cdots & a_{1n} \\ a_{21} & a_{22} & \cdots & a_{2n} \\ \vdots & \vdots & \ddots & \vdots \\ a_{n1} & a_{n2} & \cdots & a_{nn} \end{pmatrix},$$

则行列式通常也称为方阵 $\boldsymbol{A}$ 的行列式，记为 $|\boldsymbol{A}|$. 有时为了表明行列式是由元素 a_{ij} 构成的，也简记为 $|\boldsymbol{A}|=\det(a_{ij})$、$|a_{ij}|_{n\times n}$ 或 $|a_{ij}|_n$.

由定义可知，n 阶行列式具有以下 3 个特点.

（1）$\sum\limits_{p_1p_2\cdots p_n}$ 是对所有的 n 阶全排列 $p_1p_2\cdots p_n$ 求和，所以展开式中共有 $n!$ 项；

（2）每一项 $a_{1p_1}a_{2p_2}\cdots a_{np_n}$ 是取自不同行不同列的 n 个元素的乘积；

（3）每一项 $a_{1p_1}a_{2p_2}\cdots a_{np_n}$ 的行标排成一个标准排列，列标排列 $p_1p_2\cdots p_n$ 的奇偶性决定了乘积 $a_{1p_1}a_{2p_2}\cdots a_{np_n}$ 前的符号.

需要注意的是，1 阶行列式就是这个数本身，即 $|a|=a$. 为了避免与绝对值记号混淆，很少提及 1 阶行列式.

2. 2 阶行列式和 3 阶行列式

当 $n=2$ 时，由方阵 $\begin{pmatrix} a_{11} & a_{12} \\ a_{21} & a_{22} \end{pmatrix}$ 所确定的 2 阶行列式为

$$\begin{vmatrix} a_{11} & a_{12} \\ a_{21} & a_{22} \end{vmatrix} = \sum_{p_1p_2} (-1)^{\tau(p_1p_2)} a_{1p_1}a_{2p_2} = a_{11}a_{22}-a_{12}a_{21}. \tag{1-3}$$

2 阶行列式也可借助于对角线法则来记忆. 如图 2-1 所示，元素 a_{11} 和 a_{22} 所在的位置称为行列式的主对角线(黑实线位置)，元素 a_{12} 和 a_{21} 所在的位置称为行列式的副对角线(黑虚线位置)，于是 2 阶行列式就是主对角线上元素之积减去副对角线上元素之积.

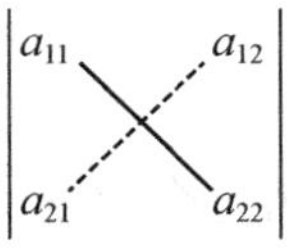

图 2-1

当 $n=3$ 时，3 阶方阵 $\boldsymbol{A}=\begin{pmatrix} a_{11} & a_{12} & a_{13} \\ a_{21} & a_{22} & a_{23} \\ a_{31} & a_{32} & a_{33} \end{pmatrix}$ 所确定的 3 阶行列式为

$$|\boldsymbol{A}| = \begin{vmatrix} a_{11} & a_{12} & a_{13} \\ a_{21} & a_{22} & a_{23} \\ a_{31} & a_{32} & a_{33} \end{vmatrix} = \sum_{p_1p_2p_3} (-1)^{\tau(p_1p_2p_3)} a_{1p_1}a_{2p_2}a_{3p_3}.$$

$$=a_{11}a_{22}a_{33}+a_{13}a_{21}a_{32}+a_{12}a_{23}a_{31}-a_{13}a_{22}a_{31}-a_{12}a_{21}a_{33}-a_{11}a_{23}a_{32}.$$

对于 3 阶行列式，我们也可以按“对角线”法则展开，其展开式等于 6 项的代数和，展开的规律如图 2-2 所示，实线位置上三元素乘积前冠以正号，虚线位置上三元素乘积前冠以负号.

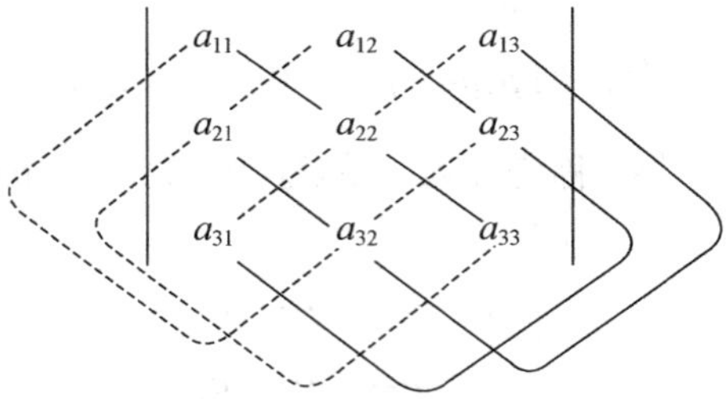

图 2-2

注：4 阶及更高阶的行列式不再适用对角线法则.

例 1　设 $\boldsymbol{A}=\begin{pmatrix} 1 & 2 & -2 \\ -3 & 3 & 1 \\ 1 & 2 & -1 \end{pmatrix}$，求 $|\boldsymbol{A}|$.

解　$|\boldsymbol{A}| = \begin{vmatrix} 1 & 2 & -2 \\ -3 & 3 & 1 \\ 1 & 2 & -1 \end{vmatrix}$

$=1\times3\times(-1)+2\times1\times1+(-2)\times(-3)\times2-(-2)\times3\times1-1\times1\times2-2\times(-3)\times(-1)$

$=(-3)+2+12-(-6)-2-6=9.$

例 2　证明 $a_{52}a_{16}a_{41}a_{64}a_{23}a_{35}$ 是 6 阶行列式 $D_6=|a_{ij}|_{6\times6}$ 的一项，并求这项应带的符号.

证明　调换 $a_{52}a_{16}a_{41}a_{64}a_{23}a_{35}$ 中元素的位置，使得调换后的乘积中元素的行标是标准序，即

$$a_{52}a_{16}a_{41}a_{64}a_{23}a_{35}=a_{16}a_{23}a_{35}a_{41}a_{52}a_{64},$$

这时，乘积中元素的列标排列为 635124，是一个 6 阶全排列，因而 $a_{52}a_{16}a_{41}a_{64}a_{23}a_{35}$ 是位于 $D_6=|a_{ij}|_{6\times6}$ 的不同行、不同列的 6 个元素的乘积，因此是这个 6 阶行列式的一项. 由于 $\tau(635124)=10$，所以这项前面带正号.

三、几类特殊的 n 阶行列式的值

例 3　计算下三角方阵 $\boldsymbol{A}=\begin{pmatrix} a_{11} & 0 & \cdots & 0 \\ a_{21} & a_{22} & \cdots & 0 \\ \vdots & \vdots & \ddots & \vdots \\ a_{n1} & a_{n2} & \cdots & a_{nn} \end{pmatrix}$ 的行列式 $|\boldsymbol{A}|$（这样的行列式称为下三角行列式）.

解　根据行列式定义

$$|\boldsymbol{A}|=\begin{vmatrix} a_{11} & 0 & \cdots & 0 \\ a_{21} & a_{22} & \cdots & 0 \\ \vdots & \vdots & \ddots & \vdots \\ a_{n1} & a_{n2} & \cdots & a_{nn} \end{vmatrix}=\sum_{p_1p_2\cdots p_n}(-1)^{\tau(p_1p_2\cdots p_n)}a_{1p_1}a_{2p_2}\cdots a_{np_n},$$

该行列式中有较多的元素为零，要使得乘积项 $a_{1p_1}a_{2p_2}\cdots a_{np_n}$ 不等于零，元素 a_{1p_1} 只能取 a_{11}；元素 a_{2p_2} 只能取 a_{22}；……；元素 a_{np_n} 只能取 a_{nn}，从而行列式的展开式中只有 $a_{11}a_{22}\cdots a_{nn}$ 这一项可能不是零，其他项全为零. 而 $a_{11}a_{22}\cdots a_{nn}$ 的列标是标准排列，逆序数为零，所以 $|\boldsymbol{A}|=a_{11}a_{22}\cdots a_{nn}$.

也就是说，下三角行列式的值等于主对角线上 n 个元素的乘积，而与主对角线下方的元素无关.

例 4　计算上三角方阵 $\boldsymbol{A}=\begin{pmatrix} a_{11} & a_{12} & \cdots & a_{1n} \\ 0 & a_{22} & \cdots & a_{2n} \\ \vdots & \vdots & \ddots & \vdots \\ 0 & 0 & \cdots & a_{nn} \end{pmatrix}$ 的行列式 $|\boldsymbol{A}|$（这样的行列式称为上三角行列式）.

解　类似于例 3，要使得乘积项 $a_{1p_1}a_{2p_2}\cdots a_{np_n}$ 不等于零，元素 a_{np_n} 只能取 a_{nn}；元素 $a_{n-1,p_{n-1}}$ 只能取 $a_{n-1,n-1}$；……；元素 a_{1p_1} 只能取 a_{11}，于是行列式的展开式中只有 $a_{11}a_{22}\cdots a_{nn}$ 这一项可能不是零，其他项全为零. 而 $a_{11}a_{22}\cdots a_{nn}$ 的列标是标准排列，逆序数为零，所以

$$|\boldsymbol{A}|=\begin{vmatrix} a_{11} & a_{12} & \cdots & a_{1n} \\ 0 & a_{22} & \cdots & a_{2n} \\ \vdots & \vdots & \ddots & \vdots \\ 0 & 0 & \cdots & a_{nn} \end{vmatrix}=a_{11}a_{22}\cdots a_{nn}.$$

由此可见，无论上三角方阵还是下三角方阵，其行列式的值都等于其主对角线上 n 个元素的乘积，而与其他位置的非零元素没有关系.

由于对角矩阵

$$\boldsymbol{A}=\begin{pmatrix} a_{11} & 0 & \cdots & 0 \\ 0 & a_{22} & \cdots & 0 \\ \vdots & \vdots & \ddots & \vdots \\ 0 & 0 & \cdots & a_{nn} \end{pmatrix}$$

既是上三角方阵同时也是下三角方阵，所以

$$\begin{vmatrix} a_{11} & 0 & \cdots & 0 \\ 0 & a_{22} & \cdots & 0 \\ \vdots & \vdots & \ddots & \vdots \\ 0 & 0 & \cdots & a_{nn} \end{vmatrix}=a_{11}a_{22}\cdots a_{nn}.$$

对角矩阵的行列式称为对角行列式.

上三角(下三角)行列式是我们今后计算方阵的行列式的基础，在下一节讲完行列式的性质之后，我们会利用行列式的性质，将行列式的计算归结为上三角(下三角)行列式的计算.

例 5　设斜下三角方阵 $\boldsymbol{A}=\begin{pmatrix} 0 & \cdots & 0 & a_{1n} \\ 0 & \cdots & a_{2,n-1} & a_{2n} \\ \vdots & \ddots & \vdots & \vdots \\ a_{n1} & \cdots & a_{n,n-1} & a_{nn} \end{pmatrix}$，证明：$|\boldsymbol{A}|=(-1)^{\frac{n(n-1)}{2}}a_{1n}a_{2,n-1}\cdots a_{n1}$.

证明　由行列式的定义

$$|\boldsymbol{A}|=\begin{vmatrix} 0 & \cdots & 0 & a_{1n} \\ 0 & \cdots & a_{2,n-1} & a_{2n} \\ \vdots & \ddots & \vdots & \vdots \\ a_{n1} & \cdots & a_{n,n-1} & a_{nn} \end{vmatrix}=\sum_{p_1p_2\cdots p_n}(-1)^{\tau(p_1p_2\cdots p_n)}a_{1p_1}a_{2p_2}\cdots a_{np_n},$$

要使得乘积项 $a_{1p_1}a_{2p_2}\cdots a_{np_n}$ 不等于零，元素 a_{1p_1} 只能取 a_{1n}；元素 a_{2p_2} 只能取 $a_{2,n-1}$；……；元素 a_{np_n} 只能取 a_{n1}，于是行列式的展开式中只有 $a_{1n}a_{2,n-1}\cdots a_{n1}$ 这一项可能不是零，其他项全为零. 而 $a_{1n}a_{2,n-1}\cdots a_{n1}$ 的列标排列 $n(n-1)\cdots21$ 的逆序数为 $\tau(n(n-1)\cdots21)=\frac{n(n-1)}{2}$，所以 $|\boldsymbol{A}|=(-1)^{\frac{n(n-1)}{2}}a_{1n}a_{2,n-1}\cdots a_{n1}$.

易知，当 $n=4k$，$4k+1$ 时，$\tau(n(n-1)\cdots21)=\frac{n(n-1)}{2}$ 为偶数，此时 $|\boldsymbol{A}|=a_{1n}a_{2,n-1}\cdots a_{n1}$；当 $n=4k+2$，$4k+3$ 时，$\tau(n(n-1)\cdots21)=\frac{n(n-1)}{2}$ 为奇数，此时 $|\boldsymbol{A}|=-a_{1n}a_{2,n-1}\cdots a_{n1}$.

习题 2-1

1. 求下列全排列的逆序数：

(1) 634521；(2) 53142；(3) 123454321；(4) $135\cdots(2n-1)(2n)(2n-2)\cdots42$.

2. 用行列式的定义计算 $D_5=\begin{vmatrix} 0 & 0 & a_{13} & 0 & 0 \\ 0 & 0 & 0 & a_{24} & 0 \\ 0 & 0 & 0 & 0 & a_{35} \\ a_{41} & 0 & 0 & 0 & 0 \\ 0 & a_{52} & 0 & 0 & 0 \end{vmatrix}$.

3. 求多项式 $f(x)=\begin{vmatrix} 2x & 1 & 1 & 2 \\ 3 & 2 & x & 1 \\ x & x & 1 & 2 \\ 2 & 1 & 1 & 3x \end{vmatrix}$ 中 x^3 和 x^4 的系数.

4. 用对角线法则求下列 3 阶行列式：

(1) $\begin{vmatrix} 1 & 2 & 1 \\ 3 & 1 & 0 \\ 2 & 3 & 2 \end{vmatrix}$；　(2) $\begin{vmatrix} 2 & 5 & 3 \\ 0 & 4 & 7 \\ -2 & -2 & 3 \end{vmatrix}$；　(3) $\begin{vmatrix} a & b & c \\ b & c & a \\ c & a & b \end{vmatrix}$；　(4) $\begin{vmatrix} 1 & 1 & 1 \\ 2a & a+b & 2b \\ a^2 & ab & b^2 \end{vmatrix}$.

第二节　行列式的性质

[课前导读]

从 n 阶行列式的定义我们知道，当 $n\geqslant 4$ 时，利用定义来计算一般的行列式是一件非常辛苦的事情，但是上(下)三角行列式的计算却非常简单. 这一节我们先介绍行列式的性质，然后利用性质将一般的行列式化为上(下)三角行列式来计算，最后给出一个利用方阵的行列式来判断方阵可逆的充分必要条件. 学习这一节所需的预备知识就是行列式的定义，关于对换和奇、偶排列的一些结论以及上(下)三角行列式的计算. 这些知识在本章第一节中都有介绍.

一、行列式的性质

行列式的性质

定义 1　将行列式 $D_n=\begin{vmatrix} a_{11} & a_{12} & \cdots & a_{1n} \\ a_{21} & a_{22} & \cdots & a_{2n} \\ \vdots & \vdots & \ddots & \vdots \\ a_{n1} & a_{n2} & \cdots & a_{nn} \end{vmatrix}$ 的各行元素换为同序

号的列元素，所得到的行列式 $D_n^{\mathrm{T}}=\begin{vmatrix} a_{11} & a_{21} & \cdots & a_{n1} \\ a_{12} & a_{22} & \cdots & a_{n2} \\ \vdots & \vdots & \ddots & \vdots \\ a_{1n} & a_{2n} & \cdots & a_{nn} \end{vmatrix}$ 称为行列式 D_n 的转置行列式.

性质 1 行列式 D_n 与它的转置行列式 D_n^{T} 相等.

该性质的证明利用行列式的定义即可得证.

性质 1 说明，行列式中的行和列具有同等的地位. 因此，行列式中的有关性质凡是对行成立的，对列也成立.

性质 2 互换行列式的两行(或两列)，行列式变号.

证明 以交换两行的情形来证明. 根据行列式定义

$$\begin{vmatrix} a_{11} & a_{12} & \cdots & a_{1n} \\ \vdots & \vdots & \ddots & \vdots \\ a_{i1} & a_{i2} & \cdots & a_{in} \\ \vdots & \vdots & \ddots & \vdots \\ a_{j1} & a_{j2} & \cdots & a_{jn} \\ \vdots & \vdots & \ddots & \vdots \\ a_{n1} & a_{n2} & \cdots & a_{nn} \end{vmatrix} = \sum_{p_1\cdots p_i\cdots p_j\cdots p_n} (-1)^{\tau(p_1\cdots p_i\cdots p_j\cdots p_n)} a_{1p_1}\cdots a_{ip_i}\cdots a_{jp_j}\cdots a_{np_n}$$

$$= \sum_{p_1\cdots p_i\cdots p_j\cdots p_n} (-1)^{\tau(p_1\cdots p_i\cdots p_j\cdots p_n)} a_{1p_1}\cdots a_{jp_j}\cdots a_{ip_i}\cdots a_{np_n}$$

$$= -\sum_{p_1\cdots p_j\cdots p_i\cdots p_n} (-1)^{\tau(p_1\cdots p_j\cdots p_i\cdots p_n)} a_{1p_1}\cdots a_{jp_j}\cdots a_{ip_i}\cdots a_{np_n}$$

$$= -\begin{vmatrix} a_{11} & a_{12} & \cdots & a_{1n} \\ \vdots & \vdots & \ddots & \vdots \\ a_{j1} & a_{j2} & \cdots & a_{jn} \\ \vdots & \vdots & \ddots & \vdots \\ a_{i1} & a_{i2} & \cdots & a_{in} \\ \vdots & \vdots & \ddots & \vdots \\ a_{n1} & a_{n2} & \cdots & a_{nn} \end{vmatrix}.$$

以 r_i 表示行列式的第 i 行，以 c_i 表示行列式的第 i 列，交换第 i、j 行记为 $r_i \leftrightarrow r_j$，交换第 i、j 列记为 $c_i \leftrightarrow c_j$.

推论 1 若行列式中有两行(或两列)对应元素相等，则行列式等于零.

证明 把行列式 D 中有相同元素的两行(或两列)互换，则有 $D=-D$，因此 $D=0$.

性质 3 若行列式的某一行(或列)有公因子 k，则公因子 k 可以提到行列式记号外面；或者说，用 k 乘行列式的某一行(或某一列)，等于用 k 乘以该行列式，即

$$\begin{vmatrix} a_{11} & a_{12} & \cdots & a_{1n} \\ \vdots & \vdots & \ddots & \vdots \\ ka_{i1} & ka_{i2} & \cdots & ka_{in} \\ \vdots & \vdots & \ddots & \vdots \\ a_{n1} & a_{n2} & \cdots & a_{nn} \end{vmatrix} = k \begin{vmatrix} a_{11} & a_{12} & \cdots & a_{1n} \\ \vdots & \vdots & \ddots & \vdots \\ a_{i1} & a_{i2} & \cdots & a_{in} \\ \vdots & \vdots & \ddots & \vdots \\ a_{n1} & a_{n2} & \cdots & a_{nn} \end{vmatrix}.$$

证明 根据行列式定义

$$\begin{aligned} 左 &= \sum_{p_1p_2\cdots p_n} (-1)^{\tau(p_1p_2\cdots p_n)} a_{1p_1}a_{2p_2}\cdots(ka_{ip_i})\cdots a_{np_n} \\ &= k\sum_{p_1p_2\cdots p_n} (-1)^{\tau(p_1p_2\cdots p_n)} a_{1p_1}a_{2p_2}\cdots a_{ip_i}\cdots a_{np_n} = 右. \end{aligned}$$

例 1 $\begin{vmatrix} 1 & 2 & 1 \\ 2 & 4 & 6 \\ 6 & 9 & 12 \end{vmatrix} = \begin{vmatrix} 1 & 2 & 1 \\ 1\times\underline{2} & 2\times\underline{2} & 3\times\underline{2} \\ 2\times\underline{3} & 3\times\underline{3} & 4\times\underline{3} \end{vmatrix} = 2\cdot 3\cdot \begin{vmatrix} 1 & 2 & 1 \\ 1 & 2 & 3 \\ 2 & 3 & 4 \end{vmatrix} = 6\begin{vmatrix} 1 & 2 & 1 \\ 1 & 2 & 3 \\ 2 & 3 & 4 \end{vmatrix}.$

第 i 行(或列)乘以数 k 记作 kr_i(或 kc_i)，第 i 行(或列)提取公因子 k 记作 $\frac{1}{k}r_i$(或 $\frac{1}{k}c_i$).

定理 1 设 $\boldsymbol{A}$ 是 n 阶方阵，则等式 $|k\boldsymbol{A}| = k^n|\boldsymbol{A}|$ 成立.

该定理由矩阵数乘的定义和性质 3 立即可得.

推论 2 若行列式的某一行(或某一列)元素全为零，则行列式的值为零.

推论 3 若行列式某两行(或两列)元素对应成比例，则行列式为零.

性质 4 行列式的拆分定理

$$\begin{vmatrix} a_{11} & a_{12} & \cdots & a_{1n} \\ \vdots & \vdots & \ddots & \vdots \\ b_{k1}+c_{k1} & b_{k2}+c_{k2} & \cdots & b_{kn}+c_{kn} \\ \vdots & \vdots & \ddots & \vdots \\ a_{n1} & a_{n2} & \cdots & a_{nn} \end{vmatrix} = \begin{vmatrix} a_{11} & a_{12} & \cdots & a_{1n} \\ \vdots & \vdots & \ddots & \vdots \\ b_{k1} & b_{k2} & \cdots & b_{kn} \\ \vdots & \vdots & \ddots & \vdots \\ a_{n1} & a_{n2} & \cdots & a_{nn} \end{vmatrix} + \begin{vmatrix} a_{11} & a_{12} & \cdots & a_{1n} \\ \vdots & \vdots & \ddots & \vdots \\ c_{k1} & c_{k2} & \cdots & c_{kn} \\ \vdots & \vdots & \ddots & \vdots \\ a_{n1} & a_{n2} & \cdots & a_{nn} \end{vmatrix}.$$

证明

$$\begin{aligned} 左边 &= \sum_{p_1p_2\cdots p_n} (-1)^{\tau(p_1p_2\cdots p_n)} a_{1p_1}a_{2p_2}\cdots(b_{kp_k}+c_{kp_k})\cdots a_{np_n} \\ &= \sum_{p_1p_2\cdots p_n} (-1)^{\tau(p_1p_2\cdots p_n)} a_{1p_1}a_{2p_2}\cdots b_{kp_k}\cdots a_{np_n} + \sum_{p_1p_2\cdots p_n} (-1)^{\tau(p_1p_2\cdots p_n)} a_{1p_1}a_{2p_2}\cdots c_{kp_k}\cdots a_{np_n} \\ &= 右边. \end{aligned}$$

例 2 $\begin{vmatrix} a_1+b_1 & a_2+b_2 & a_3+b_3 \\ a_2+b_2 & a_3+b_3 & a_1+b_1 \\ a_3+b_3 & a_1+b_1 & a_2+b_2 \end{vmatrix} = \begin{vmatrix} a_1+b_1 & a_2 & a_3+b_3 \\ a_2+b_2 & a_3 & a_1+b_1 \\ a_3+b_3 & a_1 & a_2+b_2 \end{vmatrix} + \begin{vmatrix} a_1+b_1 & b_2 & a_3+b_3 \\ a_2+b_2 & b_3 & a_1+b_1 \\ a_3+b_3 & b_1 & a_2+b_2 \end{vmatrix}$

$$= \begin{vmatrix} a_1 & a_2 & a_3+b_3 \\ a_2 & a_3 & a_1+b_1 \\ a_3 & a_1 & a_2+b_2 \end{vmatrix} + \begin{vmatrix} b_1 & a_2 & a_3+b_3 \\ b_2 & a_3 & a_1+b_1 \\ b_3 & a_1 & a_2+b_2 \end{vmatrix} + \begin{vmatrix} a_1 & b_2 & a_3+b_3 \\ a_2 & b_3 & a_1+b_1 \\ a_3 & b_1 & a_2+b_2 \end{vmatrix} + \begin{vmatrix} b_1 & b_2 & a_3+b_3 \\ b_2 & b_3 & a_1+b_1 \\ b_3 & b_1 & a_2+b_2 \end{vmatrix}$$

$$
=\begin{vmatrix} a_1 & a_2 & a_3 \\ a_2 & a_3 & a_1 \\ a_3 & a_1 & a_2 \end{vmatrix}+\begin{vmatrix} a_1 & a_2 & b_3 \\ a_2 & a_3 & b_1 \\ a_3 & a_1 & b_2 \end{vmatrix}+\begin{vmatrix} b_1 & a_2 & a_3 \\ b_2 & a_3 & a_1 \\ b_3 & a_1 & a_2 \end{vmatrix}+\begin{vmatrix} b_1 & a_2 & b_3 \\ b_2 & a_3 & b_1 \\ b_3 & a_1 & b_2 \end{vmatrix}+
$$

$$
\begin{vmatrix} a_1 & b_2 & a_3 \\ a_2 & b_3 & a_1 \\ a_3 & b_1 & a_2 \end{vmatrix}+\begin{vmatrix} a_1 & b_2 & b_3 \\ a_2 & b_3 & b_1 \\ a_3 & b_1 & b_2 \end{vmatrix}+\begin{vmatrix} b_1 & b_2 & a_3 \\ b_2 & b_3 & a_1 \\ b_3 & b_1 & a_2 \end{vmatrix}+\begin{vmatrix} b_1 & b_2 & b_3 \\ b_2 & b_3 & b_1 \\ b_3 & b_1 & b_2 \end{vmatrix}.
$$

性质 5　行列式某一行(或某一列)的 k 倍加到另一行(或另一列)的对应元素上去，行列式的值不变. 即

$$
\begin{vmatrix} a_{11} & a_{12} & \cdots & a_{1n} \\ \vdots & \vdots & \ddots & \vdots \\ a_{i1} & a_{i2} & \cdots & a_{in} \\ \vdots & \vdots & \ddots & \vdots \\ a_{j1}+ka_{i1} & a_{j2}+ka_{i2} & \cdots & a_{jn}+ka_{in} \\ \vdots & \vdots & \ddots & \vdots \\ a_{n1} & a_{n2} & \cdots & a_{nn} \end{vmatrix}\begin{matrix} \\ \\ i \\ \\ j \\ \\ \\ \end{matrix}=\begin{vmatrix} a_{11} & a_{12} & \cdots & a_{1n} \\ \vdots & \vdots & \ddots & \vdots \\ a_{i1} & a_{i2} & \cdots & a_{in} \\ \vdots & \vdots & \ddots & \vdots \\ a_{j1} & a_{j2} & \cdots & a_{jn} \\ \vdots & \vdots & \ddots & \vdots \\ a_{n1} & a_{n2} & \cdots & a_{nn} \end{vmatrix}\begin{matrix} \\ \\ i \\ \\ j \\ \\ \\ \end{matrix}.
$$

证明　对第 j 行进行拆分，再利用推论 3，有

$$
\begin{vmatrix} a_{11} & a_{12} & \cdots & a_{1n} \\ \vdots & \vdots & \ddots & \vdots \\ a_{i1} & a_{i2} & \cdots & a_{in} \\ \vdots & \vdots & \ddots & \vdots \\ a_{j1}+ka_{i1} & a_{j2}+ka_{i2} & \cdots & a_{jn}+ka_{in} \\ \vdots & \vdots & \ddots & \vdots \\ a_{n1} & a_{n2} & \cdots & a_{nn} \end{vmatrix}=\begin{vmatrix} a_{11} & a_{12} & \cdots & a_{1n} \\ \vdots & \vdots & \ddots & \vdots \\ a_{i1} & a_{i2} & \cdots & a_{in} \\ \vdots & \vdots & \ddots & \vdots \\ a_{j1} & a_{j2} & \cdots & a_{jn} \\ \vdots & \vdots & \ddots & \vdots \\ a_{n1} & a_{n2} & \cdots & a_{nn} \end{vmatrix}+\begin{vmatrix} a_{11} & a_{12} & \cdots & a_{1n} \\ \vdots & \vdots & \ddots & \vdots \\ a_{i1} & a_{i2} & \cdots & a_{in} \\ \vdots & \vdots & \ddots & \vdots \\ ka_{i1} & ka_{i2} & \cdots & ka_{in} \\ \vdots & \vdots & \ddots & \vdots \\ a_{n1} & a_{n2} & \cdots & a_{nn} \end{vmatrix}
$$

$$
=\begin{vmatrix} a_{11} & a_{12} & \cdots & a_{1n} \\ \vdots & \vdots & \ddots & \vdots \\ a_{i1} & a_{i2} & \cdots & a_{in} \\ \vdots & \vdots & \ddots & \vdots \\ a_{j1} & a_{j2} & \cdots & a_{jn} \\ \vdots & \vdots & \ddots & \vdots \\ a_{n1} & a_{n2} & \cdots & a_{nn} \end{vmatrix}.
$$

第 i 行(或第 i 列)乘以数 k 加到第 j 行(或第 j 列)上记作 r_j+kr_i(或 c_j+kc_i).

对于给定的 n 阶方阵 $\boldsymbol{A}$，在第一章中我们已经讨论了如何利用矩阵的初等行变换将方阵 $\boldsymbol{A}$ 化为阶梯形矩阵 $\boldsymbol{R}$. 因为方阵的阶梯形矩阵一定是上三角矩阵，从而 $|\boldsymbol{R}|$ 就等于其主对角线上元素之积. 另外，由行列式的性质 2、性质 3 和性质 5 可以看到，方阵的三类初等变换刚好对应行列式的这三个基本性质：设 $\boldsymbol{M}$、$\boldsymbol{N}$ 都是 n 阶方阵，

如果 $\boldsymbol{M}\xrightarrow{r_i\leftrightarrow r_j}\boldsymbol{N}$，或 $\boldsymbol{M}\xrightarrow{c_i\leftrightarrow c_j}\boldsymbol{N}$，则有 $|\boldsymbol{M}|\xrightarrow{r_i\leftrightarrow r_j}|\boldsymbol{N}|$，或 $|\boldsymbol{M}|\xrightarrow{c_i\leftrightarrow c_j}|\boldsymbol{N}|$，从而 $|\boldsymbol{N}|=-|\boldsymbol{M}|$

或 $|M|=-|N|$;

如果 $M\xrightarrow{kr_i}N$，或 $M\xrightarrow{kc_i}N$，则有 $|M|\xrightarrow{kr_i}|N|$，或 $|M|\xrightarrow{kc_i}|N|$，从而 $|N|=k|M|$ 或 $|M|=\frac{1}{k}|N|$;

如果 $M\xrightarrow{r_j+kr_i}N$，或 $M\xrightarrow{c_j+kc_i}N$，则 $|M|\xrightarrow{r_j+kr_i}|N|$，或 $|M|\xrightarrow{c_j+kc_i}|N|$，从而 $|N|=|M|$.

因此，行列式 $|A|$ 与 $|R|$ 之间一定满足关系式 $|A|=\lambda|R|$，其中 λ 是反复利用行列式性质 2、性质 3 和性质 5 进行计算的过程中产生的某个非零常数. 这就是行列式计算中的所谓"化三角形法".

二、行列式的计算举例

例 3　计算行列式 $\begin{vmatrix}0&2&-2&2\\1&3&0&4\\-2&-11&3&-16\\0&-7&3&1\end{vmatrix}$.

解

$$\begin{vmatrix}0&2&-2&2\\1&3&0&4\\-2&-11&3&-16\\0&-7&3&1\end{vmatrix}\overset{r_1\leftrightarrow r_2}{=\!=}-\begin{vmatrix}1&3&0&4\\0&2&-2&2\\-2&-11&3&-16\\0&-7&3&1\end{vmatrix}\overset{r_3+2r_1}{=\!=}-\begin{vmatrix}1&3&0&4\\0&2&-2&2\\0&-5&3&-8\\0&-7&3&1\end{vmatrix}$$

$$\overset{\frac{1}{2}r_2}{=\!=}-2\begin{vmatrix}1&3&0&4\\0&1&-1&1\\0&-5&3&-8\\0&-7&3&1\end{vmatrix}\underset{r_4+7r_2}{\overset{r_3+5r_2}{=\!=}}-2\begin{vmatrix}1&3&0&4\\0&1&-1&1\\0&0&-2&-3\\0&0&-4&8\end{vmatrix}\overset{r_4+(-2)r_3}{=\!=}-2\begin{vmatrix}1&3&0&4\\0&1&-1&1\\0&0&-2&-3\\0&0&0&14\end{vmatrix}=56.$$

在计算这个行列式时，做变换 $r_1\leftrightarrow r_2$，$\frac{1}{2}r_2$ 的目的是为了使 a_{11}、a_{22} 位置的元素变成 1，这样，在后面的计算中可以避免分数的出现.

计算行列式时，要仔细观察行列式的特点. 虽然行列式的值是唯一的，但计算过程不唯一. 根据行列式的特点合理利用性质，可简化计算.

例 4　计算行列式 $D=\begin{vmatrix}2&1&1&1\\1&2&1&1\\1&1&2&1\\1&1&1&2\end{vmatrix}$.

解　注意到行列式的每一列元素之和都是 5，将行列式的第二、三、四行都加到第一行，得

$$D=\begin{vmatrix}5&5&5&5\\1&2&1&1\\1&1&2&1\\1&1&1&2\end{vmatrix}=5\begin{vmatrix}1&1&1&1\\1&2&1&1\\1&1&2&1\\1&1&1&2\end{vmatrix}\underset{r_4+(-1)r_1}{\overset{r_2+(-1)r_1,\ r_3+(-1)r_1}{=\!=}}5\begin{vmatrix}1&1&1&1\\0&1&0&0\\0&0&1&0\\0&0&0&1\end{vmatrix}=5.$$

例 5　计算行列式 $D=\begin{vmatrix}7&1&1&1\\1&4&1&1\\1&1&-2&1\\1&1&1&-5\end{vmatrix}$.

解
$$D=\begin{vmatrix}7&1&1&1\\1&4&1&1\\1&1&-2&1\\1&1&1&-5\end{vmatrix}\xlongequal[r_4+(-1)r_1]{\substack{r_2+(-1)r_1\\r_3+(-1)r_1}}\begin{vmatrix}7&1&1&1\\-6&3&0&0\\-6&0&-3&0\\-6&0&0&-6\end{vmatrix}$$
$$\xlongequal[c_1+(-1)c_4]{\substack{c_1+2c_2\\c_1+(-2)c_3}}\begin{vmatrix}6&1&1&1\\0&3&0&0\\0&0&-3&0\\0&0&0&-6\end{vmatrix}=324.$$

例 6　设矩阵 $A=\begin{pmatrix}a_{11}&\cdots&a_{1k}\\\vdots&\ddots&\vdots\\a_{k1}&\cdots&a_{kk}\end{pmatrix}$，$B=\begin{pmatrix}b_{11}&\cdots&b_{1t}\\\vdots&\ddots&\vdots\\b_{t1}&\cdots&b_{tt}\end{pmatrix}$，$C=\begin{pmatrix}c_{11}&\cdots&c_{1t}\\\vdots&\ddots&\vdots\\c_{k1}&\cdots&c_{kt}\end{pmatrix}$，若矩阵 $D=\begin{pmatrix}A&C\\O&B\end{pmatrix}$，证明：$|D|=|A|\cdot|B|$.

证明　对行列式 $|A|$ 做运算 r_j+kr_i，将 $|A|$ 化为上三角行列式得
$$|A|\xlongequal{r_j+kr_i}\begin{vmatrix}p_{11}&\cdots&p_{1k}\\&\ddots&\vdots\\&&p_{kk}\end{vmatrix}=p_{11}p_{22}\cdots p_{kk}.$$

对行列式 $|B|$ 做运算 r_j+kr_i，将 $|B|$ 化为上三角行列式得
$$|B|\xlongequal{r_j+kr_i}\begin{vmatrix}q_{11}&\cdots&q_{1t}\\&\ddots&\vdots\\&&q_{tt}\end{vmatrix}=q_{11}q_{22}\cdots q_{tt}.$$

对行列式 $|D|$ 的前 k 行做与行列式 $|A|$ 相同的运算，对行列式 $|D|$ 的后 t 行做与行列式 $|B|$ 相同的运算，可以将行列式 $|D|$ 化为上三角行列式：
$$|D|=\begin{vmatrix}a_{11}&\cdots&a_{1k}&c_{11}&\cdots&c_{1t}\\\vdots&\ddots&\vdots&\vdots&\ddots&\vdots\\a_{k1}&\cdots&a_{kk}&c_{k1}&\cdots&c_{kt}\\&&&b_{11}&\cdots&b_{1t}\\&O&&\vdots&\ddots&\vdots\\&&&b_{t1}&\cdots&b_{tt}\end{vmatrix}=\begin{vmatrix}p_{11}&\cdots&p_{1k}&d_{11}&\cdots&d_{1t}\\&\ddots&\vdots&\vdots&\ddots&\vdots\\&&p_{kk}&d_{k1}&\cdots&d_{kt}\\&&&b_{11}&\cdots&b_{1t}\\&O&&\vdots&\ddots&\vdots\\&&&b_{t1}&\cdots&b_{tt}\end{vmatrix}$$

$$= \begin{vmatrix} p_{11} & \cdots & p_{1k} & d_{11} & \cdots & d_{1t} \\ & \ddots & \vdots & \vdots & \ddots & \vdots \\ & & p_{kk} & d_{k1} & \cdots & d_{kt} \\ & & & q_{11} & \cdots & q_{1t} \\ & \boldsymbol{O} & & & \ddots & \vdots \\ & & & & & q_{tt} \end{vmatrix},$$

因此，$|\boldsymbol{D}| = p_{11}p_{22}\cdots p_{kk} \cdot q_{11}q_{22}\cdots q_{tt} = |\boldsymbol{A}| \cdot |\boldsymbol{B}|$.

可以类似地证明，

$$|\boldsymbol{D}| = \begin{vmatrix} a_{11} & \cdots & a_{1k} & & & \\ \vdots & \ddots & \vdots & & \boldsymbol{O} & \\ a_{k1} & \cdots & a_{kk} & & & \\ c_{11} & \cdots & c_{1k} & b_{11} & \cdots & b_{1t} \\ \vdots & \ddots & \vdots & \vdots & \ddots & \vdots \\ c_{t1} & \cdots & c_{tk} & b_{t1} & \cdots & b_{tt} \end{vmatrix} = \begin{vmatrix} a_{11} & \cdots & a_{1k} \\ \vdots & \ddots & \vdots \\ a_{k1} & \cdots & a_{kk} \end{vmatrix} \cdot \begin{vmatrix} b_{11} & \cdots & b_{1t} \\ \vdots & \ddots & \vdots \\ b_{t1} & \cdots & b_{tt} \end{vmatrix}.$$

例 7　计算行列式 $D_{2n} = \underbrace{\begin{vmatrix} a & & & & & & b \\ & \ddots & & & & \udots & \\ & & a & b & & & \\ & & c & d & & & \\ & \udots & & & & \ddots & \\ c & & & & & & d \end{vmatrix}}_{2n}$，其中未写出的元素为 0.

解　把 D_{2n} 中的第 $2n$ 行依次与第 $2n-1$ 行、第 $2n-2$ 行、$\cdots$、第 3 行、第 2 行交换，共交换了 $2n-2$ 次；再将第 $2n$ 列依次与第 $2n-1$ 列、第 $2n-2$ 列、$\cdots$、第 3 列、第 2 列交换，也共交换了 $2n-2$ 次，得

$$D_{2n} = (-1)^{2n-2}(-1)^{2n-2} \underbrace{\begin{vmatrix} a & b & 0 & \cdots & & & 0 \\ c & d & 0 & \cdots & & & 0 \\ 0 & 0 & a & & & & b \\ \vdots & \vdots & & \ddots & & \udots & \\ & & & & a & b & \\ & & & & c & d & \\ & & & \udots & & & \ddots \\ 0 & 0 & c & & & & d \end{vmatrix}}_{2(n-1)}.$$

根据例 6，$D_{2n} = \begin{vmatrix} a & b \\ c & d \end{vmatrix} D_{2(n-1)} = (ad-bc)D_{2(n-1)}$. 同样的做法可得 $D_{2(n-1)} = (ad-bc)$ $D_{2(n-2)}$，于是有

$$D_{2n} = (ad-bc)D_{2(n-1)} = (ad-bc)^2 D_{2(n-2)} = \cdots = (ad-bc)^{n-1} D_2$$

$$= (ad-bc)^{n-1} \begin{vmatrix} a & b \\ c & d \end{vmatrix} = (ad-bc)^n.$$

三、方阵可逆的充要条件

定理 2　n 阶方阵 $\boldsymbol{A}$ 可逆的充分必要条件是 $|\boldsymbol{A}|\neq 0$.

证明　根据第一章第四节的内容，n 阶方阵 $\boldsymbol{A}$ 可逆，则方阵 $\boldsymbol{A}$ 行等价于单位阵 $\boldsymbol{E}$，即 $\boldsymbol{A}$ 可通过初等行变换化为单位阵 $\boldsymbol{E}$. 根据矩阵的初等变换与行列式性质的关系（参见例 3 之前的文字说明），一定存在一个数 $\lambda\neq 0$，使得 $|\boldsymbol{A}|=\lambda|\boldsymbol{E}|$，而 $|\boldsymbol{E}|=1$，因此 $|\boldsymbol{A}|=\lambda\neq 0$.

反之，设 $|\boldsymbol{A}|\neq 0$. 由于 n 阶方阵 $\boldsymbol{A}$ 可通过初等行变换化为行最简形矩阵 $\boldsymbol{R}$，因此存在一个数 $\lambda\neq 0$，使得 $|\boldsymbol{A}|=\lambda|\boldsymbol{R}|$. 由 $|\boldsymbol{A}|\neq 0$ 可得 $|\boldsymbol{R}|\neq 0$，

因此 $\boldsymbol{R}$ 中没有全零行，从而 $\boldsymbol{R}=\boldsymbol{E}$. 也就是说，方阵 $\boldsymbol{A}$ 行等价于单位阵 $\boldsymbol{E}$，所以方阵 $\boldsymbol{A}$ 可逆.

在不需要求出逆矩阵的情况下，定理 2 给了一个简易的判断矩阵可逆的方法.

例 8　判断下列矩阵是否可逆：

(1) $\boldsymbol{A}=\begin{pmatrix}-1 & 1 & -1\\ 1 & -1 & -1\\ -1 & -1 & 1\end{pmatrix}$；　　(2) $\boldsymbol{B}=\begin{pmatrix}2 & 1 & -3\\ -1 & 0 & 1\\ 1 & -2 & 1\end{pmatrix}$.

解　(1) 因为 $|\boldsymbol{A}|=\begin{vmatrix}-1 & 1 & -1\\ 1 & -1 & -1\\ -1 & -1 & 1\end{vmatrix}=\begin{vmatrix}-1 & 1 & -1\\ 0 & 0 & -2\\ 0 & -2 & 2\end{vmatrix}=-\begin{vmatrix}-1 & 1 & -1\\ 0 & -2 & 2\\ 0 & 0 & -2\end{vmatrix}=4\neq 0$，所以矩阵 $\boldsymbol{A}$ 可逆.

(2) 因为 $|\boldsymbol{B}|=\begin{vmatrix}2 & 1 & -3\\ -1 & 0 & 1\\ 1 & -2 & 1\end{vmatrix}=-\begin{vmatrix}-1 & 0 & 1\\ 2 & 1 & -3\\ 1 & -2 & 1\end{vmatrix}=-\begin{vmatrix}-1 & 0 & 1\\ 0 & 1 & -1\\ 0 & -2 & 2\end{vmatrix}=0$，所以矩阵 $\boldsymbol{B}$ 不可逆.

根据例 6，分块矩阵 $\boldsymbol{D}=\begin{pmatrix}\boldsymbol{A} & \boldsymbol{C}\\ \boldsymbol{O} & \boldsymbol{B}\end{pmatrix}$ 可逆的充分必要条件是 $\boldsymbol{A}$、$\boldsymbol{B}$ 均可逆. 特别地，设 $\boldsymbol{A}_1$，$\boldsymbol{A}_2$，…，$\boldsymbol{A}_s$ 分别是 $n_i(i=1,2,\cdots,s)$ 阶方阵，则分块对角阵 $\boldsymbol{D}=\begin{pmatrix}\boldsymbol{A}_1 & \boldsymbol{O} & \cdots & \boldsymbol{O}\\ \boldsymbol{O} & \boldsymbol{A}_2 & \cdots & \boldsymbol{O}\\ \vdots & \vdots & \ddots & \vdots\\ \boldsymbol{O} & \boldsymbol{O} & \cdots & \boldsymbol{A}_s\end{pmatrix}$ 可逆的充分必要条件是 $\boldsymbol{A}_i(i=1,2,\cdots,s)$ 均可逆. 且在 $\boldsymbol{A}_i(i=1,2,\cdots,s)$ 均可逆的条件下，由

$$\begin{pmatrix}\boldsymbol{A}_1 & \boldsymbol{O} & \cdots & \boldsymbol{O}\\ \boldsymbol{O} & \boldsymbol{A}_2 & \cdots & \boldsymbol{O}\\ \vdots & \vdots & \ddots & \vdots\\ \boldsymbol{O} & \boldsymbol{O} & \cdots & \boldsymbol{A}_s\end{pmatrix}\begin{pmatrix}\boldsymbol{A}_1^{-1} & \boldsymbol{O} & \cdots & \boldsymbol{O}\\ \boldsymbol{O} & \boldsymbol{A}_2^{-1} & \cdots & \boldsymbol{O}\\ \vdots & \vdots & \ddots & \vdots\\ \boldsymbol{O} & \boldsymbol{O} & \cdots & \boldsymbol{A}_s^{-1}\end{pmatrix}=\begin{pmatrix}\boldsymbol{A}_1^{-1} & \boldsymbol{O} & \cdots & \boldsymbol{O}\\ \boldsymbol{O} & \boldsymbol{A}_2^{-1} & \cdots & \boldsymbol{O}\\ \vdots & \vdots & \ddots & \vdots\\ \boldsymbol{O} & \boldsymbol{O} & \cdots & \boldsymbol{A}_s^{-1}\end{pmatrix}\begin{pmatrix}\boldsymbol{A}_1 & \boldsymbol{O} & \cdots & \boldsymbol{O}\\ \boldsymbol{O} & \boldsymbol{A}_2 & \cdots & \boldsymbol{O}\\ \vdots & \vdots & \ddots & \vdots\\ \boldsymbol{O} & \boldsymbol{O} & \cdots & \boldsymbol{A}_s\end{pmatrix}$$

$$=\begin{pmatrix}\boldsymbol{E}_1 & & & \\ & \boldsymbol{E}_2 & & \\ & & \ddots & \\ & & & \boldsymbol{E}_s\end{pmatrix},$$

其中 $\boldsymbol{E}_i(i=1,2,\cdots,s)$ 是 $n_i(i=1,2,\cdots,s)$ 阶单位矩阵，可知

$$\boldsymbol{D}^{-1}=\begin{pmatrix}\boldsymbol{A}_1^{-1} & \boldsymbol{O} & \cdots & \boldsymbol{O}\\ \boldsymbol{O} & \boldsymbol{A}_2^{-1} & \cdots & \boldsymbol{O}\\ \vdots & \vdots & \ddots & \vdots\\ \boldsymbol{O} & \boldsymbol{O} & \cdots & \boldsymbol{A}_s^{-1}\end{pmatrix}.$$

例 9　设矩阵 $\boldsymbol{D}=\begin{pmatrix}\boldsymbol{A} & \boldsymbol{C}\\ \boldsymbol{O} & \boldsymbol{B}\end{pmatrix}$，其中 $\boldsymbol{A}$、$\boldsymbol{B}$ 分别为 m 阶、n 阶可逆阵，求 $\boldsymbol{D}^{-1}$.

解　由例 6 可知，若 $\boldsymbol{A}$、$\boldsymbol{B}$ 均可逆，则 $\boldsymbol{D}=\begin{pmatrix}\boldsymbol{A} & \boldsymbol{C}\\ \boldsymbol{O} & \boldsymbol{B}\end{pmatrix}$ 一定可逆. 于是，存在矩阵 $\boldsymbol{D}^{-1}=\begin{pmatrix}\boldsymbol{X}_1 & \boldsymbol{X}_2\\ \boldsymbol{X}_3 & \boldsymbol{X}_4\end{pmatrix}$，使得

$$\begin{pmatrix}\boldsymbol{A} & \boldsymbol{C}\\ \boldsymbol{O} & \boldsymbol{B}\end{pmatrix}\begin{pmatrix}\boldsymbol{X}_1 & \boldsymbol{X}_2\\ \boldsymbol{X}_3 & \boldsymbol{X}_4\end{pmatrix}=\begin{pmatrix}\boldsymbol{E}_1 & \boldsymbol{O}\\ \boldsymbol{O} & \boldsymbol{E}_2\end{pmatrix}，且\begin{pmatrix}\boldsymbol{X}_1 & \boldsymbol{X}_2\\ \boldsymbol{X}_3 & \boldsymbol{X}_4\end{pmatrix}\begin{pmatrix}\boldsymbol{A} & \boldsymbol{C}\\ \boldsymbol{O} & \boldsymbol{B}\end{pmatrix}=\begin{pmatrix}\boldsymbol{E}_1 & \boldsymbol{O}\\ \boldsymbol{O} & \boldsymbol{E}_2\end{pmatrix},$$

其中，$\boldsymbol{X}_1$ 是 m 阶方阵，$\boldsymbol{X}_4$ 是 n 阶方阵，$\boldsymbol{X}_2$ 是 $m\times n$ 阶矩阵，$\boldsymbol{X}_3$ 是 $n\times m$ 阶矩阵.
即

$$\begin{pmatrix}\boldsymbol{AX}_1+\boldsymbol{CX}_3 & \boldsymbol{AX}_2+\boldsymbol{CX}_4\\ \boldsymbol{OX}_1+\boldsymbol{BX}_3 & \boldsymbol{OX}_2+\boldsymbol{BX}_4\end{pmatrix}=\begin{pmatrix}\boldsymbol{E}_1 & \boldsymbol{O}\\ \boldsymbol{O} & \boldsymbol{E}_2\end{pmatrix}，且\begin{pmatrix}\boldsymbol{X}_1\boldsymbol{A}+\boldsymbol{X}_2\boldsymbol{O} & \boldsymbol{X}_1\boldsymbol{C}+\boldsymbol{X}_2\boldsymbol{B}\\ \boldsymbol{X}_3\boldsymbol{A}+\boldsymbol{X}_4\boldsymbol{O} & \boldsymbol{X}_3\boldsymbol{C}+\boldsymbol{X}_4\boldsymbol{B}\end{pmatrix}=\begin{pmatrix}\boldsymbol{E}_1 & \boldsymbol{O}\\ \boldsymbol{O} & \boldsymbol{E}_2\end{pmatrix},$$

应用矩阵相等的概念，得到如下方程组：

$$\begin{cases}\boldsymbol{AX}_1+\boldsymbol{CX}_3=\boldsymbol{E}_1,\\ \boldsymbol{AX}_2+\boldsymbol{CX}_4=\boldsymbol{O},\\ \boldsymbol{BX}_3=\boldsymbol{O},\\ \boldsymbol{BX}_4=\boldsymbol{E}_2.\end{cases}，且\begin{cases}\boldsymbol{X}_1\boldsymbol{A}=\boldsymbol{E}_1,\\ \boldsymbol{X}_1\boldsymbol{C}+\boldsymbol{X}_2\boldsymbol{B}=\boldsymbol{O},\\ \boldsymbol{X}_3\boldsymbol{A}=\boldsymbol{O},\\ \boldsymbol{X}_3\boldsymbol{C}+\boldsymbol{X}_4\boldsymbol{B}=\boldsymbol{E}_2.\end{cases}$$

解第一个方程组如下（解第二个方程组可得同样的结果）：

由于 $\boldsymbol{A}$、$\boldsymbol{B}$ 均可逆，$\boldsymbol{BX}_3=\boldsymbol{O}$ 等号两端同时左乘 $\boldsymbol{B}^{-1}$ 得 $\boldsymbol{B}^{-1}\boldsymbol{BX}_3=\boldsymbol{B}^{-1}\boldsymbol{O}$，即 $\boldsymbol{X}_3=\boldsymbol{O}$；

$\boldsymbol{BX}_4=\boldsymbol{E}_2$ 等号两端同时左乘 $\boldsymbol{B}^{-1}$ 得 $\boldsymbol{B}^{-1}\boldsymbol{BX}_4=\boldsymbol{B}^{-1}\boldsymbol{E}_2$，即 $\boldsymbol{X}_4=\boldsymbol{B}^{-1}$；

将 $\boldsymbol{X}_3=\boldsymbol{O}$ 代入 $\boldsymbol{AX}_1+\boldsymbol{CX}_3=\boldsymbol{E}_1$ 得 $\boldsymbol{AX}_1=\boldsymbol{E}_1$，等号两端同时左乘 $\boldsymbol{A}^{-1}$ 得 $\boldsymbol{A}^{-1}\boldsymbol{AX}_1=\boldsymbol{A}^{-1}\boldsymbol{E}_1$，即 $\boldsymbol{X}_1=\boldsymbol{A}^{-1}$；

将 $\boldsymbol{X}_4=\boldsymbol{B}^{-1}$ 代入 $\boldsymbol{AX}_2+\boldsymbol{CX}_4=\boldsymbol{O}$ 得 $\boldsymbol{AX}_2=-\boldsymbol{CB}^{-1}$，等号两端同时左乘 $\boldsymbol{A}^{-1}$ 得 $\boldsymbol{A}^{-1}\boldsymbol{AX}_2=-\boldsymbol{A}^{-1}\boldsymbol{CB}^{-1}$，即 $\boldsymbol{X}_2=-\boldsymbol{A}^{-1}\boldsymbol{CB}^{-1}$.

因此，$\boldsymbol{D}^{-1}=\begin{pmatrix}\boldsymbol{A}^{-1} & -\boldsymbol{A}^{-1}\boldsymbol{CB}^{-1}\\ \boldsymbol{O} & \boldsymbol{B}^{-1}\end{pmatrix}$.

定理 3　设 $\boldsymbol{A}$、$\boldsymbol{B}$ 是两个 n 阶方阵，则 $|\boldsymbol{AB}|=|\boldsymbol{A}|\cdot|\boldsymbol{B}|$.

证明　(1) 若 $\boldsymbol{A}=\boldsymbol{P}(i,j)$，由于 $|\boldsymbol{P}(i,j)|=-|\boldsymbol{E}|=-1$，于是

$$|\boldsymbol{AB}|=|\boldsymbol{P}(i,j)\boldsymbol{B}|=-|\boldsymbol{B}|=|\boldsymbol{P}(i,j)|\cdot|\boldsymbol{B}|=|\boldsymbol{A}|\cdot|\boldsymbol{B}|;$$

若 $\boldsymbol{A}=\boldsymbol{P}(i(k))$，由于 $|\boldsymbol{P}(i(k))|=k|\boldsymbol{E}|=k$，于是

$$|\boldsymbol{AB}|=|\boldsymbol{P}(i(k))\boldsymbol{B}|=k|\boldsymbol{B}|=|\boldsymbol{P}(i(k))|\cdot|\boldsymbol{B}|=|\boldsymbol{A}|\cdot|\boldsymbol{B}|;$$

若 $\boldsymbol{A}=\boldsymbol{P}(i(k),j)$，由于 $|\boldsymbol{P}(i(k),j)|=|\boldsymbol{E}|=1$，于是

$$|\boldsymbol{AB}|=|\boldsymbol{P}(i(k),j)\boldsymbol{B}|=|\boldsymbol{B}|=|\boldsymbol{P}(i(k),j)|\cdot|\boldsymbol{B}|=|\boldsymbol{A}|\cdot|\boldsymbol{B}|.$$

因此，当 $\boldsymbol{A}$ 是初等矩阵时，有 $|\boldsymbol{AB}|=|\boldsymbol{A}|\cdot|\boldsymbol{B}|$.

(2)若 $\boldsymbol{A}$ 是一般的可逆方阵，则存在若干个初等矩阵 $\boldsymbol{P}_1,\boldsymbol{P}_2,\cdots,\boldsymbol{P}_s$，使得 $\boldsymbol{A}=\boldsymbol{P}_1\cdot\boldsymbol{P}_2\cdots\boldsymbol{P}_s$. 于是由(1)有

$$\begin{aligned}|\boldsymbol{AB}|&=|\boldsymbol{P}_1\cdot\boldsymbol{P}_2\cdots\boldsymbol{P}_s\cdot\boldsymbol{B}|=|\boldsymbol{P}_1|\cdot|\boldsymbol{P}_2\cdots\boldsymbol{P}_s\cdot\boldsymbol{B}|=|\boldsymbol{P}_1|\cdot|\boldsymbol{P}_2|\cdot|\boldsymbol{P}_3\cdots\boldsymbol{P}_s\cdot\boldsymbol{B}|\\&=\cdots=|\boldsymbol{P}_1|\cdot|\boldsymbol{P}_2|\cdots|\boldsymbol{P}_s|\cdot|\boldsymbol{B}|=|\boldsymbol{P}_1|\cdot|\boldsymbol{P}_2|\cdots|\boldsymbol{P}_{s-2}|\cdot|\boldsymbol{P}_{s-1}\boldsymbol{P}_s|\cdot|\boldsymbol{B}|\\&=|\boldsymbol{P}_1|\cdot|\boldsymbol{P}_2|\cdots|\boldsymbol{P}_{s-3}||\boldsymbol{P}_{s-2}\boldsymbol{P}_{s-1}\boldsymbol{P}_s|\cdot|\boldsymbol{B}|=\cdots=|\boldsymbol{P}_1\boldsymbol{P}_2\cdots\boldsymbol{P}_s|\cdot|\boldsymbol{B}|\\&=|\boldsymbol{A}|\cdot|\boldsymbol{B}|.\end{aligned}$$

(3)若 $\boldsymbol{A}$ 不是可逆方阵，则存在若干个初等矩阵 $\boldsymbol{P}_1,\boldsymbol{P}_2,\cdots,\boldsymbol{P}_s$，使得 $\boldsymbol{P}_s\cdots\boldsymbol{P}_2\cdot\boldsymbol{P}_1\boldsymbol{A}=\boldsymbol{R}$，其中 $\boldsymbol{R}$ 是 $\boldsymbol{A}$ 的行最简形矩阵，且 $\boldsymbol{R}$ 的最后一行是全零行. 由于初等矩阵的逆矩阵仍旧是初等矩阵，于是

$$\begin{aligned}|\boldsymbol{AB}|&=|\boldsymbol{P}_1^{-1}\boldsymbol{P}_2^{-1}\cdots\boldsymbol{P}_s^{-1}\boldsymbol{RB}|=|\boldsymbol{P}_1^{-1}|\cdot|\boldsymbol{P}_2^{-1}\cdots\boldsymbol{P}_s^{-1}\boldsymbol{RB}|=|\boldsymbol{P}_1^{-1}|\cdot|\boldsymbol{P}_2^{-1}|\cdot|\boldsymbol{P}_3^{-1}\cdots\boldsymbol{P}_s^{-1}\boldsymbol{RB}|\\&=\cdots=|\boldsymbol{P}_1^{-1}|\cdot|\boldsymbol{P}_2^{-1}|\cdots|\boldsymbol{P}_s^{-1}|\cdot|\boldsymbol{RB}|.\end{aligned}$$

由于 $\boldsymbol{RB}$ 的最后一行也是全零行，从而 $|\boldsymbol{RB}|=0$，因此 $|\boldsymbol{AB}|=0$. 另一方面，由于 $\boldsymbol{A}$ 不是可逆方阵，由定理 1 可知 $|\boldsymbol{A}|=0$，于是 $|\boldsymbol{A}|\cdot|\boldsymbol{B}|=0$.

因此，当 $\boldsymbol{A}$ 不是可逆方阵时，$|\boldsymbol{AB}|=|\boldsymbol{A}|\cdot|\boldsymbol{B}|$ 也成立.

对于 n 阶方阵 $\boldsymbol{A}$、$\boldsymbol{B}$，一般来说 $\boldsymbol{AB}\neq\boldsymbol{BA}$，但总有 $|\boldsymbol{AB}|=|\boldsymbol{A}|\cdot|\boldsymbol{B}|$.

由定理 2 和定理 3，我们可以得到如下的推论.

推论 4 设 $\boldsymbol{A}$ 是 n 阶方阵，如果存在 n 阶方阵 $\boldsymbol{B}$ 满足 $\boldsymbol{AB}=\boldsymbol{E}$(或者 $\boldsymbol{BA}=\boldsymbol{E}$)，则 n 阶方阵 $\boldsymbol{A}$ 可逆，且 $\boldsymbol{A}^{-1}=\boldsymbol{B}$.

证明 由 $\boldsymbol{AB}=\boldsymbol{E}$ 及定理 3 得

$$1=|\boldsymbol{E}|=|\boldsymbol{AB}|=|\boldsymbol{A}|\cdot|\boldsymbol{B}|,$$

于是 $|\boldsymbol{A}|\neq0$，从而由定理 2 知，方阵 $\boldsymbol{A}$ 可逆.

例 10 设 n 阶方阵 $\boldsymbol{A}$ 满足 $\boldsymbol{A}^2=2\boldsymbol{E}$，证明矩阵 $\boldsymbol{A}+\boldsymbol{E}$ 可逆，并求 $(\boldsymbol{A}+\boldsymbol{E})^{-1}$.

证明 因为

$$\boldsymbol{A}^2=2\boldsymbol{E}\Rightarrow\boldsymbol{A}^2-\boldsymbol{E}=\boldsymbol{E}\Rightarrow(\boldsymbol{A}-\boldsymbol{E})(\boldsymbol{A}+\boldsymbol{E})=\boldsymbol{E},$$

所以由推论 4 可知，矩阵 $\boldsymbol{A}+\boldsymbol{E}$ 可逆，且 $(\boldsymbol{A}+\boldsymbol{E})^{-1}=\boldsymbol{A}-\boldsymbol{E}$.

习题 2-2

1. 求下列行列式：

(1) $\begin{vmatrix}1&2&1\\2&1&-1\\3&4&2\end{vmatrix}$；　(2) $\begin{vmatrix}2&1&4&3\\4&2&3&11\\3&0&9&2\\1&-1&-1&4\end{vmatrix}$；　(3) $\begin{vmatrix}a&b&b&b\\a&a&b&b\\a&b&a&b\\b&b&b&a\end{vmatrix}$；

(4) $D_n=\begin{vmatrix} 2 & a & a & \cdots & a \\ a & 2 & a & \cdots & a \\ a & a & 2 & \cdots & a \\ \vdots & \vdots & \vdots & \ddots & \vdots \\ a & a & a & \cdots & 2 \end{vmatrix}$；　(5) $\begin{vmatrix} 1+a & 1 & 1 & \cdots & 1 \\ 2 & 2+a & 2 & \cdots & 2 \\ 3 & 3 & 3+a & \cdots & 3 \\ \vdots & \vdots & \vdots & \ddots & \vdots \\ n & n & n & \cdots & n+a \end{vmatrix}$.

2. 利用行列式的性质证明下列等式成立：

(1) $\begin{vmatrix} a^2 & (a+1)^2 & (a+2)^2 \\ b^2 & (b+1)^2 & (b+2)^2 \\ c^2 & (c+1)^2 & (c+2)^2 \end{vmatrix}=4(a-b)(a-c)(b-c)$；

(2) $\begin{vmatrix} a_1 & 1 & 1 & \cdots & 1 \\ 1 & a_2 & 0 & \cdots & 0 \\ 1 & 0 & a_3 & \cdots & 0 \\ \vdots & \vdots & \vdots & \ddots & \vdots \\ 1 & 0 & 0 & \cdots & a_n \end{vmatrix}=a_2a_3\cdots a_n\left(a_1-\sum_{i=2}^{n}\frac{1}{a_i}\right)$，其中 $a_2a_3\cdots a_n\neq 0$；

(3) $\begin{vmatrix} a_1-b_1 & a_1-b_2 & \cdots & a_1-b_n \\ a_2-b_1 & a_2-b_2 & \cdots & a_2-b_n \\ \vdots & \vdots & \ddots & \vdots \\ a_n-b_1 & a_n-b_2 & \cdots & a_n-b_n \end{vmatrix}=0$.

3. 设 $\boldsymbol{A}$、$\boldsymbol{B}$ 是 3 阶方阵，且 $|\boldsymbol{A}|=4$，$|\boldsymbol{B}|=3$，求 $|3\boldsymbol{A}^{\mathrm{T}}\boldsymbol{B}^2|$.

4. 设 $\boldsymbol{A}$、$\boldsymbol{B}$ 分别是 m 阶、n 阶可逆阵，证明分块矩阵 $\boldsymbol{M}=\begin{pmatrix} \boldsymbol{O} & \boldsymbol{A} \\ \boldsymbol{B} & \boldsymbol{O} \end{pmatrix}$、$\boldsymbol{D}=\begin{pmatrix} \boldsymbol{A} & \boldsymbol{O} \\ \boldsymbol{C} & \boldsymbol{B} \end{pmatrix}$、$\boldsymbol{N}=\begin{pmatrix} \boldsymbol{O} & \boldsymbol{A} \\ \boldsymbol{B} & \boldsymbol{C} \end{pmatrix}$均可逆，并求 $\boldsymbol{M}^{-1}$、$\boldsymbol{D}^{-1}$、$\boldsymbol{N}^{-1}$.

5. 设 n 阶方阵 $\boldsymbol{A}$ 满足 $\boldsymbol{A}^2-\boldsymbol{A}-2\boldsymbol{E}=\boldsymbol{O}$，证明矩阵 $\boldsymbol{A}$ 和 $\boldsymbol{A}+2\boldsymbol{E}$ 均可逆，并求 A^{-1} 和$(\boldsymbol{A}+2\boldsymbol{E})^{-1}$.

第三节　行列式按行(列)展开

[课前导读]

将 3 阶行列式

$$|\boldsymbol{A}|=\begin{vmatrix} a_{11} & a_{12} & a_{13} \\ a_{21} & a_{22} & a_{23} \\ a_{31} & a_{32} & a_{33} \end{vmatrix}=a_{11}a_{22}a_{33}+a_{13}a_{21}a_{32}+a_{12}a_{23}a_{31}-a_{13}a_{22}a_{31}-a_{12}a_{21}a_{33}-a_{11}a_{23}a_{32}$$

的结果进行改写，得到

$$|\boldsymbol{A}|=a_{11}(a_{22}a_{33}-a_{23}a_{32})-a_{12}(a_{21}a_{33}-a_{23}a_{31})+a_{13}(a_{21}a_{32}-a_{22}a_{31})$$

$$=a_{11}\begin{vmatrix} a_{22} & a_{23} \\ a_{32} & a_{33} \end{vmatrix}-a_{12}\begin{vmatrix} a_{21} & a_{23} \\ a_{31} & a_{33} \end{vmatrix}+a_{13}\begin{vmatrix} a_{21} & a_{22} \\ a_{31} & a_{32} \end{vmatrix}.$$

由此可见，3 阶行列式可由 2 阶行列式的代数和来表示. 那么，n 阶行列式与 $n-1$ 阶行列式是否也有类似的关系呢？这一节我们就来讨论这个问题.

一、余子式与代数余子式

设 $|\boldsymbol{A}|$ 是 n 阶方阵 $\boldsymbol{A}=(a_{ij})_{n\times n}$ 的行列式. 对任意的 $1\leqslant i,\ j\leqslant n$，在 $|\boldsymbol{A}|$ 中划去第 i 行和第 j 列后剩下的 $n-1$ 阶行列式称为 $(i,\ j)$ 元素 a_{ij} 的余子式，记为 M_{ij}；记

$$A_{ij}=(-1)^{i+j}M_{ij},$$

A_{ij} 称为 $(i,\ j)$ 元素 a_{ij} 的代数余子式. 这里，我们强调 $(i,\ j)$ 位置的余子式和代数余子式，是由于它们与 $|\boldsymbol{A}|$ 的（被划去的）第 i 行和第 j 列的元素没有关系.

例如，设矩阵

$$\boldsymbol{A}=\begin{pmatrix} 4 & 2 & 1 & 3 \\ 2 & -1 & 3 & 0 \\ -2 & 3 & 2 & 1 \\ 1 & -1 & 0 & -3 \end{pmatrix},$$

则 $|\boldsymbol{A}|$ 的 $(3,\ 2)$ 元素的余子式和代数余子式分别为

$$M_{32}=\begin{vmatrix} 4 & 1 & 3 \\ 2 & 3 & 0 \\ 1 & 0 & -3 \end{vmatrix},\quad A_{32}=(-1)^{3+2}M_{32}=-M_{32};$$

$|\boldsymbol{A}|$ 的 $(1,\ 3)$ 元素的余子式和代数余子式分别为

$$M_{13}=\begin{vmatrix} 2 & -1 & 0 \\ -2 & 3 & 1 \\ 1 & -1 & -3 \end{vmatrix},\quad A_{13}=(-1)^{1+3}M_{13}=M_{13}.$$

二、行列式按行（列）展开

定理　设行列式

$$|\boldsymbol{A}|=\begin{vmatrix} a_{11} & a_{12} & \cdots & a_{1n} \\ a_{21} & a_{22} & \cdots & a_{2n} \\ \vdots & \vdots & \ddots & \vdots \\ a_{n1} & a_{n2} & \cdots & a_{nn} \end{vmatrix},$$

行列式按行(列)展开

则有

$$|\boldsymbol{A}|=a_{i1}A_{i1}+a_{i2}A_{i2}+\cdots+a_{in}A_{in}=\sum_{k=1}^{n}a_{ik}A_{ik}\ (i=1,\ 2,\ \cdots,\ n) \tag{3-1}$$

和

$$|\boldsymbol{A}|=a_{1j}A_{1j}+a_{2j}A_{2j}+\cdots+a_{nj}A_{nj}=\sum_{k=1}^{n}a_{kj}A_{kj}(j=1,\ 2,\ \cdots,\ n).\qquad(3-2)$$

式(3-1)和式(3-2)分别称为$|\boldsymbol{A}|$按第 i 行展开的展开式及按第 j 列展开的展开式.

*证明　式(3-2)可由结论$|\boldsymbol{A}^{\mathrm{T}}|=|\boldsymbol{A}|$及式(3-1)得到，所以我们只证明式(3-1).

(1)先考虑一个特殊情况. 设

$$|\boldsymbol{A}|=\begin{vmatrix}a_{11} & 0 & \cdots & 0\\ a_{21} & a_{22} & \cdots & a_{2n}\\ \vdots & \vdots & \ddots & \vdots\\ a_{n1} & a_{n2} & \cdots & a_{nn}\end{vmatrix},\qquad(3-3)$$

则由本章第二节例 6 得

$$|\boldsymbol{A}|=\begin{vmatrix}a_{11} & 0 & \cdots & 0\\ a_{21} & a_{22} & \cdots & a_{2n}\\ \vdots & \vdots & \ddots & \vdots\\ a_{n1} & a_{n2} & \cdots & a_{nn}\end{vmatrix}=a_{11}\begin{vmatrix}a_{22} & \cdots & a_{2n}\\ \vdots & \ddots & \vdots\\ a_{n2} & \cdots & a_{nn}\end{vmatrix}=a_{11}M_{11},$$

而

$$A_{11}=(-1)^{1+1}M_{11}=M_{11},$$

于是

$$|\boldsymbol{A}|=a_{11}A_{11}.$$

(2)再考虑如下形式的行列式

$$|\boldsymbol{A}|=\begin{vmatrix}a_{11} & \cdots & a_{1j} & \cdots & a_{1n}\\ \vdots & \ddots & \vdots & \ddots & \vdots\\ a_{i-1,1} & \cdots & a_{i-1,j} & \cdots & a_{i-1,n}\\ 0 & \cdots & a_{ij} & \cdots & 0\\ a_{i+1,1} & \cdots & a_{i+1,j} & \cdots & a_{i+1,n}\\ \vdots & \ddots & \vdots & \ddots & \vdots\\ a_{n1} & \cdots & a_{nj} & \cdots & a_{nn}\end{vmatrix}.\qquad(3-4)$$

将行列式$|\boldsymbol{A}|$的第 i 行依次与第 $i-1$ 行，第 $i-2$ 行，…，第 2 行，第 1 行交换，使第 i 行换到第 1 行，这样共交换了 $i-1$ 次. 然后，再将所得行列式的第 j 列依次与第 $j-1$ 列，第 $j-2$ 列，…，第 2 列，第 1 列交换，使第 j 列换到第 1 列，这样共换了 $j-1$ 次. 此时，有

$$|\boldsymbol{A}|=(-1)^{i-1}(-1)^{j-1}\begin{vmatrix}a_{ij} & 0 & \cdots & 0 & 0 & \cdots & 0\\ a_{1j} & a_{11} & \cdots & a_{1,j-1} & a_{1,j+1} & \cdots & a_{1n}\\ \vdots & \vdots & \ddots & \vdots & \vdots & \ddots & \vdots\\ a_{i-1,j} & a_{i-1,1} & \cdots & a_{i-1,j-1} & a_{i-1,j+1} & \cdots & a_{i-1,n}\\ a_{i+1,j} & a_{i+1,1} & \cdots & a_{i+1,j-1} & a_{i+1,j+1} & \cdots & a_{i+1,n}\\ \vdots & \vdots & \ddots & \vdots & \vdots & \ddots & \vdots\\ a_{nj} & a_{n1} & \cdots & a_{n,j-1} & a_{n,j+1} & \cdots & a_{nn}\end{vmatrix}.$$

等式右端的行列式是形如式(3-3)的行列式，由(1)有

$$|\boldsymbol{A}|=(-1)^{i-1}(-1)^{j-1}a_{ij}M_{ij}=(-1)^{i+j}a_{ij}M_{ij}=a_{ij}A_{ij}.$$

(3)对任意的 n 阶方阵 $\boldsymbol{A}$，它的第 i 行 $(a_{i1},\ a_{i2},\ \cdots,\ a_{in})$ 可以写成

$$(a_{i1},\ a_{i2},\ \cdots,\ a_{in})=(a_{i1}+0+\cdots+0,\ 0+a_{i2}+0+\cdots+0,\ \cdots,\ 0+\cdots+0+a_{in}),$$

于是由行列式的拆分(性质4)可知

$$|\boldsymbol{A}|=|\boldsymbol{D}_{i1}|+|\boldsymbol{D}_{i2}|+\cdots+|\boldsymbol{D}_{in}|, \tag{3-5}$$

其中，$|\boldsymbol{D}_{ij}|(j=1,\ 2,\ \cdots,\ n)$ 是形如式(3-4)中的行列式，即第 i 行中只有 $(i,\ j)$ 元素 $a_{ij}\neq 0$，而其余位置上的元素均为零. 因此由式(3-5)可得

$$|\boldsymbol{A}|=a_{i1}A_{i1}+a_{i2}A_{i2}+\cdots+a_{in}A_{in}=\sum_{k=1}^{n}a_{ik}A_{ik}(i=1,\ 2,\ \cdots,\ n).$$

定理给出的行列式按一行(列)展开法，将 n 阶行列式的计算问题转化为较低阶数的行列式的计算. 这就是行列式的“降阶”.

例 1　计算行列式 $\begin{vmatrix}3&-1&1&-1\\1&4&2&2\\0&3&0&0\\0&-3&1&2\end{vmatrix}$.

解　$\begin{vmatrix}3&-1&1&-1\\1&4&2&2\\0&3&0&0\\0&-3&1&2\end{vmatrix}\xlongequal[\text{列展开}]{\text{按第一}}3\times(-1)^{1+1}\begin{vmatrix}4&2&2\\3&0&0\\-3&1&2\end{vmatrix}+1\times(-1)^{2+1}\begin{vmatrix}-1&1&-1\\3&0&0\\-3&1&2\end{vmatrix}$(每个行列式均按第二行展开)

$$=3\times3\times(-1)^{2+1}\begin{vmatrix}2&2\\1&2\end{vmatrix}+(-1)\times3\times(-1)^{2+1}\begin{vmatrix}1&-1\\1&2\end{vmatrix}=-9.$$

若将所给行列式直接按第三行展开，则有

$$\begin{vmatrix}3&-1&1&-1\\1&4&2&2\\0&3&0&0\\0&-3&1&2\end{vmatrix}\xlongequal[\text{行展开}]{\text{按第三}}3\times(-1)^{3+2}\begin{vmatrix}3&1&-1\\1&2&2\\0&1&2\end{vmatrix}\xlongequal{c_3+(-2)c_2}(-3)\begin{vmatrix}3&1&-3\\1&2&-2\\0&1&0\end{vmatrix}$$

$$\xlongequal[\text{行展开}]{\text{按第三}}(-3)\times1\times(-1)^{3+2}\begin{vmatrix}3&-3\\1&-2\end{vmatrix}=-9.$$

从上面的计算可以看出，行列式中某一行(列)的元素“0”越多，按这一行(列)展开就越方便. 如果“0”较少，还可以先利用行列式的性质，将行列式的某行(列)除一个元素外全变为“0”，再按这一行(列)展开.

例 2　计算行列式 $\begin{vmatrix}1&-1&1&-1\\2&0&1&1\\1&-5&3&3\\-5&1&1&2\end{vmatrix}$.

解
$$\begin{vmatrix}1&-1&1&-1\\2&0&1&1\\1&-5&3&3\\-5&1&1&2\end{vmatrix}\xlongequal[c_4+c_1]{\substack{c_2+c_1\\c_3+(-1)c_1}}\begin{vmatrix}1&0&0&0\\2&2&-1&3\\1&-4&2&4\\-5&-4&6&-3\end{vmatrix}\xlongequal[\text{行展开}]{\text{按第一}}1\times(-1)^{1+1}\begin{vmatrix}2&-1&3\\-4&2&4\\-4&6&-3\end{vmatrix}$$

$$\xlongequal[r_3+2r_1]{r_2+2r_1}\begin{vmatrix}2&-1&3\\0&0&10\\0&4&3\end{vmatrix}\xlongequal[\text{列展开}]{\text{按第一}}2\times(-1)^{1+1}\begin{vmatrix}0&10\\4&3\end{vmatrix}=-80.$$

例 3　证明范德蒙德(Vandermonde)行列式

$$|\boldsymbol{V}_n|=\begin{vmatrix}1&1&\cdots&1\\x_1&x_2&\cdots&x_n\\x_1^2&x_2^2&\cdots&x_n^2\\\vdots&\vdots&\ddots&\vdots\\x_1^{n-1}&x_2^{n-1}&\cdots&x_n^{n-1}\end{vmatrix}=\prod_{1\leqslant i<j\leqslant n}(x_j-x_i).\tag{3-6}$$

其中记号“$\prod$”表示连乘积.

证明　用数学归纳法证明. 因为

$$|\boldsymbol{V}_2|=\begin{vmatrix}1&1\\x_1&x_2\end{vmatrix}=x_2-x_1=\prod_{1\leqslant i<j\leqslant 2}(x_j-x_i),$$

所以 $n=2$ 时式(3-6)成立. 现在假设式(3-6)对于 $n-1$ 阶范德蒙德行列式成立，下面证明式(3-6)对 n 阶范德蒙德行列式也成立.

对 n 阶范德蒙德行列式 $|\boldsymbol{V}_n|$ 做如下计算：第 n 行减去第 $n-1$ 行的 x_1 倍，第 $n-1$ 行减去第 $n-2$ 行的 x_1 倍，…，第 2 行减去第 1 行的 x_1 倍，得

$$|\boldsymbol{V}_n|=\begin{vmatrix}1&1&1&\cdots&1\\0&x_2-x_1&x_3-x_1&\cdots&x_n-x_1\\0&x_2(x_2-x_1)&x_3(x_3-x_1)&\cdots&x_n(x_n-x_1)\\\vdots&\vdots&\vdots&\ddots&\vdots\\0&x_2^{n-2}(x_2-x_1)&x_3^{n-2}(x_3-x_1)&\cdots&x_n^{n-2}(x_n-x_1)\end{vmatrix}$$

$$\xlongequal[\text{列展开}]{\text{按第一}}\begin{vmatrix}x_2-x_1&x_3-x_1&\cdots&x_n-x_1\\x_2(x_2-x_1)&x_3(x_3-x_1)&\cdots&x_n(x_n-x_1)\\\vdots&\vdots&\ddots&\vdots\\x_2^{n-2}(x_2-x_1)&x_3^{n-2}(x_3-x_1)&&x_n^{n-2}(x_n-x_1)\end{vmatrix},$$

再提取各列的公因子 (x_i-x_1)，有

$$|\boldsymbol{V}_n|=(x_2-x_1)(x_3-x_1)\cdots(x_n-x_1)\begin{vmatrix}1&1&\cdots&1\\x_2&x_3&\cdots&x_n\\\vdots&\vdots&\ddots&\vdots\\x_2^{n-2}&x_3^{n-2}&\cdots&x_n^{n-2}\end{vmatrix}.$$

上式右端就是 $n-1$ 阶范德蒙德行列式，按归纳法假设，有

$$\begin{vmatrix} 1 & 1 & \cdots & 1 \\ x_2 & x_3 & \cdots & x_n \\ \vdots & \vdots & \ddots & \vdots \\ x_2^{n-2} & x_3^{n-2} & \cdots & x_n^{n-2} \end{vmatrix} = \prod_{2 \leq i < j \leq n} (x_j - x_i),$$

因此

$$|\boldsymbol{V}_n| = (x_2 - x_1)(x_3 - x_1)\cdots(x_n - x_1) \prod_{2 \leq i < j \leq n} (x_j - x_i) = \prod_{1 \leq i < j \leq n} (x_j - x_i).$$

由定理，我们可得到下面的重要推论.

推论　设 $A_{ij}(i, j=1, 2, \cdots, n)$ 是行列式 $|\boldsymbol{A}|$ 中元素 a_{ij} 的代数余子式，则

$$a_{i1}A_{j1} + a_{i2}A_{j2} + \cdots + a_{in}A_{jn} = 0, \ i \neq j \tag{3-7}$$

或

$$a_{1i}A_{1j} + a_{2i}A_{2j} + \cdots + a_{ni}A_{nj} = 0, \ i \neq j. \tag{3-8}$$

证明　因为 $|\boldsymbol{A}^{\mathrm{T}}| = |\boldsymbol{A}|$，所以只要证明式(3-7)即可.

将 $|\boldsymbol{A}|$ 按第 j 行展开，有

$$|\boldsymbol{A}| = \begin{vmatrix} a_{11} & \cdots & a_{1n} \\ \vdots & \ddots & \vdots \\ a_{i1} & \cdots & a_{in} \\ \vdots & \ddots & \vdots \\ a_{j1} & \cdots & a_{jn} \\ \vdots & \ddots & \vdots \\ a_{n1} & \cdots & a_{nn} \end{vmatrix} = a_{j1}A_{j1} + a_{j2}A_{j2} + \cdots + a_{jn}A_{jn},$$

把上式中 a_{j1}，a_{j2}，…，a_{jn} 换成 a_{i1}，a_{i2}，…，a_{in}，可得

$$a_{i1}A_{j1} + a_{i2}A_{j2} + \cdots + a_{in}A_{jn} = \begin{vmatrix} a_{11} & \cdots & a_{1n} \\ \vdots & \ddots & \vdots \\ a_{i1} & \cdots & a_{in} \\ \vdots & \ddots & \vdots \\ a_{i1} & \cdots & a_{in} \\ \vdots & \ddots & \vdots \\ a_{n1} & \cdots & a_{nn} \end{vmatrix}.$$

当 $i \neq j$ 时，上式右端行列式中有两行元素对应相等，故行列式等于零，即

$$a_{i1}A_{j1} + a_{i2}A_{j2} + \cdots + a_{in}A_{jn} = 0 (i \neq j).$$

综合定理与推论，有如下关于代数余子式的重要性质：

$$\sum_{k=1}^{n} a_{ik}A_{jk} = |\boldsymbol{A}|\delta_{ij} = \begin{cases} |\boldsymbol{A}|, & i=j \\ 0, & i \neq j. \end{cases}$$

或

$$\sum_{k=1}^{n} a_{ki}A_{kj} = |\boldsymbol{A}|\delta_{ij} = \begin{cases} |\boldsymbol{A}|, & i=j \\ 0, & i \neq j. \end{cases}$$

其中 $\delta_{ij} = \begin{cases} 1, & i=j \\ 0, & i \neq j. \end{cases}$ 是克罗内克(Kronecker)符号.

习题 2-3

1. 设函数 $f(x)=\begin{vmatrix} 1 & x & x^2 & x^3 \\ 1 & a & a^2 & a^3 \\ 1 & b & b^2 & b^3 \\ 1 & c & c^2 & c^3 \end{vmatrix}$，求方程 $f(x)=0$ 的根.

2. 求下列行列式：

(1) $\begin{vmatrix} 2 & 2 & 2 & 2 \\ 0 & -3 & 0 & 0 \\ 1 & 0 & -1 & 1 \\ 3 & 2 & 0 & 4 \end{vmatrix}$；　(2) $\begin{vmatrix} 1 & -1 & 1 & -1 \\ 1 & -1 & 2 & 1 \\ 2 & 1 & -1 & 1 \\ 0 & 1 & 1 & 2 \end{vmatrix}$；

(3) $\begin{vmatrix} x & 1 & 0 & 0 \\ 0 & x & 1 & 0 \\ 0 & 0 & x & 1 \\ a_0 & a_1 & a_2 & a_3 \end{vmatrix}$；　(4) $\begin{vmatrix} 1 & -1 & 1 & x-1 \\ 1 & -1 & x+1 & -1 \\ 1 & x-1 & 1 & -1 \\ x+1 & -1 & 1 & -1 \end{vmatrix}$.

3. 计算下列 n 阶行列式：

(1) $\begin{vmatrix} x & y & 0 & 0 & \cdots & 0 & 0 \\ 0 & x & y & 0 & \cdots & 0 & 0 \\ 0 & 0 & x & y & \cdots & 0 & 0 \\ \vdots & \vdots & \vdots & \vdots & \ddots & \vdots & \vdots \\ 0 & 0 & 0 & 0 & \cdots & x & y \\ y & 0 & 0 & 0 & \cdots & 0 & x \end{vmatrix}$；　(2) $\begin{vmatrix} a & b & b & \cdots & b \\ b & a & b & \cdots & b \\ b & b & a & \cdots & b \\ \vdots & \vdots & \vdots & \ddots & \vdots \\ b & b & b & \cdots & a \end{vmatrix}$；

(3) $\begin{vmatrix} a_1+b & a_2 & a_3 & \cdots & a_n \\ a_1 & a_2+b & a_3 & \cdots & a_n \\ a_1 & a_2 & a_3+b & \cdots & a_n \\ \vdots & \vdots & \vdots & \ddots & \vdots \\ a_1 & a_2 & a_3 & \cdots & a_n+b \end{vmatrix}$；　(4) $\begin{vmatrix} x+1 & x & x & \cdots & x \\ x & x+2 & x & \cdots & x \\ x & x & x+3 & \cdots & x \\ \vdots & \vdots & \vdots & \ddots & \vdots \\ x & x & x & \cdots & x+n \end{vmatrix}$；

(5) $\begin{vmatrix} 0 & 1 & 1 & \cdots & 1 & 1 \\ 1 & 0 & 1 & \cdots & 1 & 1 \\ 1 & 1 & 0 & \cdots & 1 & 1 \\ \vdots & \vdots & \vdots & \ddots & \vdots & \vdots \\ 1 & 1 & 1 & \cdots & 0 & 1 \\ 1 & 1 & 1 & \cdots & 1 & 0 \end{vmatrix}$；　(6) $\begin{vmatrix} 1 & 2 & 3 & \cdots & n \\ -1 & 0 & 3 & \cdots & n \\ -1 & -2 & 0 & \cdots & n \\ \vdots & \vdots & \vdots & \ddots & \vdots \\ -1 & -2 & -3 & \cdots & 0 \end{vmatrix}$.

第四节　矩阵求逆公式与克莱姆法则

［课前导读］

这一节我们先给出矩阵的伴随矩阵的概念，然后再利用伴随矩阵，给出在矩阵可逆时求逆矩阵的公式. 最后，我们给出利用行列式解线性方程组的克莱姆法则. 在学习本节前，需要读者熟练矩阵与矩阵的乘法运算，以及利用方阵的行列式判断方阵是否可逆(即：n 阶方阵 $\boldsymbol{A}$ 可逆的充分必要条件是 $|\boldsymbol{A}|\neq 0$).

一、伴随矩阵与矩阵的求逆公式

定义　设 $\boldsymbol{A}=(a_{ij})$ 是 n 阶方阵，A_{ij} 是 $|\boldsymbol{A}|$ 的 $(i,\ j)$ 元素 a_{ij} 的代数余子式，则矩阵

$$\boldsymbol{A}^*=\begin{pmatrix} A_{11} & A_{21} & \cdots & A_{n1} \\ A_{12} & A_{22} & \cdots & A_{n2} \\ \vdots & \vdots & \ddots & \vdots \\ A_{1n} & A_{2n} & \cdots & A_{nn} \end{pmatrix}$$

称为矩阵 $\boldsymbol{A}$ 的伴随矩阵.

引理　设方阵 $\boldsymbol{A}^*$ 是 n 阶方阵 $\boldsymbol{A}$ 的伴随矩阵，则必有

$$\boldsymbol{A}\boldsymbol{A}^*=\boldsymbol{A}^*\boldsymbol{A}=\begin{pmatrix} |\boldsymbol{A}| & & & \\ & |\boldsymbol{A}| & & \\ & & \ddots & \\ & & & |\boldsymbol{A}| \end{pmatrix}=|\boldsymbol{A}|\boldsymbol{E}.$$

证明　由矩阵乘法及行列式按行(列)展开定理可知，乘积矩阵 $\boldsymbol{A}\boldsymbol{A}^*$ 的第 i 行第 j 列元素为

$$a_{i1}A_{j1}+a_{i2}A_{j2}+\cdots+a_{in}A_{jn}=\delta_{ij}|\boldsymbol{A}|.$$

即 $\boldsymbol{A}\boldsymbol{A}^*=|\boldsymbol{A}|\boldsymbol{E}$. 类似可得，$\boldsymbol{A}^*\boldsymbol{A}=|\boldsymbol{A}|\boldsymbol{E}$.

定理 1　如果 n 阶方阵 $\boldsymbol{A}$ 可逆，则有求逆公式 $\boldsymbol{A}^{-1}=\dfrac{1}{|\boldsymbol{A}|}\boldsymbol{A}^*$.

证明　由本章第二节定理 1 可知，如果 n 阶方阵 $\boldsymbol{A}$ 可逆，则有 $|\boldsymbol{A}|\neq 0$. 于是在公式

$$\boldsymbol{A}\boldsymbol{A}^*=\boldsymbol{A}^*\boldsymbol{A}=|\boldsymbol{A}|\boldsymbol{E}$$

两端同除以 $|\boldsymbol{A}|$ 得

$$\boldsymbol{A}\left(\frac{1}{|\boldsymbol{A}|}\boldsymbol{A}^*\right)=\left(\frac{1}{|\boldsymbol{A}|}\boldsymbol{A}^*\right)\boldsymbol{A}=\boldsymbol{E}.$$

因此有 $\boldsymbol{A}^{-1}=\dfrac{1}{|\boldsymbol{A}|}\boldsymbol{A}^*$.

例 1　设 2 阶矩阵 $\boldsymbol{A}=\begin{pmatrix} a & b \\ c & d \end{pmatrix}$，因为 $|\boldsymbol{A}|=\begin{vmatrix} a & b \\ c & d \end{vmatrix}=ad-bc$，所以当 $ad-bc\neq 0$ 时，矩阵

$\boldsymbol{A}$ 可逆. 且由于 $\boldsymbol{A}$ 的伴随矩阵 $\boldsymbol{A}^*=\begin{pmatrix} d & -b \\ -c & a \end{pmatrix}$，所以 $\boldsymbol{A}^{-1}=\frac{1}{|\boldsymbol{A}|}\boldsymbol{A}^*=\frac{1}{ad-bc}\begin{pmatrix} d & -b \\ -c & a \end{pmatrix}$.

例 2　判断矩阵 $\boldsymbol{A}=\begin{pmatrix} 1 & 2 & 3 \\ 2 & 3 & 1 \\ 3 & 1 & 2 \end{pmatrix}$ 是否可逆，若可逆，用求逆公式求逆矩阵.

解　因为 $|\boldsymbol{A}|=-18\neq 0$，所以 $\boldsymbol{A}$ 可逆，且

$A_{11}=(-1)^{1+1}\begin{vmatrix} 3 & 1 \\ 1 & 2 \end{vmatrix}=5$，$A_{12}=(-1)^{1+2}\begin{vmatrix} 2 & 1 \\ 3 & 2 \end{vmatrix}=-1$，$A_{13}=(-1)^{1+3}\begin{vmatrix} 2 & 3 \\ 3 & 1 \end{vmatrix}=-7$，

$A_{21}=(-1)^{2+1}\begin{vmatrix} 2 & 3 \\ 1 & 2 \end{vmatrix}=-1$，$A_{22}=(-1)^{2+2}\begin{vmatrix} 1 & 3 \\ 3 & 2 \end{vmatrix}=-7$，$A_{23}=(-1)^{2+3}\begin{vmatrix} 1 & 2 \\ 3 & 1 \end{vmatrix}=5$，

$A_{31}=(-1)^{3+1}\begin{vmatrix} 2 & 3 \\ 3 & 1 \end{vmatrix}=-7$，$A_{32}=(-1)^{3+2}\begin{vmatrix} 1 & 3 \\ 2 & 1 \end{vmatrix}=5$，$A_{33}=(-1)^{3+3}\begin{vmatrix} 1 & 2 \\ 2 & 3 \end{vmatrix}=-1$，

于是 $\boldsymbol{A}$ 的伴随矩阵为

$$\boldsymbol{A}^*=\begin{pmatrix} 5 & -1 & -7 \\ -1 & -7 & 5 \\ -7 & 5 & -1 \end{pmatrix},$$

$\boldsymbol{A}$ 的逆矩阵为

$$\boldsymbol{A}^{-1}=\frac{1}{|\boldsymbol{A}|}\boldsymbol{A}^*=\frac{1}{-18}\begin{pmatrix} 5 & -1 & -7 \\ -1 & -7 & 5 \\ -7 & 5 & -1 \end{pmatrix}=\begin{pmatrix} -\frac{5}{18} & \frac{1}{18} & \frac{7}{18} \\ \frac{1}{18} & \frac{7}{18} & -\frac{5}{18} \\ \frac{7}{18} & -\frac{5}{18} & \frac{1}{18} \end{pmatrix}.$$

从例 2 可以看出，当方阵的阶数 $n\geqslant 3$ 时，用公式法求逆矩阵比较烦琐，需要求 n^2 个 $n-1$ 阶行列式 $A_{ij}=(-1)^{i+j}M_{ij}$. 在这种情况下，我们一般是用矩阵的初等行变换来求矩阵的逆矩阵. 然而，求逆公式 $\boldsymbol{A}^{-1}=\frac{1}{|\boldsymbol{A}|}\boldsymbol{A}^*$ 适用于理论证明. 例如，借助于求逆公式可以得到解线性方程组的克莱姆法则.

二、克莱姆法则

设有一个含有 n 个未知数 x_1，x_2，…，x_n，n 个线性方程的方程组

$$\begin{cases} a_{11}x_1+a_{12}x_2+\cdots+a_{1n}x_n=b_1, \\ a_{21}x_1+a_{22}x_2+\cdots+a_{2n}x_n=b_2, \\ \cdots\cdots\cdots \\ a_{n1}x_1+a_{n2}x_2+\cdots+a_{nn}x_n=b_n, \end{cases}$$

借助于矩阵乘法，该线性方程组可以写成 $\boldsymbol{Ax}=\boldsymbol{\beta}$，其中

$$A=\begin{pmatrix}a_{11}&a_{12}&\cdots&a_{1n}\\a_{21}&a_{22}&\cdots&a_{2n}\\\vdots&\vdots&\ddots&\vdots\\a_{n1}&a_{n2}&\cdots&a_{nn}\end{pmatrix},\quad x=\begin{pmatrix}x_1\\x_2\\\vdots\\x_n\end{pmatrix},\quad \boldsymbol{\beta}=\begin{pmatrix}b_1\\b_2\\\vdots\\b_n\end{pmatrix}.$$

定理 2　(Cramer(克莱姆)法则)：如果线性方程组 $Ax=\boldsymbol{\beta}$ 的系数行列式不等于零，即 $|A|\neq0$，则方程组有唯一解

$$x_1=\frac{D_1}{|A|},\ x_2=\frac{D_2}{|A|},\ \cdots,\ x_n=\frac{D_n}{|A|},$$

其中，$D_j(j=1,2,\cdots,n)$是把系数行列式的第 j 列元素用 $\boldsymbol{\beta}$ 的元素代替后得到的行列式.

证明　因为 $|A|\neq0$，所以 A^{-1}存在. 令 $x=A^{-1}\boldsymbol{\beta}$，则有 $Ax=A(A^{-1}\boldsymbol{\beta})=\boldsymbol{\beta}$，即 $x=A^{-1}\boldsymbol{\beta}$ 是线性方程组的解，且由 A^{-1}的唯一性可知，线性方程组的解是唯一的. 由求逆公式 $A^{-1}=\frac{1}{|A|}A^*$ 可得

$$x=A^{-1}\boldsymbol{\beta}=\frac{1}{|A|}A^*\boldsymbol{\beta},$$

即

$$x=\begin{pmatrix}x_1\\x_2\\\vdots\\x_n\end{pmatrix}=\frac{1}{|A|}\begin{pmatrix}A_{11}&A_{21}&\cdots&A_{n1}\\A_{12}&A_{22}&\cdots&A_{n2}\\\vdots&\vdots&\ddots&\vdots\\A_{1n}&A_{2n}&\cdots&A_{nn}\end{pmatrix}\begin{pmatrix}b_1\\b_2\\\vdots\\b_n\end{pmatrix}=\frac{1}{|A|}\begin{pmatrix}\sum\limits_{k=1}^{n}b_kA_{k1}\\\sum\limits_{k=1}^{n}b_kA_{k2}\\\vdots\\\sum\limits_{k=1}^{n}b_kA_{kn}\end{pmatrix}.$$

于是 $x_j=\frac{1}{|A|}\sum\limits_{k=1}^{n}b_kA_{kj}=\frac{1}{|A|}(b_1A_{1j}+b_2A_{2j}+\cdots+b_nA_{nj})(j=1,2,\cdots,n)$. 而将 D_j 按第 j 列展开，有

$$D_j=\begin{vmatrix}a_{11}&\cdots&a_{1,j-1}&b_1&a_{1,j+1}&\cdots&a_{1n}\\a_{21}&\cdots&a_{2,j-1}&b_2&a_{2,j+1}&\cdots&a_{2n}\\\vdots&\ddots&\vdots&\vdots&\vdots&\ddots&\vdots\\a_{n1}&\cdots&a_{n,j-1}&b_n&a_{n,j+1}&\cdots&a_{nn}\end{vmatrix}=b_1A_{1j}+b_2A_{2j}+\cdots+b_nA_{nj}(j=1,2,\cdots,n),$$

所以 $x_j=\frac{D_j}{|A|}(j=1,2,\cdots,n)$.

例 3　用克莱姆法则求解线性方程组$\begin{cases}x_1-x_2-x_3=-1,\\-2x_1+2x_2+x_3=1,\\2x_1-x_2+3x_3=1.\end{cases}$

解　$|A|=\begin{vmatrix}1&-1&-1\\-2&2&1\\2&-1&3\end{vmatrix}=\begin{vmatrix}1&-1&-1\\0&0&-1\\0&1&5\end{vmatrix}=-\begin{vmatrix}1&-1&-1\\0&1&5\\0&0&-1\end{vmatrix}=1\neq0,$

$$D_1=\begin{vmatrix}-1&-1&-1\\1&2&1\\1&-1&3\end{vmatrix}=\begin{vmatrix}-1&-1&-1\\0&1&0\\0&0&2\end{vmatrix}=-2,$$

$$D_2=\begin{vmatrix}1&-1&-1\\-2&1&1\\2&1&3\end{vmatrix}=\begin{vmatrix}1&-1&-1\\0&-1&-1\\0&0&2\end{vmatrix}=-2,$$

$$D_3=\begin{vmatrix}1&-1&-1\\-2&2&1\\2&-1&1\end{vmatrix}=\begin{vmatrix}1&-1&-1\\0&0&-1\\0&1&3\end{vmatrix}=1,$$

因此
$$x_1=\frac{D_1}{|\boldsymbol{A}|}=-2,\ x_2=\frac{D_2}{|\boldsymbol{A}|}=-2,\ x_3=\frac{D_3}{|\boldsymbol{A}|}=1.$$

需要说明的是，虽然在线性方程组有唯一解时，克莱姆法则给出了具体的求解公式，但是由于较大的计算量（对于 n 个变量 n 个线性方程的方程组，要计算 $n+1$ 个 n 阶行列式），我们在真正求解线性方程组的时候，很少用克莱姆法则，而是采取对线性方程组的增广矩阵施行初等行变换的方法解线性方程组. 但是从克莱姆法则，我们可以得到与线性方程组的解有关的一些重要结论.

定理 3　如果线性方程组 $\boldsymbol{Ax}=\boldsymbol{\beta}$ 的系数行列式不等于零，即 $|\boldsymbol{A}|\neq 0$，则方程组一定有解，且解是唯一的.

该定理的逆否定理为定理 4.

定理 4　如果线性方程组 $\boldsymbol{Ax}=\boldsymbol{\beta}$ 无解或有无穷多解，则它的系数行列式必等于零，即 $|\boldsymbol{A}|=0$.

将定理 3 和定理 4 应用到齐次线性方程组 $\boldsymbol{Ax}=\boldsymbol{0}$，则有如下的结论.

定理 5　如果齐次线性方程组 $\boldsymbol{Ax}=\boldsymbol{0}$ 的系数行列式不等于零，即 $|\boldsymbol{A}|\neq 0$，则它只有零解

$$x_1=x_2=\cdots=x_n=0.$$

定理 6　如果齐次线性方程组 $\boldsymbol{Ax}=\boldsymbol{0}$ 有非零解，则它的系数行列式必等于零，即 $|\boldsymbol{A}|=0$.

例 4　问 λ 取何值时，下面的齐次线性方程组有非零解？

$$\begin{cases}\lambda x_1+x_2+3x_3=0,\\x_1+(\lambda-1)x_2+x_3=0,\\x_1+x_2+(\lambda-1)x_3=0.\end{cases}$$

解　由定理 6 可知，若所给齐次线性方程组有非零解，则它的系数行列式 $|\boldsymbol{A}|=0$. 即

$$|\boldsymbol{A}|=\begin{vmatrix}\lambda&1&3\\1&\lambda-1&1\\1&1&\lambda-1\end{vmatrix}=\begin{vmatrix}\lambda&1&3\\1&\lambda-1&1\\0&2-\lambda&\lambda-2\end{vmatrix}=\begin{vmatrix}\lambda&1&4\\1&\lambda-1&\lambda\\0&2-\lambda&0\end{vmatrix}$$

$$=(2-\lambda)(-1)^{3+2}\begin{vmatrix}\lambda&4\\1&\lambda\end{vmatrix}=(\lambda-2)^2(\lambda+2)=0.$$

所以当 $\lambda=-2$ 或 $\lambda=2$ 时，该齐次线性方程组有非零解.

习题 2-4

1. 用克莱姆法则求解下列线性方程组：

(1) $\begin{cases} x_1-2x_2+2x_3=-1, \\ -2x_1+3x_2+4x_3=2, \\ 2x_1-4x_2+3x_3=1; \end{cases}$　　(2) $\begin{cases} x_1-2x_2+x_3=-2, \\ x_1+x_2-2x_3=4, \\ -2x_1+x_2+2x_3=1. \end{cases}$

2. 已知二次曲线 $f(x)=a+bx+cx^2$ 在点 $x=1$、$x=2$、$x=3$ 处的值为 $f(1)=2$、$f(2)=3$、$f(3)=-2$，试确定这条二次曲线.

3. 用求逆公式求矩阵 $\boldsymbol{A}=\begin{pmatrix} 1 & -1 & 1 \\ 1 & 1 & 0 \\ 2 & 1 & 1 \end{pmatrix}$ 的逆矩阵.

4. 问 λ 为何值时，线性方程组

$$\begin{cases} x_1-x_2+2x_3=-4, \\ x_1+x_2+\lambda x_3=4, \\ -x_1+\lambda x_2+x_3=\lambda^2 \end{cases}$$

有唯一解？无解？无穷多解？有无穷多解时，求其解.

5. 设 n 阶矩阵 $\boldsymbol{A}$ 的伴随矩阵为 $\boldsymbol{A}^*$，证明：

(1)若 $|\boldsymbol{A}|=0$，则 $|\boldsymbol{A}^*|=0$；

(2) $|\boldsymbol{A}^*|=|\boldsymbol{A}|^{n-1}$.

6. 设 n 阶矩阵 $\boldsymbol{A}$ 的伴随矩阵为 $\boldsymbol{A}^*$，若矩阵 $\boldsymbol{A}$ 可逆，证明 $\boldsymbol{A}^*$ 也可逆，并求 $(\boldsymbol{A}^*)^{-1}$.

本章小结

本章小结

n 阶行列式的定义	理解 n 阶行列式的定义，熟悉一些特殊行列式的值 会用 对角线法则计算 2 阶、3 阶行列式
n 阶行列式的性质	理解 n 阶行列式的性质，会利用 n 阶行列式的性质计算简单的 n 阶行列式 理解 利用行列式判断方阵可逆的充分必要条件
行列式按行(列)展开	理解 余子式、代数余子式的概念和性质 理解 行列式按行(列)展开的法则 会用 n 阶行列式的性质及行列式按行(列)展开的法则计算简单的 n 阶行列式
矩阵求逆公式与克莱姆法则	理解 伴随矩阵的概念和性质 熟悉 矩阵的求逆公式，会用伴随矩阵求逆矩阵 理解 克莱姆法则

拓展阅读

行列式的发展

行列式出现于对线性方程组的求解过程，坐标变换、多重积分中的变量替换、二次型化为标准型等问题也都有行列式应用的身影.

行列式这个词是 Cauchy 在他的一篇论文中明确提出的. 在这篇论文中，Cauchy 把行列式的元素排成方阵，并采用双重下标来标记元素在行列式中的位置. 例如，一个 3 阶的行列式写成(两条竖线是在 1841 年引进的)

$$\begin{vmatrix} a_{11} & a_{12} & a_{13} \\ a_{21} & a_{22} & a_{23} \\ a_{31} & a_{32} & a_{33} \end{vmatrix}.$$

也是在这篇论文中，Cauchy 给出了行列式的第一个系统的、几乎是近代的处理，主要结果之一是行列式的乘法定理. 在这之前，Lagrange 已经对 3 阶行列式给出了这个定理，但由于他的行列式的行是一个四面体的顶点的坐标，所以他的定理没有一般化. Cauchy 给出的乘法定理(用现代记号表达)为

$$|a_{ij}|\,|b_{ij}| = |c_{ij}|.$$

这里 $|a_{ij}|$ 和 $|b_{ij}|$ 代表 n 阶行列式，而 $c_{ij}=\sum\limits_{k} a_{ik}b_{kj}$，就是说，在乘积的第 i 行第 j 列的项是 $|a_{ij}|$ 的第 i 行和 $|b_{ij}|$ 的第 j 列的对应元素的乘积之和. 这个定理在 1812 年曾由 Jacques P. M. Binet 叙述过但没有得到令人满意的证明.

Heinrich F. Scherk 于 1825 年在他的数学论文中给出了行列式的几个新的性质. 他建立了只有一行(或列)不同的两个行列式相加的规则和一个常数乘行列式的规则. 另外，他还叙述了当一个方阵的某一行是另两行或几行的线性组合时，其行列式为零，以及三角行列式(主对角线以上或以下的所有元素是零)的值是主对角线上的元.

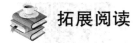

测试题二

一、填空题

1. 排列 35214 与 41253 的逆序数之和为________.

2. $\begin{vmatrix} a & b & c \\ a & a+b & a+b+c \\ a & 2a+b & 3a+2b+c \end{vmatrix}=$________.

3. 设行列式 $D=\begin{vmatrix} 1 & 2 & 2 & 3 \\ 1 & 2 & -4 & -1 \\ 0 & 3 & -1 & 2 \\ -2 & 1 & -3 & 1 \end{vmatrix}$，则 $-A_{12}-A_{22}+A_{32}+3A_{42}=$________.

4. 5 阶行列式 $D=\begin{vmatrix} 1-a & a & 0 & 0 & 0 \\ -1 & 1-a & a & 0 & 0 \\ 0 & -1 & 1-a & a & 0 \\ 0 & 0 & -1 & 1-a & a \\ 0 & 0 & 0 & -1 & 1-a \end{vmatrix}=$________.

5. 设矩阵 $\boldsymbol{A}=\begin{pmatrix} 3 & 2 \\ 1 & 3 \end{pmatrix}$，$\boldsymbol{E}$ 为 2 阶单位矩阵，矩阵 $\boldsymbol{B}$ 满足 $\boldsymbol{BA}=\boldsymbol{B}+2\boldsymbol{E}$，则 $|\boldsymbol{B}|=$________.

二、选择题

1. 4 阶行列式 $\begin{vmatrix} a_1 & 0 & 0 & b_1 \\ 0 & a_2 & b_2 & 0 \\ 0 & b_3 & a_3 & 0 \\ b_4 & 0 & 0 & a_4 \end{vmatrix}$ 的值等于(　　).

A. $a_1a_2a_3a_4-b_1b_2b_3b_4$　　B. $a_1a_2a_3a_4+b_1b_2b_3b_4$

C. $(a_1a_2-b_1b_2)(a_3a_4-b_3b_4)$　　D. $(a_2a_3-b_2b_3)(a_1a_4-b_1b_4)$

2. 若 $\boldsymbol{\alpha}_1$，$\boldsymbol{\alpha}_2$，$\boldsymbol{\alpha}_3$，$\boldsymbol{\beta}_1$，$\boldsymbol{\beta}_2$ 都是 4 维列向量，且 4 阶行列式 $|\boldsymbol{\alpha}_1, \boldsymbol{\alpha}_2, \boldsymbol{\alpha}_3, \boldsymbol{\beta}_1|=m$，$|\boldsymbol{\alpha}_1, \boldsymbol{\alpha}_2, \boldsymbol{\beta}_2, \boldsymbol{\alpha}_3|=n$，则 4 阶行列式 $|\boldsymbol{\alpha}_3, \boldsymbol{\alpha}_2, \boldsymbol{\alpha}_1, \boldsymbol{\beta}_1+\boldsymbol{\beta}_2|=$(　　).

A. $m-n$　　B. $n-m$　　C. $m+n$　　D. $-(m+n)$

3. 设 $\boldsymbol{A}$、$\boldsymbol{B}$ 均为 n 阶方阵，且 $|\boldsymbol{A}|=\frac{1}{2}$，$|\boldsymbol{B}|=-2$，则 $|2\boldsymbol{A}^*\boldsymbol{B}^{-1}|=$(　　).

A. 1　　B. −1　　C. 2　　D. $\frac{1}{2}$

4. 设 $\boldsymbol{A}$、$\boldsymbol{B}$ 为 3 阶方阵，且 $|\boldsymbol{A}|=3$，$|\boldsymbol{B}|=2$，$|\boldsymbol{A}^{-1}+\boldsymbol{B}|=2$，则 $|\boldsymbol{A}+\boldsymbol{B}^{-1}|=$(　　).

A. 2　　B. −2　　C. 3　　D. −3

5. 设 $\boldsymbol{\alpha}_1$，$\boldsymbol{\alpha}_2$，$\boldsymbol{\alpha}_3$ 都是 3 维列向量，记矩阵 $\boldsymbol{A}=(\boldsymbol{\alpha}_1, \boldsymbol{\alpha}_2, \boldsymbol{\alpha}_3)$，$\boldsymbol{B}=(\boldsymbol{\alpha}_1+\boldsymbol{\alpha}_2+\boldsymbol{\alpha}_3, \boldsymbol{\alpha}_1+2\boldsymbol{\alpha}_2+4\boldsymbol{\alpha}_3, \boldsymbol{\alpha}_1+3\boldsymbol{\alpha}_2+9\boldsymbol{\alpha}_3)$，如果 $|\boldsymbol{A}|=1$，则 $|\boldsymbol{B}|=$(　　).

A. 2　　　　B. -2　　　　C. $\frac{1}{2}$　　　　D. $-\frac{1}{2}$

三、解答题

1. 设 $\boldsymbol{\alpha}=\begin{pmatrix}1\\0\\-1\end{pmatrix}$，矩阵 $\boldsymbol{A}=\boldsymbol{\alpha\alpha}^{\mathrm{T}}$，$n$ 为正整数，求行列式 $|a\boldsymbol{E}-\boldsymbol{A}^n|$ 的值.

2. 设 $\boldsymbol{A}$ 为 n 阶非零矩阵，$\boldsymbol{A}^*$ 是 $\boldsymbol{A}$ 的伴随矩阵，$\boldsymbol{A}^{\mathrm{T}}$ 是 $\boldsymbol{A}$ 的转置矩阵，当 $\boldsymbol{A}^*=\boldsymbol{A}^{\mathrm{T}}$ 时，证明 $|\boldsymbol{A}|\neq 0$.

3. 设 $\boldsymbol{A}$、$\boldsymbol{B}$ 为 2 阶方阵，$\boldsymbol{A}^*$、$\boldsymbol{B}^*$ 分别是 $\boldsymbol{A}$、$\boldsymbol{B}$ 的伴随矩阵，若 $|\boldsymbol{A}|=3$，$|\boldsymbol{B}|=2$，求分块矩阵 $\begin{pmatrix}\boldsymbol{O} & \boldsymbol{A}\\ \boldsymbol{B} & \boldsymbol{O}\end{pmatrix}$ 的伴随矩阵.

4. 设 $\boldsymbol{A}$、$\boldsymbol{B}$、$\boldsymbol{A}+\boldsymbol{B}$、$\boldsymbol{A}^{-1}+\boldsymbol{B}^{-1}$ 均为 n 阶可逆矩阵，求 $(\boldsymbol{A}^{-1}+\boldsymbol{B}^{-1})^{-1}$.

5. 已知 $\boldsymbol{A}=\begin{pmatrix}1 & 1 & -1\\ -1 & 1 & 1\\ 1 & -1 & 1\end{pmatrix}$，矩阵 $\boldsymbol{X}$ 满足 $\boldsymbol{A}^*\boldsymbol{X}=\boldsymbol{A}^{-1}+2\boldsymbol{X}$，其中 $\boldsymbol{A}^*$ 是 $\boldsymbol{A}$ 的伴随矩阵，求矩阵 $\boldsymbol{X}$.

6. 当 λ 取何值时，线性方程组

$$\begin{cases}\lambda x_1+x_2+x_3=\lambda-3,\\ x_1+\lambda x_2+x_3=-2,\\ x_1+x_2+\lambda x_3=-2\end{cases}$$

无解？有唯一解？有无穷多解？在方程组有无穷多解时求其解.

第三章　向量空间与线性方程组解的结构

第一节　向量组及其线性组合

[课前导读]

引入了空间直角坐标系后，空间中的任一点 P 可用一个三元数组(x, y, z)来表示，空间中的向量$\overrightarrow{OP}$也可写成$\overrightarrow{OP}=(x, y, z)$. 于是，对空间几何图形的性质的研究就可以转化为对三元数组(x, y, z)的研究. 对三元数组(x, y, z)做推广，我们将讨论 n 元数组，以及 n 元数组的集合，也就是本节所说的 n 维向量以及向量组.

一、向量的概念及运算

1. n 维向量的概念

定义 1　由 n 个数 $a_1, a_2, \cdots, a_n$ 组成的有序数组称为 n 维向量. 若 n 维向量写成

$$\begin{pmatrix} a_1 \\ a_2 \\ \vdots \\ a_n \end{pmatrix}$$

的形式，称为 n 维列向量；若 n 维向量写成

$$(a_1, a_2, \cdots, a_n)$$

的形式，称为 n 维行向量. 这 n 个数称为该向量的 n 个分量，其中 a_i 称为第 i 个分量.

从 n 维向量的定义可见，n 维列向量就是一个 $n\times1$ 的列矩阵，n 维行向量就是一个 $1\times n$ 的行矩阵. 行向量可以看成是列向量的转置，因此我们常用 $\boldsymbol{\alpha}$, $\boldsymbol{\beta}$, $\boldsymbol{\gamma}$ 来表示 n 维列向量，而用 $\boldsymbol{\alpha}^{\mathrm{T}}$, $\boldsymbol{\beta}^{\mathrm{T}}$, $\boldsymbol{\gamma}^{\mathrm{T}}$ 来表示 n 维行向量. 除了特别说明外，我们以后都只对列向量进行讨论.

当 $a_1, a_2, \cdots, a_n$ 是复数时，n 维向量称为 n 维复向量，当 $a_1, a_2, \cdots, a_n$ 是实数时，n 维向量称为 n 维实向量，本书所讨论的向量都是实向量.

分量都是零的向量称为零向量，记为 $\mathbf{0}$，即 $\mathbf{0}=\begin{pmatrix} 0 \\ 0 \\ \vdots \\ 0 \end{pmatrix}$ 或 $\mathbf{0}=(0, 0, \cdots, 0)$.

向量 $\begin{pmatrix} -a_1 \\ -a_2 \\ \vdots \\ -a_n \end{pmatrix}$ 称为向量 $\boldsymbol{\alpha}=\begin{pmatrix} a_1 \\ a_2 \\ \vdots \\ a_n \end{pmatrix}$ 的负向量，记为 $-\boldsymbol{\alpha}$.

2. 向量的运算

由于向量可看成行矩阵或列矩阵，因此我们可用矩阵的运算来定义向量的运算.

设 $\boldsymbol{\alpha}=\begin{pmatrix}a_1\\a_2\\\vdots\\a_n\end{pmatrix}$，$\boldsymbol{\beta}=\begin{pmatrix}b_1\\b_2\\\vdots\\b_n\end{pmatrix}$，$k\in\mathbb{R}$，则有

(1) $\boldsymbol{\alpha}+\boldsymbol{\beta}=\begin{pmatrix}a_1+b_1\\a_2+b_2\\\vdots\\a_n+b_n\end{pmatrix}$；(2) $k\boldsymbol{\alpha}=\begin{pmatrix}ka_1\\ka_2\\\vdots\\ka_n\end{pmatrix}$；（我们称这两种运算为向量的线性运算）

(3) $\boldsymbol{\alpha}^{\mathrm{T}}\boldsymbol{\beta}=(a_1,\ a_2,\ \cdots,\ a_n)\begin{pmatrix}b_1\\b_2\\\vdots\\b_n\end{pmatrix}=a_1b_1+a_2b_2+\cdots+a_nb_n$；

$$\boldsymbol{\alpha}\boldsymbol{\beta}^{\mathrm{T}}=\begin{pmatrix}a_1\\a_2\\\vdots\\a_n\end{pmatrix}(b_1,\ b_2,\ \cdots,\ b_n)=\begin{pmatrix}a_1b_1 & a_1b_2 & \cdots & a_1b_n\\a_2b_1 & a_2b_2 & \cdots & a_2b_n\\\vdots & \vdots & \ddots & \vdots\\a_nb_1 & a_nb_2 & \cdots & a_nb_n\end{pmatrix}.$$

例 1　将线性方程组

$$\begin{cases}a_{11}x_1+a_{12}x_2+\cdots+a_{1n}x_n=b_1,\\a_{21}x_1+a_{22}x_2+\cdots+a_{2n}x_n=b_2,\\\cdots\cdots\cdots\\a_{m1}x_1+a_{m2}x_2+\cdots+a_{mn}x_n=b_m\end{cases}$$

中第 i 个未知量 x_i 的系数写成一个 m 维列向量

$$\boldsymbol{\alpha}_i=\begin{pmatrix}a_{1i}\\a_{2i}\\\vdots\\a_{mi}\end{pmatrix}(i=1,\ 2,\ \cdots,\ n),$$

而该方程组的常数也写成一个 m 维列向量

$$\boldsymbol{\beta}=\begin{pmatrix}b_1\\b_2\\\vdots\\b_m\end{pmatrix},$$

则该方程组也可用以下向量的形式来表达

$$x_1\boldsymbol{\alpha}_1+x_2\boldsymbol{\alpha}_2+\cdots+x_n\boldsymbol{\alpha}_n=\boldsymbol{\beta}.$$

线性方程组的这种表示方式在今后讨论线性方程组的解时会带来很大的方便.

二、向量组及其线性组合

定义 2　由若干个维数相同的向量构成的集合，称为向量组.

例如，例 1 中未知量的系数构成的 m 维列向量 $\boldsymbol{\alpha}_i=\begin{pmatrix}a_{1i}\\a_{2i}\\\vdots\\a_{mi}\end{pmatrix}(i=1,\ 2,\ \cdots,\ n)$ 的全体构成一个向量组.

例 2　设矩阵 $\boldsymbol{A}=\begin{pmatrix}a_{11}&a_{12}&\cdots&a_{1n}\\a_{21}&a_{22}&\cdots&a_{2n}\\\vdots&\vdots&\ddots&\vdots\\a_{m1}&a_{m2}&\cdots&a_{mn}\end{pmatrix}$，对矩阵 $\boldsymbol{A}$ 分块如下

$$\boldsymbol{A}=\begin{pmatrix}a_{11}&a_{12}&\cdots&a_{1n}\\a_{21}&a_{22}&\cdots&a_{2n}\\\vdots&\vdots&\ddots&\vdots\\a_{m1}&a_{m2}&\cdots&a_{mn}\end{pmatrix}=(\boldsymbol{\alpha}_1,\ \boldsymbol{\alpha}_2,\ \cdots,\ \boldsymbol{\alpha}_n)=\begin{pmatrix}\boldsymbol{\beta}_1^{\mathrm{T}}\\\boldsymbol{\beta}_2^{\mathrm{T}}\\\vdots\\\boldsymbol{\beta}_m^{\mathrm{T}}\end{pmatrix},$$

其中

$$\boldsymbol{\alpha}_j=\begin{pmatrix}a_{1j}\\a_{2j}\\\vdots\\a_{mj}\end{pmatrix}(j=1,\ 2,\ \cdots,\ n),\ \boldsymbol{\beta}_i^{\mathrm{T}}=(a_{i1},\ a_{i2},\ \cdots,\ a_{in})(i=1,\ 2,\ \cdots,\ m).$$

则 m 维向量组 $\boldsymbol{\alpha}_1$，$\boldsymbol{\alpha}_2$，$\cdots$，$\boldsymbol{\alpha}_n$ 称为矩阵 $\boldsymbol{A}$ 的列向量组，n 维向量组 $\boldsymbol{\beta}_1^{\mathrm{T}}$，$\boldsymbol{\beta}_2^{\mathrm{T}}$，$\cdots$，$\boldsymbol{\beta}_m^{\mathrm{T}}$ 称为矩阵 $\boldsymbol{A}$ 的行向量组.

反之，给定一个 m 维向量组 $\boldsymbol{\alpha}_1$，$\boldsymbol{\alpha}_2$，$\cdots$，$\boldsymbol{\alpha}_n$，则得到一个以 $\boldsymbol{\alpha}_1$，$\boldsymbol{\alpha}_2$，$\cdots$，$\boldsymbol{\alpha}_n$ 为列的 $m\times n$ 矩阵 $\boldsymbol{A}=(\boldsymbol{\alpha}_1,\ \boldsymbol{\alpha}_2,\ \cdots,\ \boldsymbol{\alpha}_n)$；给定一个 n 维向量组 $\boldsymbol{\beta}_1^{\mathrm{T}}$，$\boldsymbol{\beta}_2^{\mathrm{T}}$，$\cdots$，$\boldsymbol{\beta}_m^{\mathrm{T}}$，则得到一个以 $\boldsymbol{\beta}_1^{\mathrm{T}}$，$\boldsymbol{\beta}_2^{\mathrm{T}}$，$\cdots$，$\boldsymbol{\beta}_m^{\mathrm{T}}$ 为行的 $m\times n$ 矩阵 $\boldsymbol{A}=\begin{pmatrix}\boldsymbol{\beta}_1^{\mathrm{T}}\\\boldsymbol{\beta}_2^{\mathrm{T}}\\\vdots\\\boldsymbol{\beta}_m^{\mathrm{T}}\end{pmatrix}$.

由例 2 可知，一个向量组总可与一个矩阵建立一一对应关系.

定义 3　给定 n 维向量组 $\boldsymbol{\alpha}_1$，$\boldsymbol{\alpha}_2$，$\cdots$，$\boldsymbol{\alpha}_n$，对于任意一组数 k_1，k_2，$\cdots$，k_n，表达式

$$k_1\boldsymbol{\alpha}_1+k_2\boldsymbol{\alpha}_2+\cdots+k_n\boldsymbol{\alpha}_n$$

称为该向量组的一个线性组合.

定义 4　给定 n 维向量组 $\boldsymbol{\alpha}_1$，$\boldsymbol{\alpha}_2$，$\cdots$，$\boldsymbol{\alpha}_n$ 和一个 n 维向量 $\boldsymbol{\beta}$，如果存在一组数 k_1，

k_2，…，k_n，使得

$$\boldsymbol{\beta}=k_1\boldsymbol{\alpha}_1+k_2\boldsymbol{\alpha}_2+\cdots+k_n\boldsymbol{\alpha}_n,$$

则称向量 $\boldsymbol{\beta}$ 可由向量组 $\boldsymbol{\alpha}_1$，$\boldsymbol{\alpha}_2$，…，$\boldsymbol{\alpha}_n$ 线性表示，或者说向量 $\boldsymbol{\beta}$ 是向量组 $\boldsymbol{\alpha}_1$，$\boldsymbol{\alpha}_2$，…，$\boldsymbol{\alpha}_n$ 的一个线性组合.

例如，给定向量组 $\boldsymbol{\alpha}_1$，$\boldsymbol{\alpha}_2$，$\boldsymbol{\alpha}_3$，则向量 $2\boldsymbol{\alpha}_1-\boldsymbol{\alpha}_2+\sqrt{3}\boldsymbol{\alpha}_3$，$\boldsymbol{\alpha}_1+0\boldsymbol{\alpha}_2+0\boldsymbol{\alpha}_3(=\boldsymbol{\alpha}_1)$，$0\boldsymbol{\alpha}_1+\boldsymbol{\alpha}_2+0\boldsymbol{\alpha}_3(=\boldsymbol{\alpha}_2)$，$0\boldsymbol{\alpha}_1+0\boldsymbol{\alpha}_2+\boldsymbol{\alpha}_3(=\boldsymbol{\alpha}_3)$，$0\boldsymbol{\alpha}_1+0\boldsymbol{\alpha}_2+0\boldsymbol{\alpha}_3(=\mathbf{0})$ 都是向量组 $\boldsymbol{\alpha}_1$，$\boldsymbol{\alpha}_2$，$\boldsymbol{\alpha}_3$ 的线性组合.

由此可见，一个向量组可以线性表示这个向量组中的每一个向量，零向量是任意一个向量组的线性组合.

例 3　设向量组 $\boldsymbol{e}_1=\begin{pmatrix}1\\0\\\vdots\\0\end{pmatrix}$，$\boldsymbol{e}_2=\begin{pmatrix}0\\1\\\vdots\\0\end{pmatrix}$，…，$\boldsymbol{e}_n=\begin{pmatrix}0\\0\\\vdots\\1\end{pmatrix}$，则由向量的线性运算，任一向量 $\boldsymbol{\alpha}=\begin{pmatrix}a_1\\a_2\\\vdots\\a_n\end{pmatrix}$ 都可由 $\boldsymbol{e}_1$，$\boldsymbol{e}_2$，…，$\boldsymbol{e}_n$ 线性表示，即

$$\boldsymbol{\alpha}=\begin{pmatrix}a_1\\a_2\\\vdots\\a_n\end{pmatrix}=a_1\begin{pmatrix}1\\0\\\vdots\\0\end{pmatrix}+a_2\begin{pmatrix}0\\1\\\vdots\\0\end{pmatrix}+\cdots+a_n\begin{pmatrix}0\\0\\\vdots\\1\end{pmatrix}=a_1\boldsymbol{e}_1+a_2\boldsymbol{e}_2+\cdots+a_n\boldsymbol{e}_n.$$

对于任意给定的 n 维向量组 $\boldsymbol{\alpha}_1$，$\boldsymbol{\alpha}_2$，…，$\boldsymbol{\alpha}_n$ 和 n 维向量 $\boldsymbol{\beta}$，如何判断向量 $\boldsymbol{\beta}$ 是否可由向量组 $\boldsymbol{\alpha}_1$，$\boldsymbol{\alpha}_2$，…，$\boldsymbol{\alpha}_n$ 线性表示呢？

从定义 4 可以看到，如果向量 $\boldsymbol{\beta}$ 可由向量组 $\boldsymbol{\alpha}_1$，$\boldsymbol{\alpha}_2$，…，$\boldsymbol{\alpha}_n$ 线性表示，则存在一组数 k_1，k_2，…，k_n，使得

$$k_1\boldsymbol{\alpha}_1+k_2\boldsymbol{\alpha}_2+\cdots+k_n\boldsymbol{\alpha}_n=\boldsymbol{\beta},$$

这表明线性方程组

$$x_1\boldsymbol{\alpha}_1+x_2\boldsymbol{\alpha}_2+\cdots+x_n\boldsymbol{\alpha}_n=\boldsymbol{\beta}$$

有解

$$\begin{pmatrix}x_1\\x_2\\\vdots\\x_n\end{pmatrix}=\begin{pmatrix}k_1\\k_2\\\vdots\\k_n\end{pmatrix}.$$

反之，如果线性方程组

$$x_1\boldsymbol{\alpha}_1+x_2\boldsymbol{\alpha}_2+\cdots+x_n\boldsymbol{\alpha}_n=\boldsymbol{\beta}$$

有解

$$\begin{pmatrix} x_1 \\ x_2 \\ \vdots \\ x_n \end{pmatrix} = \begin{pmatrix} k_1 \\ k_2 \\ \vdots \\ k_n \end{pmatrix},$$

即

$$k_1\boldsymbol{\alpha}_1 + k_2\boldsymbol{\alpha}_2 + \cdots + k_n\boldsymbol{\alpha}_n = \boldsymbol{\beta},$$

从而向量$\boldsymbol{\beta}$可由向量组$\boldsymbol{\alpha}_1$，$\boldsymbol{\alpha}_2$，…，$\boldsymbol{\alpha}_n$线性表示.

因此，向量$\boldsymbol{\beta}$是否可由向量组$\boldsymbol{\alpha}_1$，$\boldsymbol{\alpha}_2$，…，$\boldsymbol{\alpha}_n$线性表示归结于线性方程组$x_1\boldsymbol{\alpha}_1+x_2\boldsymbol{\alpha}_2+\cdots+x_n\boldsymbol{\alpha}_n=\boldsymbol{\beta}$是否有解. 若向量$\boldsymbol{\beta}$可由向量组$\boldsymbol{\alpha}_1$，$\boldsymbol{\alpha}_2$，…，$\boldsymbol{\alpha}_n$线性表示，则表示式是否唯一由线性方程组是否有唯一解来决定. 总结上面的讨论，我们得到如下定理.

定理 1　向量$\boldsymbol{\beta}$可由向量组$\boldsymbol{\alpha}_1$，$\boldsymbol{\alpha}_2$，…，$\boldsymbol{\alpha}_n$(唯一)线性表示的充分必要条件是线性方程组$x_1\boldsymbol{\alpha}_1+x_2\boldsymbol{\alpha}_2+\cdots+x_n\boldsymbol{\alpha}_n=\boldsymbol{\beta}$有(唯一)解.

例 4　设有向量$\boldsymbol{\alpha}=\begin{pmatrix}5\\3\\-6\end{pmatrix}$及向量组$\boldsymbol{\beta}_1=\begin{pmatrix}1\\1\\-1\end{pmatrix}$，$\boldsymbol{\beta}_2=\begin{pmatrix}0\\2\\1\end{pmatrix}$，$\boldsymbol{\beta}_3=\begin{pmatrix}-1\\1\\2\end{pmatrix}$，试问$\boldsymbol{\alpha}$能否由$\boldsymbol{\beta}_1$，$\boldsymbol{\beta}_2$，$\boldsymbol{\beta}_3$线性表示.

解　根据定理 1，设$x_1\boldsymbol{\beta}_1+x_2\boldsymbol{\beta}_2+x_3\boldsymbol{\beta}_3=\boldsymbol{\alpha}$，由

$$\left(\begin{array}{ccc|c} 1 & 0 & -1 & 5 \\ 1 & 2 & 1 & 3 \\ -1 & 1 & 2 & -6 \end{array}\right) \xrightarrow[r_3+r_1]{r_2+(-1)r_1} \left(\begin{array}{ccc|c} 1 & 0 & -1 & 5 \\ 0 & 2 & 2 & -2 \\ 0 & 1 & 1 & -1 \end{array}\right) \xrightarrow[r_3+(-1)r_2]{\frac{1}{2}r_2} \left(\begin{array}{ccc|c} 1 & 0 & -1 & 5 \\ 0 & 1 & 1 & -1 \\ 0 & 0 & 0 & 0 \end{array}\right),$$

可知方程组有无穷多解$\begin{cases} x_1=5+c, \\ x_2=-1-c, \\ x_3=c, \end{cases}$其中$c$为任意常数. 因此$\boldsymbol{\alpha}$能由$\boldsymbol{\beta}_1$，$\boldsymbol{\beta}_2$，$\boldsymbol{\beta}_3$线性表示，但表示式不唯一：$\boldsymbol{\alpha}=(5+c)\boldsymbol{\beta}_1+(-1-c)\boldsymbol{\beta}_2+c\boldsymbol{\beta}_3$，其中$c$为任意常数.

例 5　设向量组$\boldsymbol{\alpha}_1=\begin{pmatrix}1\\0\\-2\end{pmatrix}$，$\boldsymbol{\alpha}_2=\begin{pmatrix}2\\1\\-5\end{pmatrix}$，$\boldsymbol{\alpha}_3=\begin{pmatrix}-3\\2\\4\end{pmatrix}$，而$\boldsymbol{\beta}=\begin{pmatrix}5\\4\\-7\end{pmatrix}$，问：向量$\boldsymbol{\beta}$能否由向量组$\boldsymbol{\alpha}_1$，$\boldsymbol{\alpha}_2$，$\boldsymbol{\alpha}_3$线性表示？若可以，求出线性表达式.

解　设$x_1\boldsymbol{\alpha}_1+x_2\boldsymbol{\alpha}_2+x_3\boldsymbol{\alpha}_3=\boldsymbol{\beta}$，由

$$(\boldsymbol{\alpha}_1,\ \boldsymbol{\alpha}_2,\ \boldsymbol{\alpha}_3,\ \boldsymbol{\beta}) = \left(\begin{array}{ccc|c} 1 & 2 & -3 & 5 \\ 0 & 1 & 2 & 4 \\ -2 & -5 & 4 & -7 \end{array}\right) \to \left(\begin{array}{ccc|c} 1 & 2 & -3 & 5 \\ 0 & 1 & 2 & 4 \\ 0 & -1 & -2 & 3 \end{array}\right) \to \left(\begin{array}{ccc|c} 1 & 2 & -3 & 5 \\ 0 & 1 & 2 & 4 \\ 0 & 0 & 0 & 7 \end{array}\right)$$

可知，线性方程组无解，所以向量$\boldsymbol{\beta}$不能由向量组$\boldsymbol{\alpha}_1$，$\boldsymbol{\alpha}_2$，$\boldsymbol{\alpha}_3$线性表示.

三、向量组的等价

定义 5　设A：$\boldsymbol{\alpha}_1$，$\boldsymbol{\alpha}_2$，…，$\boldsymbol{\alpha}_m$是m个n维向量组成的向量组，而B：$\boldsymbol{\beta}_1$，$\boldsymbol{\beta}_2$，…，

$\boldsymbol{\beta}_s$ 是 s 个 n 维向量组成的向量组. 如果向量组 B 中每一个向量 $\boldsymbol{\beta}_j(j=1, 2, \cdots, s)$ 均可由向量组 A：$\boldsymbol{\alpha}_1, \boldsymbol{\alpha}_2, \cdots, \boldsymbol{\alpha}_m$ 线性表示，则称向量组 B：$\boldsymbol{\beta}_1, \boldsymbol{\beta}_2, \cdots, \boldsymbol{\beta}_s$ 可由向量组 A：$\boldsymbol{\alpha}_1, \boldsymbol{\alpha}_2, \cdots, \boldsymbol{\alpha}_m$ 线性表示. 如果向量组 A 与向量组 B 可以相互线性表示，则称向量组 A 与向量组 B 等价.

根据定义 5，若向量组 B：$\boldsymbol{\beta}_1, \boldsymbol{\beta}_2, \cdots, \boldsymbol{\beta}_s$ 可由向量组 A：$\boldsymbol{\alpha}_1, \boldsymbol{\alpha}_2, \cdots, \boldsymbol{\alpha}_m$ 线性表示，则对向量组 B 中每一个向量 $\boldsymbol{\beta}_j(j=1, 2, \cdots, s)$，存在一组数 $k_{1j}, k_{2j}, \cdots, k_{mj}$，使得

$$\boldsymbol{\beta}_j=k_{1j}\boldsymbol{\alpha}_1+k_{2j}\boldsymbol{\alpha}_2+\cdots+k_{mj}\boldsymbol{\alpha}_m=(\boldsymbol{\alpha}_1, \boldsymbol{\alpha}_2, \cdots, \boldsymbol{\alpha}_m)\begin{pmatrix}k_{1j}\\k_{2j}\\\vdots\\k_{mj}\end{pmatrix}(j=1, 2, \cdots, s).$$

以向量 $\begin{pmatrix}k_{1j}\\k_{2j}\\\vdots\\k_{mj}\end{pmatrix}$ 为列，得到一个 $m\times s$ 矩阵

$$\boldsymbol{K}_{m\times s}=\begin{pmatrix}k_{11}&k_{12}&\cdots&k_{1s}\\k_{21}&k_{22}&\cdots&k_{2s}\\\vdots&\vdots&\ddots&\vdots\\k_{m1}&k_{m2}&\cdots&k_{ms}\end{pmatrix},$$

矩阵 $\boldsymbol{K}_{m\times s}$ 称为这一线性表示的系数矩阵. 令矩阵 $\boldsymbol{A}=(\boldsymbol{\alpha}_1, \boldsymbol{\alpha}_2, \cdots, \boldsymbol{\alpha}_m)$，$\boldsymbol{B}=(\boldsymbol{\beta}_1, \boldsymbol{\beta}_2, \cdots, \boldsymbol{\beta}_s)$，则有

$$\boldsymbol{B}=\boldsymbol{A}\boldsymbol{K}_{m\times s}.$$

也就是说，若向量组 B：$\boldsymbol{\beta}_1, \boldsymbol{\beta}_2, \cdots, \boldsymbol{\beta}_s$ 可由向量组 A：$\boldsymbol{\alpha}_1, \boldsymbol{\alpha}_2, \cdots, \boldsymbol{\alpha}_m$ 线性表示，则矩阵方程

$$\boldsymbol{AX}=\boldsymbol{B}$$

有解 $\boldsymbol{X}=\boldsymbol{K}_{m\times s}$.

若向量组 A 与向量组 B 等价，则存在系数矩阵 $\boldsymbol{K}_{m\times s}$ 与 $\boldsymbol{M}_{s\times m}$，使得

$$\boldsymbol{B}=\boldsymbol{A}\boldsymbol{K}_{m\times s}, \quad \boldsymbol{B}\boldsymbol{M}_{s\times m}=\boldsymbol{A}$$

同时成立. 亦即矩阵方程

$$\boldsymbol{AX}=\boldsymbol{B} \text{ 与 } \boldsymbol{BY}=\boldsymbol{A}$$

同时有解 $\boldsymbol{X}=\boldsymbol{K}_{m\times s}$，$\boldsymbol{Y}=\boldsymbol{M}_{s\times m}$.

综上所述，我们有如下定理.

定理 2 设向量组 A 和向量组 B 如上所述. 令矩阵 $\boldsymbol{A}=(\boldsymbol{\alpha}_1, \boldsymbol{\alpha}_2, \cdots, \boldsymbol{\alpha}_m)$，$\boldsymbol{B}=(\boldsymbol{\beta}_1, \boldsymbol{\beta}_2, \cdots, \boldsymbol{\beta}_s)$，则向量组 B 可由向量组 A 线性表示的充分必要条件是矩阵方程

$$\boldsymbol{AX}=\boldsymbol{B}$$

有解. 向量组 A 与向量组 B 等价的充分必要条件是矩阵方程

$$\boldsymbol{AX}=\boldsymbol{B} \text{ 与 } \boldsymbol{BY}=\boldsymbol{A}$$

同时有解.

例 6　已知向量组 A：$\boldsymbol{\alpha}_1=\begin{pmatrix}1\\1\\-1\end{pmatrix}$，$\boldsymbol{\alpha}_2=\begin{pmatrix}-2\\0\\1\end{pmatrix}$和 B：$\boldsymbol{\beta}_1=\begin{pmatrix}3\\1\\-2\end{pmatrix}$，$\boldsymbol{\beta}_2=\begin{pmatrix}-3\\1\\1\end{pmatrix}$，$\boldsymbol{\beta}_3=\begin{pmatrix}-1\\1\\0\end{pmatrix}$，证明：向量组 B：$\boldsymbol{\beta}_1$，$\boldsymbol{\beta}_2$，$\boldsymbol{\beta}_3$ 可由向量组 A：$\boldsymbol{\alpha}_1$，$\boldsymbol{\alpha}_2$ 线性表示.

证明　根据定理 2，令矩阵 $\boldsymbol{A}=(\boldsymbol{\alpha}_1,\boldsymbol{\alpha}_2)$，$\boldsymbol{B}=(\boldsymbol{\beta}_1,\boldsymbol{\beta}_2,\boldsymbol{\beta}_3)$，向量组 B 可由向量组 A 线性表示的充分必要条件是矩阵方程 $\boldsymbol{AX}=\boldsymbol{B}$ 有解. 而该矩阵方程有解又等价于三个方程组 $\boldsymbol{Ax}=\boldsymbol{\beta}_j(j=1,2,3)$ 均有解. 对增广矩阵实施初等行变换，有

$$(\boldsymbol{\alpha}_1,\boldsymbol{\alpha}_2|\boldsymbol{\beta}_1,\boldsymbol{\beta}_2,\boldsymbol{\beta}_3)=\left(\begin{array}{cc|ccc}1&-2&3&-3&-1\\1&0&1&1&1\\-1&1&-2&1&0\end{array}\right)\sim\left(\begin{array}{cc|ccc}1&0&1&1&1\\0&1&-1&2&1\\0&0&0&0&0\end{array}\right),$$

可见，三个方程组 $\boldsymbol{Ax}=\boldsymbol{\beta}_j(j=1,2,3)$ 的解分别为$\begin{pmatrix}1\\-1\end{pmatrix}$，$\begin{pmatrix}1\\2\end{pmatrix}$，$\begin{pmatrix}1\\1\end{pmatrix}$.

于是有 $\boldsymbol{X}=\begin{pmatrix}1&1&1\\-1&2&1\end{pmatrix}$，使得 $\boldsymbol{AX}=\boldsymbol{B}$. 因此向量组 B 可由向量组 A 线性表示.

例 7　已知向量组 A：$\boldsymbol{\alpha}_1=\begin{pmatrix}1\\0\\-1\end{pmatrix}$，$\boldsymbol{\alpha}_2=\begin{pmatrix}-1\\1\\2\end{pmatrix}$，$\boldsymbol{\alpha}_3=\begin{pmatrix}1\\2\\5\end{pmatrix}$和 B：$\boldsymbol{\beta}_1=\begin{pmatrix}1\\1\\0\end{pmatrix}$，$\boldsymbol{\beta}_2=\begin{pmatrix}0\\1\\1\end{pmatrix}$，$\boldsymbol{\beta}_3=\begin{pmatrix}1\\0\\1\end{pmatrix}$，证明：向量组 A：$\boldsymbol{\alpha}_1$，$\boldsymbol{\alpha}_2$，$\boldsymbol{\alpha}_3$ 和向量组 B：$\boldsymbol{\beta}_1$，$\boldsymbol{\beta}_2$，$\boldsymbol{\beta}_3$ 等价.

证明　令矩阵 $\boldsymbol{A}=(\boldsymbol{\alpha}_1,\boldsymbol{\alpha}_2,\boldsymbol{\alpha}_3)$，$\boldsymbol{B}=(\boldsymbol{\beta}_1,\boldsymbol{\beta}_2,\boldsymbol{\beta}_3)$，设 $\boldsymbol{BX}=\boldsymbol{A}$. 由

$$(\boldsymbol{\beta}_1,\boldsymbol{\beta}_2,\boldsymbol{\beta}_3|\boldsymbol{\alpha}_1,\boldsymbol{\alpha}_2,\boldsymbol{\alpha}_3)=\left(\begin{array}{ccc|ccc}1&0&1&1&-1&1\\1&1&0&0&1&2\\0&1&1&-1&2&5\end{array}\right)\sim\left(\begin{array}{ccc|ccc}1&0&0&1&-1&-1\\0&1&0&-1&2&3\\0&0&1&0&0&2\end{array}\right),$$

可知，矩阵方程 $\boldsymbol{BX}=\boldsymbol{A}$ 有解 $\boldsymbol{X}=\begin{pmatrix}1&-1&-1\\-1&2&3\\0&0&2\end{pmatrix}$，因此，向量组 A 能由向量组 B 线性表示.

另一方面，由于

$$\begin{vmatrix}1&-1&-1\\-1&2&3\\0&0&2\end{vmatrix}=\begin{vmatrix}1&-1&-1\\0&1&2\\0&0&2\end{vmatrix}=2\neq0,$$

所以矩阵$\begin{pmatrix}1&-1&-1\\-1&2&3\\0&0&2\end{pmatrix}$可逆，于是有 $\boldsymbol{A}\begin{pmatrix}1&-1&-1\\-1&2&3\\0&0&2\end{pmatrix}^{-1}=\boldsymbol{B}$，即向量组 B 能由向量组 A 线性表示，所以这两个向量组等价.

例 7 是通过解矩阵方程的方法来判断向量组是否等价，这种方法较麻烦. 引入了矩阵的秩的概念之后，利用矩阵的秩来判断向量组是否等价会更简单，具体方法见本章第四节的例 1.

习题 3-1

1. 设 $\boldsymbol{\alpha}=\begin{pmatrix}2\\1\\3\end{pmatrix}$，$\boldsymbol{\beta}=\begin{pmatrix}3\\5\\7\end{pmatrix}$，$\boldsymbol{\gamma}=\begin{pmatrix}-2\\4\\1\end{pmatrix}$，求 $2\boldsymbol{\alpha}-\boldsymbol{\beta}$，$\boldsymbol{\alpha}-\boldsymbol{\beta}+2\boldsymbol{\gamma}$.

2. 设 $\boldsymbol{\alpha}=\begin{pmatrix}1\\2\\3\end{pmatrix}$，$\boldsymbol{\beta}_1=\begin{pmatrix}1\\1\\1\end{pmatrix}$，$\boldsymbol{\beta}_2=\begin{pmatrix}0\\1\\-1\end{pmatrix}$，$\boldsymbol{\beta}_3=\begin{pmatrix}1\\-1\\0\end{pmatrix}$，问：向量 $\boldsymbol{\alpha}$ 能否由向量组 $\boldsymbol{\beta}_1$，$\boldsymbol{\beta}_2$，$\boldsymbol{\beta}_3$ 线性表示？

3. 设 $\begin{cases}\boldsymbol{\beta}_1=\boldsymbol{\alpha}_2+\boldsymbol{\alpha}_3+\cdots+\boldsymbol{\alpha}_n,\\ \boldsymbol{\beta}_2=\boldsymbol{\alpha}_1+\boldsymbol{\alpha}_3+\cdots+\boldsymbol{\alpha}_n,\\ \cdots\cdots\cdots\\ \boldsymbol{\beta}_n=\boldsymbol{\alpha}_1+\boldsymbol{\alpha}_2+\cdots+\boldsymbol{\alpha}_{n-1}.\end{cases}$ 证明向量组 $\boldsymbol{\alpha}_1$，$\boldsymbol{\alpha}_2$，…，$\boldsymbol{\alpha}_n$ 与向量组 $\boldsymbol{\beta}_1$，$\boldsymbol{\beta}_2$，…，$\boldsymbol{\beta}_n$ 等价.

4. 设有向量组 A：$\boldsymbol{\alpha}_1=\begin{pmatrix}1\\1\\a\end{pmatrix}$，$\boldsymbol{\alpha}_2=\begin{pmatrix}1\\a\\1\end{pmatrix}$，$\boldsymbol{\alpha}_3=\begin{pmatrix}a\\1\\1\end{pmatrix}$ 和向量组 B：$\boldsymbol{\beta}_1=\begin{pmatrix}1\\1\\a\end{pmatrix}$，$\boldsymbol{\beta}_2=\begin{pmatrix}-2\\a\\4\end{pmatrix}$，$\boldsymbol{\beta}_3=\begin{pmatrix}-2\\a\\a\end{pmatrix}$，确定常数 a，使得向量组 A 能由向量组 B 线性表示，但是向量组 B 不能由向量组 A 线性表示.

5. 证明向量组的等价具有传递性，即：若向量组 A 与向量组 B 等价，向量组 B 与向量组 C 等价，则向量组 A 与向量组 C 等价.

第二节　向量组的线性相关性

[课前导读]

在线性方程组

$$\begin{cases}x_1+\ \ x_2-2x_3=2,\\ 2x_1-\ \ x_2+3x_3=3,\\ x_1-2x_2+5x_3=1\end{cases}$$

中，用第二个方程减去第一个方程，就得到第三个方程. 所以第三个方程是一个多余方程，是否有这个方程并不影响原线性方程组的解，也就是说原方程组与线性方程组

$$\begin{cases}x_1+x_2-2x_3=2,\\ 2x_1-x_2+3x_3=3\end{cases}$$

是同解线性方程组. 那么，怎样判断线性方程组中是否有多余方程呢？若有多余方程，怎样判断哪些方程是多余的呢？其实，这些问题的答案就在于我们这一节要讲的内容：向量组的线性相关性.

一、向量组的线性相关与线性无关

向量组的线性相关性

定义　设有 m 个 n 维向量构成的向量组 $\boldsymbol{\alpha}_1$，$\boldsymbol{\alpha}_2$，…，$\boldsymbol{\alpha}_m$，如果存在一组不全为零的数 k_1，k_2，…，k_m，使得

$$k_1\boldsymbol{\alpha}_1+k_2\boldsymbol{\alpha}_2+\cdots+k_m\boldsymbol{\alpha}_m=\mathbf{0},$$

则称向量组 $\boldsymbol{\alpha}_1$，$\boldsymbol{\alpha}_2$，…，$\boldsymbol{\alpha}_m$ 线性相关；若当且仅当 $k_1=k_2=\cdots=k_m=0$ 时，才有 $k_1\boldsymbol{\alpha}_1+k_2\boldsymbol{\alpha}_2+\cdots+k_m\boldsymbol{\alpha}_m=\mathbf{0}$，则称向量组 $\boldsymbol{\alpha}_1$，$\boldsymbol{\alpha}_2$，…，$\boldsymbol{\alpha}_m$ 线性无关.

例 1　对于向量组 $\boldsymbol{\alpha}_1=\begin{pmatrix}1\\1\\1\end{pmatrix}$，$\boldsymbol{\alpha}_2=\begin{pmatrix}2\\2\\2\end{pmatrix}$，$\boldsymbol{\alpha}_3=\begin{pmatrix}3\\5\\7\end{pmatrix}$，存在一组不全为零的数 2，−1，0，使得

$$2\boldsymbol{\alpha}_1-\boldsymbol{\alpha}_2+0\boldsymbol{\alpha}_3=2\begin{pmatrix}1\\1\\1\end{pmatrix}-\begin{pmatrix}2\\2\\2\end{pmatrix}+0\cdot\begin{pmatrix}3\\5\\7\end{pmatrix}=\mathbf{0},$$

所以向量组 $\boldsymbol{\alpha}_1$，$\boldsymbol{\alpha}_2$，$\boldsymbol{\alpha}_3$ 线性相关. 而对于向量组 $\boldsymbol{e}_1=\begin{pmatrix}1\\0\\\vdots\\0\end{pmatrix}$，$\boldsymbol{e}_2=\begin{pmatrix}0\\1\\\vdots\\0\end{pmatrix}$，…，$\boldsymbol{e}_n=\begin{pmatrix}0\\0\\\vdots\\1\end{pmatrix}$，对任意一组数 k_1，k_2，…，k_n，有

$$k_1\boldsymbol{e}_1+k_2\boldsymbol{e}_2+\cdots+k_n\boldsymbol{e}_n=k_1\begin{pmatrix}1\\0\\\vdots\\0\end{pmatrix}+k_2\begin{pmatrix}0\\1\\\vdots\\0\end{pmatrix}+\cdots+k_n\begin{pmatrix}0\\0\\\vdots\\1\end{pmatrix}=\begin{pmatrix}k_1\\k_2\\\vdots\\k_n\end{pmatrix},$$

显然，当且仅当 $k_1=k_2=\cdots=k_n=0$ 时，才有 $k_1\boldsymbol{e}_1+k_2\boldsymbol{e}_2+\cdots+k_n\boldsymbol{e}_n=\mathbf{0}$，所以向量组 $\boldsymbol{e}_1$，$\boldsymbol{e}_2$，…，$\boldsymbol{e}_n$ 线性无关.

特别地，当向量组只含有一个向量 $\boldsymbol{\alpha}$ 时，若 $\boldsymbol{\alpha}\neq\mathbf{0}$，则只有当 $k=0$ 时才有 $k\boldsymbol{\alpha}=\mathbf{0}$，所以 $\boldsymbol{\alpha}$ 线性无关；若 $\boldsymbol{\alpha}=\mathbf{0}$，则对任意非零常数 k，都有 $k\boldsymbol{\alpha}=\mathbf{0}$，所以 $\boldsymbol{\alpha}$ 线性相关.

例 2　证明：任一含有零向量的向量组必定线性相关.

证明　设向量组 A：$\mathbf{0}$，$\boldsymbol{\alpha}_1$，$\boldsymbol{\alpha}_2$，…，$\boldsymbol{\alpha}_m$ 是任一含有零向量的 n 维向量组，于是对任意非零常数 k，都有

$$k\mathbf{0}+0\cdot\boldsymbol{\alpha}_1+0\cdot\boldsymbol{\alpha}_2+\cdots+0\cdot\boldsymbol{\alpha}_m=\mathbf{0},$$

所以向量组 A：$\mathbf{0}$，$\boldsymbol{\alpha}_1$，$\boldsymbol{\alpha}_2$，…，$\boldsymbol{\alpha}_m$ 线性相关.

例 3　设有向量组 $\boldsymbol{\alpha}_1=\begin{pmatrix}1\\2\\1\end{pmatrix}$，$\boldsymbol{\alpha}_2=\begin{pmatrix}2\\1\\-1\end{pmatrix}$，$\boldsymbol{\alpha}_3=\begin{pmatrix}1\\3\\2\end{pmatrix}$，判断向量组 $\boldsymbol{\alpha}_1$，$\boldsymbol{\alpha}_2$，$\boldsymbol{\alpha}_3$ 的线性相

关性.

解　按照向量组线性相关和线性无关的定义，我们只需验证使得等式 $k_1\boldsymbol{\alpha}_1+k_2\boldsymbol{\alpha}_2+k_3\boldsymbol{\alpha}_3=\mathbf{0}$ 成立的一组数 k_1，k_2，k_3 是不全为零还是全为零.

将等式 $k_1\boldsymbol{\alpha}_1+k_2\boldsymbol{\alpha}_2+k_3\boldsymbol{\alpha}_3=\mathbf{0}$ 改写为

$$(\boldsymbol{\alpha}_1,\boldsymbol{\alpha}_2,\boldsymbol{\alpha}_3)\begin{pmatrix}k_1\\k_2\\k_3\end{pmatrix}=\mathbf{0},\ 即\begin{pmatrix}1&2&1\\2&1&3\\1&-1&2\end{pmatrix}\begin{pmatrix}k_1\\k_2\\k_3\end{pmatrix}=\mathbf{0},$$

于是，问题转化为齐次线性方程组

$$\begin{pmatrix}1&2&1\\2&1&3\\1&-1&2\end{pmatrix}\begin{pmatrix}x_1\\x_2\\x_3\end{pmatrix}=\mathbf{0}$$

是有非零解，还是只有零解. 如果只有零解，则 $\boldsymbol{\alpha}_1$，$\boldsymbol{\alpha}_2$，$\boldsymbol{\alpha}_3$ 线性无关，若有非零解，则 $\boldsymbol{\alpha}_1$，$\boldsymbol{\alpha}_2$，$\boldsymbol{\alpha}_3$ 线性相关. 由于系数行列式

$$\begin{vmatrix}1&2&1\\2&1&3\\1&-1&2\end{vmatrix}=\begin{vmatrix}1&2&1\\2&1&3\\2&1&3\end{vmatrix}=0,$$

所以方程组有非零解，任取一组非零解 $\begin{pmatrix}k_1\\k_2\\k_3\end{pmatrix}\neq\mathbf{0}$，都有 $k_1\boldsymbol{\alpha}_1+k_2\boldsymbol{\alpha}_2+k_3\boldsymbol{\alpha}_3=\mathbf{0}$，所以 $\boldsymbol{\alpha}_1$，$\boldsymbol{\alpha}_2$，$\boldsymbol{\alpha}_3$ 线性相关.

例 4　已知向量组 $\boldsymbol{\alpha}_1$，$\boldsymbol{\alpha}_2$，$\boldsymbol{\alpha}_3$ 线性无关，$\boldsymbol{\beta}_1=\boldsymbol{\alpha}_1+\boldsymbol{\alpha}_2$，$\boldsymbol{\beta}_2=\boldsymbol{\alpha}_2+\boldsymbol{\alpha}_3$，$\boldsymbol{\beta}_3=\boldsymbol{\alpha}_3+\boldsymbol{\alpha}_1$，试证明：向量组 $\boldsymbol{\beta}_1$，$\boldsymbol{\beta}_2$，$\boldsymbol{\beta}_3$ 也线性无关.

证明　设有一组数 k_1，k_2，k_3 使得 $k_1\boldsymbol{\beta}_1+k_2\boldsymbol{\beta}_2+k_3\boldsymbol{\beta}_3=\mathbf{0}$，将 $\boldsymbol{\beta}_1=\boldsymbol{\alpha}_1+\boldsymbol{\alpha}_2$，$\boldsymbol{\beta}_2=\boldsymbol{\alpha}_2+\boldsymbol{\alpha}_3$，$\boldsymbol{\beta}_3=\boldsymbol{\alpha}_3+\boldsymbol{\alpha}_1$ 代入并整理得

$$(k_1+k_3)\boldsymbol{\alpha}_1+(k_1+k_2)\boldsymbol{\alpha}_2+(k_2+k_3)\boldsymbol{\alpha}_3=\mathbf{0}.$$

已知 $\boldsymbol{\alpha}_1$，$\boldsymbol{\alpha}_2$，$\boldsymbol{\alpha}_3$ 线性无关，所以上式成立当且仅当

$$\begin{cases}k_1+k_3=0,\\k_1+k_2=0,\\k_2+k_3=0,\end{cases}$$

此齐次线性方程组的系数行列式 $\begin{vmatrix}1&0&1\\1&1&0\\0&1&1\end{vmatrix}=2\neq0$，所以只有零解 $k_1=k_2=k_3=0$，因此 $\boldsymbol{\beta}_1$，$\boldsymbol{\beta}_2$，$\boldsymbol{\beta}_3$ 也线性无关.

总结例 3、例 4 的解题过程，我们知道，向量组的线性相关性的判断可以转化为对齐次线性方程组的解的判断.

定理 1　m 个 n 维向量构成的向量组 $\boldsymbol{\alpha}_1$，$\boldsymbol{\alpha}_2$，…，$\boldsymbol{\alpha}_m$ 线性相关的充分必要条件是齐次线性方程组

$$k_1\boldsymbol{\alpha}_1+k_2\boldsymbol{\alpha}_2+\cdots+k_m\boldsymbol{\alpha}_m=\mathbf{0}$$

有非零解；线性无关的充分必要条件是上述齐次线性方程组只有零解 $k_1=k_2=\cdots=k_m=0$.

已知齐次线性方程组 $x_1\boldsymbol{\alpha}_1+x_2\boldsymbol{\alpha}_2+\cdots+x_m\boldsymbol{\alpha}_m=\mathbf{0}$，将系数矩阵 $\boldsymbol{A}=(\boldsymbol{\alpha}_1,\ \boldsymbol{\alpha}_2,\ \cdots,\ \boldsymbol{\alpha}_m)$ 实施初等行变换化为矩阵 $\boldsymbol{B}=(\boldsymbol{\beta}_1,\ \boldsymbol{\beta}_2,\ \cdots,\ \boldsymbol{\beta}_m)$，则以矩阵 $\boldsymbol{B}$ 为系数矩阵的齐次线性方程组 $x_1\boldsymbol{\beta}_1+x_2\boldsymbol{\beta}_2+\cdots+x_m\boldsymbol{\beta}_m=\mathbf{0}$ 与齐次线性方程组 $x_1\boldsymbol{\alpha}_1+x_2\boldsymbol{\alpha}_2+\cdots+x_m\boldsymbol{\alpha}_m=\mathbf{0}$ 是同解线性方程组，从而向量组 $\boldsymbol{\alpha}_1$，$\boldsymbol{\alpha}_2$，$\cdots$，$\boldsymbol{\alpha}_m$ 与向量组 $\boldsymbol{\beta}_1$，$\boldsymbol{\beta}_2$，$\cdots$，$\boldsymbol{\beta}_m$ 具有相同的线性相关性. 也就是说，若矩阵 $\boldsymbol{A}\overset{r}{\sim}\boldsymbol{B}$，则矩阵 $\boldsymbol{A}$ 的列向量组与矩阵 $\boldsymbol{B}$ 的列向量组有相同的线性相关性. 相应地，若矩阵 $\boldsymbol{A}\overset{c}{\sim}\boldsymbol{B}$，则矩阵 $\boldsymbol{A}$ 的行向量组与矩阵 $\boldsymbol{B}$ 的行向量组有相同的线性相关性.

二、向量组线性相关性的一些重要结论

定理 2　向量组 $\boldsymbol{\alpha}_1$，$\boldsymbol{\alpha}_2$，$\cdots$，$\boldsymbol{\alpha}_m(m\geqslant 2)$ 线性相关的充分必要条件是存在某一个向量 $\boldsymbol{\alpha}_j(1\leqslant j\leqslant m)$ 可由其余向量线性表示.

证明　充分性：若存在某一个向量 $\boldsymbol{\alpha}_j(1\leqslant j\leqslant m)$ 可由其余向量线性表示，即存在一组数 k_1，$\cdots$，k_{j-1}，k_{j+1}，$\cdots$，k_m，使得

$$\boldsymbol{\alpha}_j=k_1\boldsymbol{\alpha}_1+\cdots+k_{j-1}\boldsymbol{\alpha}_{j-1}+k_{j+1}\boldsymbol{\alpha}_{j+1}+\cdots+k_m\boldsymbol{\alpha}_m,$$

移项得

$$k_1\boldsymbol{\alpha}_1+\cdots+k_{j-1}\boldsymbol{\alpha}_{j-1}-\boldsymbol{\alpha}_j+k_{j+1}\boldsymbol{\alpha}_{j+1}+\cdots+k_m\boldsymbol{\alpha}_m=\mathbf{0}.$$

显然这组数 k_1，$\cdots$，k_{j-1}，-1，k_{j+1}，$\cdots$，k_m 不全为零，所以向量组 $\boldsymbol{\alpha}_1$，$\boldsymbol{\alpha}_2$，$\cdots$，$\boldsymbol{\alpha}_m(m\geqslant 2)$ 线性相关.

必要性：如果向量组 $\boldsymbol{\alpha}_1$，$\boldsymbol{\alpha}_2$，$\cdots$，$\boldsymbol{\alpha}_m(m\geqslant 2)$ 线性相关，则存在一组不全为零的数 k_1，k_2，$\cdots$，k_m，使得

$$k_1\boldsymbol{\alpha}_1+k_2\boldsymbol{\alpha}_2+\cdots+k_m\boldsymbol{\alpha}_m=\mathbf{0}.$$

在 k_1，k_2，$\cdots$，k_n 中必存在某个数不为零，不妨设 $k_j\neq 0$，则对上式移项得

$$-k_j\boldsymbol{\alpha}_j=k_1\boldsymbol{\alpha}_1+\cdots+k_{j-1}\boldsymbol{\alpha}_{j-1}+k_{j+1}\boldsymbol{\alpha}_{j+1}+\cdots+k_m\boldsymbol{\alpha}_m,$$

从而有

$$\boldsymbol{\alpha}_j=-\frac{k_1}{k_j}\boldsymbol{\alpha}_1-\cdots-\frac{k_{j-1}}{k_j}\boldsymbol{\alpha}_{j-1}-\frac{k_{j+1}}{k_j}\boldsymbol{\alpha}_{j+1}-\cdots-\frac{k_m}{k_j}\boldsymbol{\alpha}_m,$$

即 $\boldsymbol{\alpha}_j$ 可由其余向量线性表示.

将定理 2 应用到由两个向量构成的向量组上，就得到如下应用比较方便的推论.

推论 1　两个向量 $\boldsymbol{\alpha}_1$，$\boldsymbol{\alpha}_2$ 线性相关的充分必要条件是它们的分量对应成比例.

例 5　设 $\boldsymbol{\alpha}_1=\begin{pmatrix}1\\2\\3\end{pmatrix}$，$\boldsymbol{\alpha}_2=\begin{pmatrix}3\\6\\9\end{pmatrix}$，$\boldsymbol{\alpha}_3=\begin{pmatrix}3\\4\\7\end{pmatrix}$，则 $\boldsymbol{\alpha}_2=3\boldsymbol{\alpha}_1$，因此 $\boldsymbol{\alpha}_1$，$\boldsymbol{\alpha}_2$ 线性相关. 而 $\boldsymbol{\alpha}_3$ 与 $\boldsymbol{\alpha}_1$ 的分量不对应成比例，$\boldsymbol{\alpha}_3$ 与 $\boldsymbol{\alpha}_2$ 的分量也不对应成比例，从而 $\boldsymbol{\alpha}_1$，$\boldsymbol{\alpha}_3$ 线性无关，$\boldsymbol{\alpha}_2$，$\boldsymbol{\alpha}_3$ 也线性无关.

将线性方程组 $\boldsymbol{A}_{m\times n}\boldsymbol{x}=\boldsymbol{\beta}$ 的增广矩阵 $\widetilde{\boldsymbol{A}}=(\boldsymbol{A}\mid\boldsymbol{\beta})$ 按行分块，记为

$$\widetilde{A}=\begin{pmatrix}\boldsymbol{\beta}_1^{\mathrm{T}}\\ \boldsymbol{\beta}_2^{\mathrm{T}}\\ \vdots\\ \boldsymbol{\beta}_m^{\mathrm{T}}\end{pmatrix},$$

当行向量组$\boldsymbol{\beta}_1^{\mathrm{T}}$, $\boldsymbol{\beta}_2^{\mathrm{T}}$, …, $\boldsymbol{\beta}_m^{\mathrm{T}}$线性相关时，方程组有多余的方程，并且由定理2可知，若$\boldsymbol{\beta}_j^{\mathrm{T}}$可由其余向量线性表示，则$\boldsymbol{\beta}_j^{\mathrm{T}}$所对应的第$j$个方程就是多余方程.

给定一个向量组后，从这个向量组中抽取一部分向量构成一个新的向量组，这个新的向量组称为原向量组的部分组. 设有n维向量组A：$\boldsymbol{\alpha}_1$，$\boldsymbol{\alpha}_2$，…，$\boldsymbol{\alpha}_m$，为了书写方便，不妨设其部分组记为B：$\boldsymbol{\alpha}_1$，$\boldsymbol{\alpha}_2$，…，$\boldsymbol{\alpha}_r(1\leqslant r<m)$，对于向量组$A$与其部分组$B$的线性相关性，我们有下面的推论.

推论2 若部分组B线性相关，则向量组A也线性相关.

证明 若部分组B线性相关，则存在一组不全为零的数k_1，k_2，…，k_r，使得

$$k_1\boldsymbol{\alpha}_1+k_2\boldsymbol{\alpha}_2+\cdots k_r\boldsymbol{\alpha}_r=\mathbf{0}.$$

于是有

$$k_1\boldsymbol{\alpha}_1+k_2\boldsymbol{\alpha}_2+\cdots k_r\boldsymbol{\alpha}_r+0\cdot\boldsymbol{\alpha}_{r+1}+0\cdot\boldsymbol{\alpha}_{r+2}+\cdots+0\cdot\boldsymbol{\alpha}_m=\mathbf{0},$$

显然，k_1，k_2，…，k_r，0，…，0也是一组不全为零的数，因此向量组A也线性相关.

推论2可以说成：部分相关，则整体相关.

推论3 若向量组A线性无关，则其部分组B也线性无关.

证明 反证法：若部分组B线性相关，则由推论2知，向量组A线性相关，与已知条件矛盾. 所以部分组B也线性无关.

推论3也可说成：整体无关，则部分必无关.

推论4 设A：$\boldsymbol{\alpha}_1$，$\boldsymbol{\alpha}_2$，…，$\boldsymbol{\alpha}_m$是m个n维向量组成的向量组，当$n<m$时该向量组一定线性相关. 特别地，$n+1$个n维向量一定线性相关.

证明 记矩阵$\boldsymbol{A}=(\boldsymbol{\alpha}_1, \boldsymbol{\alpha}_2, \cdots, \boldsymbol{\alpha}_m)$，当$n<m$时，齐次线性方程组$\boldsymbol{AX}=\mathbf{0}$中方程的个数小于未知量的个数，因此一定有非零解，所以向量组A线性相关.

定理3 设向量组A：$\boldsymbol{\alpha}_1$，$\boldsymbol{\alpha}_2$，…，$\boldsymbol{\alpha}_m$线性无关，而向量组A'：$\boldsymbol{\alpha}_1$，$\boldsymbol{\alpha}_2$，…，$\boldsymbol{\alpha}_m$，$\boldsymbol{\beta}$线性相关，则向量$\boldsymbol{\beta}$一定能由向量组A：$\boldsymbol{\alpha}_1$，$\boldsymbol{\alpha}_2$，…，$\boldsymbol{\alpha}_m$线性表示，且表示式是唯一的.

证明 因为向量组A'：$\boldsymbol{\alpha}_1$，$\boldsymbol{\alpha}_2$，…，$\boldsymbol{\alpha}_m$，$\boldsymbol{\beta}$线性相关，所以存在一组不全为零的数k_1，k_2，…，k_m，k，使得

$$k_1\boldsymbol{\alpha}_1+k_2\boldsymbol{\alpha}_2+\cdots+k_m\boldsymbol{\alpha}_m+k\boldsymbol{\beta}=\mathbf{0}. \tag{2-1}$$

我们断言，在上式中一定有$k\neq0$. 这是因为，如果$k=0$，则k_1，k_2，…，k_m不全为零，且式(2-1)变为

$$k_1\boldsymbol{\alpha}_1+k_2\boldsymbol{\alpha}_2+\cdots+k_m\boldsymbol{\alpha}_m=\mathbf{0},$$

于是向量组A：$\boldsymbol{\alpha}_1$，$\boldsymbol{\alpha}_2$，…，$\boldsymbol{\alpha}_m$线性相关，这与已知条件矛盾，所以$k\neq0$. 此时，将式(2-1)变形得

$$\boldsymbol{\beta}=-\frac{k_1}{k}\boldsymbol{\alpha}_1-\frac{k_2}{k}\boldsymbol{\alpha}_2-\cdots-\frac{k_m}{k}\boldsymbol{\alpha}_m,$$

所以向量$\boldsymbol{\beta}$一定能由向量组A：$\boldsymbol{\alpha}_1$，$\boldsymbol{\alpha}_2$，…，$\boldsymbol{\alpha}_m$线性表示. 下面证明表示式是唯一的.

假设存在两组数 λ_1，λ_2，…，λ_m 与 μ_1，μ_2，…，μ_m，都满足

$$\boldsymbol{\beta}=\lambda_1\boldsymbol{\alpha}_1+\lambda_2\boldsymbol{\alpha}_2+\cdots+\lambda_m\boldsymbol{\alpha}_m,\ \boldsymbol{\beta}=\mu_1\boldsymbol{\alpha}_1+\mu_2\boldsymbol{\alpha}_2+\cdots+\mu_m\boldsymbol{\alpha}_m,$$

将两式相减，得

$$\mathbf{0}=(\lambda_1-\mu_1)\boldsymbol{\alpha}_1+(\lambda_2-\mu_2)\boldsymbol{\alpha}_2+\cdots+(\lambda_m-\mu_m)\boldsymbol{\alpha}_m,$$

但是向量组 A：$\boldsymbol{\alpha}_1$，$\boldsymbol{\alpha}_2$，…，$\boldsymbol{\alpha}_m$ 线性无关，所以 $\lambda_1-\mu_1=0$，$\lambda_2-\mu_2=0$，…，$\lambda_m-\mu_m=0$，即 $\lambda_1=\mu_1$，$\lambda_2=\mu_2$，…，$\lambda_m=\mu_m$，因此表示式是唯一的.

例 6 已知向量组 $\boldsymbol{\alpha}_1$，$\boldsymbol{\alpha}_2$，$\boldsymbol{\alpha}_3$ 线性无关，向量组 $\boldsymbol{\alpha}_2$，$\boldsymbol{\alpha}_3$，$\boldsymbol{\alpha}_4$ 线性相关，证明：向量 $\boldsymbol{\alpha}_4$ 可由向量组 $\boldsymbol{\alpha}_1$，$\boldsymbol{\alpha}_2$，$\boldsymbol{\alpha}_3$ 线性表示.

证明 因为向量组 $\boldsymbol{\alpha}_1$，$\boldsymbol{\alpha}_2$，$\boldsymbol{\alpha}_3$ 线性无关，于是由推论 3 知，部分组 $\boldsymbol{\alpha}_2$，$\boldsymbol{\alpha}_3$ 也线性无关. 而向量组 $\boldsymbol{\alpha}_2$，$\boldsymbol{\alpha}_3$，$\boldsymbol{\alpha}_4$ 线性相关，于是由定理 3 知，向量 $\boldsymbol{\alpha}_4$ 可由向量组 $\boldsymbol{\alpha}_2$，$\boldsymbol{\alpha}_3$ 线性表示，即存在一组数 k_2，k_3，使

$$\boldsymbol{\alpha}_4=k_2\boldsymbol{\alpha}_2+k_3\boldsymbol{\alpha}_3,$$

从而有

$$\boldsymbol{\alpha}_4=0\cdot\boldsymbol{\alpha}_1+k_2\boldsymbol{\alpha}_2+k_3\boldsymbol{\alpha}_3,$$

即：向量 $\boldsymbol{\alpha}_4$ 可由向量组 $\boldsymbol{\alpha}_1$，$\boldsymbol{\alpha}_2$，$\boldsymbol{\alpha}_3$ 线性表示.

定理 4 设有两个 n 维向量组

$$A:\ \boldsymbol{\alpha}_1,\ \boldsymbol{\alpha}_2,\ \cdots,\ \boldsymbol{\alpha}_s;\ B:\ \boldsymbol{\beta}_1,\ \boldsymbol{\beta}_2,\ \cdots,\ \boldsymbol{\beta}_t,$$

如果向量组 $\boldsymbol{\alpha}_1$，$\boldsymbol{\alpha}_2$，…，$\boldsymbol{\alpha}_s$ 可由向量组 $\boldsymbol{\beta}_1$，$\boldsymbol{\beta}_2$，…，$\boldsymbol{\beta}_t$ 线性表示，并且 $s>t$，则向量组 $\boldsymbol{\alpha}_1$，$\boldsymbol{\alpha}_2$，…，$\boldsymbol{\alpha}_s$ 线性相关.

证明 要证明 $\boldsymbol{\alpha}_1$，$\boldsymbol{\alpha}_2$，…，$\boldsymbol{\alpha}_s$ 线性相关，只需证明方程组 $x_1\boldsymbol{\alpha}_1+x_2\boldsymbol{\alpha}_2+\cdots+x_s\boldsymbol{\alpha}_s=\mathbf{0}$ 有非零解即可. 因为向量组 $\boldsymbol{\alpha}_1$，$\boldsymbol{\alpha}_2$，…，$\boldsymbol{\alpha}_s$ 可由向量组 $\boldsymbol{\beta}_1$，$\boldsymbol{\beta}_2$，…，$\boldsymbol{\beta}_t$ 线性表示，所以存在一个矩阵 $\boldsymbol{K}_{t\times s}$，使得

$$(\boldsymbol{\alpha}_1,\ \boldsymbol{\alpha}_2,\ \cdots,\ \boldsymbol{\alpha}_s)=(\boldsymbol{\beta}_1,\ \boldsymbol{\beta}_2,\ \cdots,\ \boldsymbol{\beta}_t)\boldsymbol{K}_{t\times s}.$$

于是方程组 $x_1\boldsymbol{\alpha}_1+x_2\boldsymbol{\alpha}_2+\cdots+x_s\boldsymbol{\alpha}_s=\mathbf{0}$ 等价于

$$x_1\boldsymbol{\alpha}_1+x_2\boldsymbol{\alpha}_2+\cdots+x_s\boldsymbol{\alpha}_s=(\boldsymbol{\alpha}_1,\ \boldsymbol{\alpha}_2,\ \cdots,\ \boldsymbol{\alpha}_s)\begin{pmatrix}x_1\\x_2\\\vdots\\x_s\end{pmatrix}=(\boldsymbol{\beta}_1,\ \boldsymbol{\beta}_2,\ \cdots,\ \boldsymbol{\beta}_t)\boldsymbol{K}_{t\times s}\begin{pmatrix}x_1\\x_2\\\vdots\\x_s\end{pmatrix}=\mathbf{0}.$$

注意到，齐次线性方程组 $\boldsymbol{K}_{t\times s}\begin{pmatrix}x_1\\x_2\\\vdots\\x_s\end{pmatrix}=\mathbf{0}$ 中方程的个数 t 小于未知量的个数 s，从而必有非零解，即一定存在一组不全为零的数 k_1，k_2，…，k_s，使得 $\boldsymbol{K}_{t\times s}\begin{pmatrix}k_1\\k_2\\\vdots\\k_s\end{pmatrix}=\mathbf{0}$. 因此

$$(\boldsymbol{\alpha}_1,\boldsymbol{\alpha}_2,\cdots,\boldsymbol{\alpha}_s)\begin{pmatrix}k_1\\k_2\\\vdots\\k_s\end{pmatrix}=(\boldsymbol{\beta}_1,\boldsymbol{\beta}_2,\cdots,\boldsymbol{\beta}_t)\boldsymbol{K}_{t\times s}\begin{pmatrix}k_1\\k_2\\\vdots\\k_s\end{pmatrix}=(\boldsymbol{\beta}_1,\boldsymbol{\beta}_2,\cdots,\boldsymbol{\beta}_t)\begin{pmatrix}0\\0\\\vdots\\0\end{pmatrix}=\boldsymbol{0}.$$

即方程组 $x_1\boldsymbol{\alpha}_1+x_2\boldsymbol{\alpha}_2+\cdots+x_s\boldsymbol{\alpha}_s=\boldsymbol{0}$ 有非零解 k_1，k_2，…，k_s，从而 $\boldsymbol{\alpha}_1$，$\boldsymbol{\alpha}_2$，…，$\boldsymbol{\alpha}_s$ 线性相关.

推论 5 如果向量组 $\boldsymbol{\alpha}_1$，$\boldsymbol{\alpha}_2$，…，$\boldsymbol{\alpha}_s$ 可由向量组 $\boldsymbol{\beta}_1$，$\boldsymbol{\beta}_2$，…，$\boldsymbol{\beta}_t$ 线性表示，并且向量组 $\boldsymbol{\alpha}_1$，$\boldsymbol{\alpha}_2$，…，$\boldsymbol{\alpha}_s$ 线性无关，则 $s\leqslant t$.

推论 6 如果向量组 $\boldsymbol{\alpha}_1$，$\boldsymbol{\alpha}_2$，…，$\boldsymbol{\alpha}_s$ 与向量组 $\boldsymbol{\beta}_1$，$\boldsymbol{\beta}_2$，…，$\boldsymbol{\beta}_t$ 均线性无关，并且这两个向量组等价，则 $s=t$.

习题 3-2

1. 判断下列命题是否正确，正确的给予证明，错误的给出反例.

(1) 若非零向量 $\boldsymbol{\alpha}_1$，$\boldsymbol{\alpha}_2$，…，$\boldsymbol{\alpha}_m$ 中任一个向量均不能由其余向量线性表示，则向量组 $\boldsymbol{\alpha}_1$，$\boldsymbol{\alpha}_2$，…，$\boldsymbol{\alpha}_m$ 线性无关；

(2) 若向量组 $\boldsymbol{\alpha}_1$，$\boldsymbol{\alpha}_2$，…，$\boldsymbol{\alpha}_m$ 线性相关，则向量 $\boldsymbol{\alpha}_1$ 可由其余向量 $\boldsymbol{\alpha}_2$，…，$\boldsymbol{\alpha}_m$ 线性表示；

(3) 若向量组 $\boldsymbol{\alpha}_1$，$\boldsymbol{\alpha}_2$，$\boldsymbol{\alpha}_3$ 线性无关，向量 $\boldsymbol{\beta}_1$ 可由 $\boldsymbol{\alpha}_1$，$\boldsymbol{\alpha}_2$，$\boldsymbol{\alpha}_3$ 线性表示，向量 $\boldsymbol{\beta}_2$ 不能由 $\boldsymbol{\alpha}_1$，$\boldsymbol{\alpha}_2$，$\boldsymbol{\alpha}_3$ 线性表示，则向量组 $\boldsymbol{\alpha}_1$，$\boldsymbol{\alpha}_2$，$\boldsymbol{\alpha}_3$，$\boldsymbol{\beta}_1+\boldsymbol{\beta}_2$ 也线性无关；

(4) 如果有不全为零的数 k_1，k_2，…，k_m，使得

$$k_1\boldsymbol{\alpha}_1+k_2\boldsymbol{\alpha}_2+\cdots+k_m\boldsymbol{\alpha}_m+k_1\boldsymbol{\beta}_1+k_2\boldsymbol{\beta}_2+\cdots+k_m\boldsymbol{\beta}_m=\boldsymbol{0}$$

成立，则 $\boldsymbol{\alpha}_1$，$\boldsymbol{\alpha}_2$，…，$\boldsymbol{\alpha}_m$ 线性相关，$\boldsymbol{\beta}_1$，$\boldsymbol{\beta}_2$，…，$\boldsymbol{\beta}_m$ 也线性相关；

(5) 若向量组 $\boldsymbol{\alpha}_1$，$\boldsymbol{\alpha}_2$，…，$\boldsymbol{\alpha}_m$ 线性相关，向量组 $\boldsymbol{\beta}_1$，$\boldsymbol{\beta}_2$，…，$\boldsymbol{\beta}_m$ 也线性相关，则存在不全为零的数 k_1，k_2，…，k_m，使得

$$k_1\boldsymbol{\alpha}_1+k_2\boldsymbol{\alpha}_2+\cdots+k_m\boldsymbol{\alpha}_m=\boldsymbol{0} \text{ 与 } k_1\boldsymbol{\beta}_1+k_2\boldsymbol{\beta}_2+\cdots+k_m\boldsymbol{\beta}_m=\boldsymbol{0}$$

同时成立；

(6) 若向量组 $\boldsymbol{\alpha}_1$，$\boldsymbol{\alpha}_2$，…，$\boldsymbol{\alpha}_m$ 线性无关，向量组 $\boldsymbol{\beta}_1$，$\boldsymbol{\beta}_2$，…，$\boldsymbol{\beta}_m$ 线性无关，则向量组 $\boldsymbol{\alpha}_1$，$\boldsymbol{\alpha}_2$，…，$\boldsymbol{\alpha}_m$，$\boldsymbol{\beta}_1$，$\boldsymbol{\beta}_2$，…，$\boldsymbol{\beta}_m$ 也是线性无关的.

2. 判断下列向量组是线性相关还是线性无关.

(1) $\boldsymbol{\alpha}_1=\begin{pmatrix}1\\1\\0\end{pmatrix}$，$\boldsymbol{\alpha}_2=\begin{pmatrix}2\\0\\1\end{pmatrix}$，$\boldsymbol{\alpha}_3=\begin{pmatrix}0\\1\\3\end{pmatrix}$； (2) $\boldsymbol{\beta}_1=\begin{pmatrix}2\\-1\\3\end{pmatrix}$，$\boldsymbol{\beta}_2=\begin{pmatrix}3\\6\\5\end{pmatrix}$，$\boldsymbol{\beta}_3=\begin{pmatrix}6\\12\\10\end{pmatrix}$；

(3) $\boldsymbol{\gamma}_1=\begin{pmatrix}3\\-2\\5\end{pmatrix}$，$\boldsymbol{\gamma}_2=\begin{pmatrix}6\\4\\7\end{pmatrix}$，$\boldsymbol{\gamma}_3=\begin{pmatrix}9\\11\\12\end{pmatrix}$，$\boldsymbol{\gamma}_4=\begin{pmatrix}7\\5\\1\end{pmatrix}$.

3. 设 $\boldsymbol{\beta}_1=\boldsymbol{\alpha}_1+\boldsymbol{\alpha}_2$，$\boldsymbol{\beta}_2=\boldsymbol{\alpha}_2+\boldsymbol{\alpha}_3$，$\boldsymbol{\beta}_3=\boldsymbol{\alpha}_3+\boldsymbol{\alpha}_4$，$\boldsymbol{\beta}_4=\boldsymbol{\alpha}_4+\boldsymbol{\alpha}_1$，证明向量组 $\boldsymbol{\beta}_1$，$\boldsymbol{\beta}_2$，$\boldsymbol{\beta}_3$，$\boldsymbol{\beta}_4$

是线性相关的.

4. 已知向量组

$$\boldsymbol{\alpha}_1=\begin{pmatrix}1\\-1\\1\end{pmatrix},\ \boldsymbol{\alpha}_2=\begin{pmatrix}a\\2\\1\end{pmatrix},\ \boldsymbol{\alpha}_3=\begin{pmatrix}2\\a\\0\end{pmatrix},$$

当 a 取何值时，向量组 $\boldsymbol{\alpha}_1$，$\boldsymbol{\alpha}_2$，$\boldsymbol{\alpha}_3$ 线性相关？当 a 取何值时，向量组 $\boldsymbol{\alpha}_1$，$\boldsymbol{\alpha}_2$，$\boldsymbol{\alpha}_3$ 线性无关？

5. 已知向量组 $\boldsymbol{\alpha}_1$，$\boldsymbol{\alpha}_2$，…，$\boldsymbol{\alpha}_m(m\geqslant 2)$线性无关，$\boldsymbol{\beta}_1=\boldsymbol{\alpha}_1+\boldsymbol{\alpha}_2$，$\boldsymbol{\beta}_2=\boldsymbol{\alpha}_2+\boldsymbol{\alpha}_3$，…，$\boldsymbol{\beta}_{m-1}=\boldsymbol{\alpha}_{m-1}+\boldsymbol{\alpha}_m$，$\boldsymbol{\beta}_m=\boldsymbol{\alpha}_m+\boldsymbol{\alpha}_1$，讨论向量组 $\boldsymbol{\beta}_1$，$\boldsymbol{\beta}_2$，…，$\boldsymbol{\beta}_m$ 的线性相关性.

6. 设 $\boldsymbol{\alpha}_1$，$\boldsymbol{\alpha}_2$，…，$\boldsymbol{\alpha}_n$ 是一组 n 维向量，证明：它们线性无关的充分必要条件是任意一个 n 维向量都可以由它们线性表示.

第三节　向量组的秩与矩阵的秩

[课前导读]

我们知道，线性方程组与它的增广矩阵有一一对应的关系，增广矩阵的每一行都对应着一个方程. 通过上节的学习我们还看到，当增广矩阵的行向量组线性相关时，这个线性方程组有多余方程，删去多余方程并不影响线性方程组的解. 那么，一个线性方程组中到底会有多少个多余方程呢？多余方程的个数由什么来确定？这些问题涉及我们这一节要讨论的内容：向量组的秩、矩阵的秩和向量组的极大无关组.

一、向量组秩的概念

向量组的秩的概念

定义 1　设 A 是一个 n 维向量组(它可以包含无限多个向量)，如果在 A 中取出 r 个向量 $\boldsymbol{\alpha}_1$，$\boldsymbol{\alpha}_2$，…，$\boldsymbol{\alpha}_r$ 满足条件：

(1) 向量组 $\boldsymbol{\alpha}_1$，$\boldsymbol{\alpha}_2$，…，$\boldsymbol{\alpha}_r$ 线性无关；

(2) 对于 A 中任意的向量 $\boldsymbol{\beta}$，向量组 $\boldsymbol{\alpha}_1$，$\boldsymbol{\alpha}_2$，…，$\boldsymbol{\alpha}_r$，$\boldsymbol{\beta}$ 线性相关.

则称向量组 $\boldsymbol{\alpha}_1$，$\boldsymbol{\alpha}_2$，…，$\boldsymbol{\alpha}_r$ 为向量组 A 的一个极大线性无关组，简称极大无关组.

由极大无关组的定义可知，向量组 A 中任一向量都可由它的极大无关组线性表示. 反之，极大无关组作为向量组 A 的部分组，一定可由向量组 A 线性表示，因而向量组 A 与它自身的极大无关组总是等价的. 向量组 A 中所含向量的个数有可能是无限多个，但是它的极大无关组所含向量的个数不会超过向量的维数，从而一定是有限的. 用向量组的极大无关组来代替向量组，会给我们的讨论带来极大的方便.

例 1　n 维单位坐标向量组 E：$\boldsymbol{e}_1=\begin{pmatrix}1\\0\\\vdots\\0\end{pmatrix}$，$\boldsymbol{e}_2=\begin{pmatrix}0\\1\\\vdots\\0\end{pmatrix}$，…，$\boldsymbol{e}_n=\begin{pmatrix}0\\0\\\vdots\\1\end{pmatrix}$线性无关，所以该向量组的极大无关组就是它本身.

例 2　设向量组 A：$\boldsymbol{\alpha}_1=\begin{pmatrix}2\\2\\3\end{pmatrix}$，$\boldsymbol{\alpha}_2=\begin{pmatrix}1\\5\\2\end{pmatrix}$，$\boldsymbol{\alpha}_3=\begin{pmatrix}4\\12\\7\end{pmatrix}$，向量 $\boldsymbol{\alpha}_1$ 与 $\boldsymbol{\alpha}_2$ 的分量不对应成比例，所以 $\boldsymbol{\alpha}_1$，$\boldsymbol{\alpha}_2$ 线性无关. 另外，由于 $\boldsymbol{\alpha}_3=\boldsymbol{\alpha}_1+2\boldsymbol{\alpha}_2$，所以向量组 $\boldsymbol{\alpha}_1$，$\boldsymbol{\alpha}_2$，$\boldsymbol{\alpha}_3$ 线性相关. 因此，向量组 $\boldsymbol{\alpha}_1$，$\boldsymbol{\alpha}_2$ 是向量组 $\boldsymbol{\alpha}_1$，$\boldsymbol{\alpha}_2$，$\boldsymbol{\alpha}_3$ 的极大无关组.

由类似的讨论可知，向量组 $\boldsymbol{\alpha}_2$，$\boldsymbol{\alpha}_3$，向量组 $\boldsymbol{\alpha}_1$，$\boldsymbol{\alpha}_3$ 都可作为向量组 $\boldsymbol{\alpha}_1$，$\boldsymbol{\alpha}_2$，$\boldsymbol{\alpha}_3$ 的极大无关组. 也就是说，一个向量组的极大无关组并不是唯一的. 但由定义可以看出，向量组 A 与其任意一个极大无关组是相互等价的，由向量组等价的传递性可知，向量组 A 的任意两个极大无关组相互等价，根据第二节推论 6，向量组 A 的每一个极大无关组所含向量的个数总是相等的. 于是，我们引入如下定义.

定义 2　向量组 A 的任意一个极大无关组所含向量的个数，称为这个向量组的秩，记为 R_A.

例如，例 1 中的向量组的秩 $R_E=n$，例 2 中的向量组的秩 $R_A=2$.

如果一个向量组只含有零向量，则它没有极大无关组，此时我们规定它的秩为零.

定理 1　等价的向量组有相同的秩.

证明　因为每个向量组都与它的极大无关组等价，根据向量组等价的传递性，任意两个等价的向量组的极大无关组也等价. 于是由第二节的推论 6 可知，等价的向量组有相同的秩.

例 3　证明：一个向量组线性无关的充分必要条件是它的秩等于它所含向量的个数.

证明　如果一个向量组本身线性无关，则这个向量组的极大无关组就是它自身，于是它的秩等于它所含向量的个数；若一个向量组的秩等于它所含向量的个数，则这个向量组显然是线性无关的.

例 4　证明：任一 n 维向量组 A 的秩 $R_A\leqslant n$.

证明　由第二节推论 4 可知，$n+1$ 个 n 维向量必定线性相关，所以 n 维向量组 A 的极大无关组中所含向量个数不能超过 n 个，即 $R_A\leqslant n$.

二、矩阵秩的概念

矩阵的秩的概念

通过第一章的学习我们知道，任一矩阵都可以通过初等行变换化为阶梯形矩阵. 虽然阶梯形矩阵的形式不唯一，但是所有阶梯形矩阵中所含的非零行的行数都相等. 这个非零行的行数是由矩阵本身的特性所确定的，矩阵的这个特性，我们称为矩阵的秩. 具体定义如下.

定义 3　在 $m\times n$ 矩阵 $\boldsymbol{A}$ 中，任取 k 行与 k 列（$k\leqslant m$，$k\leqslant n$），位于这些行列交叉处的 k^2 个元素，不改变它们在 A 中所处的位置次序而得的 k 阶行列式，称为矩阵 $\boldsymbol{A}$ 的 k 阶子式.

$m\times n$ 矩阵 $\boldsymbol{A}$ 中的 k 阶子式共有 $C_m^k\cdot C_n^k$ 个.

定义 4　设在矩阵 $\boldsymbol{A}$ 中有一个不等于 0 的 r 阶子式 D，且所有 $r+1$ 阶子式（如果存在的话）全等于 0，那么 D 称为矩阵 $\boldsymbol{A}$ 的最高阶非零子式，数 r 称为矩阵 $\boldsymbol{A}$ 的秩，记作 $R(\boldsymbol{A})$. 并规定，零矩阵的秩等于 0.

由行列式按行(列)展开的性质可知，若 $\boldsymbol{A}$ 的所有 $r+1$ 阶子式全等于零，则所有高于 $r+1$ 阶的子式也全为 0，因此，r 阶非零子式 D 被称为最高阶非零子式，而矩阵 $\boldsymbol{A}$ 的秩 $R(\boldsymbol{A})$ 就是非零子式的最高阶数. 由此可得，若矩阵 $\boldsymbol{A}$ 中有某个 k 阶子式不为 0，则 $R(\boldsymbol{A})\geqslant k$；若矩阵 $\boldsymbol{A}$ 中所有 k 阶子式全为 0，则 $R(\boldsymbol{A})<k$.

对于 n 阶矩阵 $\boldsymbol{A}$，因为 $\boldsymbol{A}$ 的 n 阶子式只有一个 $|\boldsymbol{A}|$，所以，当 $|\boldsymbol{A}|\neq 0$ 时，$R(\boldsymbol{A})=n$，当 $|\boldsymbol{A}|=0$ 时，$R(\boldsymbol{A})<n$. 从而可逆矩阵的秩等于它的阶数，而不可逆矩阵的秩小于它的阶数. 因此，可逆矩阵又称为满秩矩阵，不可逆矩阵又称为降秩矩阵.

例 5　证明：矩阵 $\boldsymbol{A}$ 的秩与它的转置矩阵 $\boldsymbol{A}^{\mathrm{T}}$ 的秩相等.

证明　由于矩阵 $\boldsymbol{A}^{\mathrm{T}}$ 的子式都是矩阵 $\boldsymbol{A}$ 的子式的转置，根据行列式与其转置行列式相等这一性质，得到 $R(\boldsymbol{A})=R(\boldsymbol{A}^{\mathrm{T}})$.

例 6　求矩阵 $\boldsymbol{A}=\begin{pmatrix}1&1&2&3\\-1&2&0&1\\0&3&2&4\end{pmatrix}$ 的秩.

解　矩阵 $\boldsymbol{A}$ 没有 4 阶子式，它的所有 3 阶子式为

$$\begin{vmatrix}1&1&2\\-1&2&0\\0&3&2\end{vmatrix}=0,\quad\begin{vmatrix}1&1&3\\-1&2&1\\0&3&4\end{vmatrix}=0,\quad\begin{vmatrix}1&2&3\\-1&0&1\\0&2&4\end{vmatrix}=0,\quad\begin{vmatrix}1&2&3\\2&0&1\\3&2&4\end{vmatrix}=0,$$

而 $\boldsymbol{A}$ 中有一个非零的 2 阶子式 $\begin{vmatrix}1&1\\-1&2\end{vmatrix}=3\neq 0$，所以 $\boldsymbol{A}$ 的秩 $R(\boldsymbol{A})=2$.

例 7　求矩阵 $\boldsymbol{B}=\begin{pmatrix}2&-3&4&4&5\\0&-2&1&-1&3\\0&0&0&0&4\\0&0&0&0&0\end{pmatrix}$ 的秩.

解　矩阵 $\boldsymbol{B}$ 是一个行阶梯形矩阵，非零行的行数为 3，从而 $\boldsymbol{B}$ 的所有 4 阶子式全为 0. 而 $\boldsymbol{B}$ 中存在一个 3 阶非零子式

$$\begin{vmatrix}2&-3&5\\0&-2&3\\0&0&4\end{vmatrix}=-16\neq 0,$$

于是 $R(\boldsymbol{B})=3$.

三、矩阵秩的求法

对一般的矩阵而言，当矩阵的行数与列数较高时，按定义求秩是一件很麻烦的事情. 但是从例 7 可以看到，按定义求阶梯形矩阵的秩则比较简单. 并且阶梯形矩阵的秩刚好等于它的阶梯数，也可以通过数阶梯数来给出矩阵的秩. 而我们在第一章曾指出，任何矩阵都可以通过初等行变换化为阶梯形矩阵. 如果初等行变换不改变矩阵秩的话，我们就找到了一个求矩阵秩的好方法. 事实上，确实有这样的结论.

定理 2　矩阵的初等行变换不改变矩阵的秩，即若 $\boldsymbol{A}\overset{r}{\sim}\boldsymbol{B}$，则 $R(\boldsymbol{A})=R(\boldsymbol{B})$.

***证明**　先证明矩阵 $\boldsymbol{A}$ 通过一次初等行变换变为矩阵 $\boldsymbol{B}$，有 $R(\boldsymbol{A})=R(\boldsymbol{B})$.

设矩阵 $\boldsymbol{A}$ 的秩为 r，D 是矩阵 $\boldsymbol{A}$ 中的 r 阶非零子式，矩阵 $\boldsymbol{B}$ 的秩为 t.

(1)若 $\boldsymbol{A}\xrightarrow{r_i\leftrightarrow r_j}\boldsymbol{B}$，则在 $\boldsymbol{B}$ 中总能找到与 D 相对应的 r 阶子式 D_1，$D_1=D$ 或 $D_1=-D$，因此 $D_1\neq 0$，从而 $t\geqslant r$. 另一方面，若矩阵 $\boldsymbol{A}$ 通过一次初等行变换变为矩阵 $\boldsymbol{B}$，则矩阵 $\boldsymbol{B}$ 通过一次初等行变换变为矩阵 $\boldsymbol{A}$，同样的讨论可知 $r\geqslant t$，所以 $R(\boldsymbol{A})=r=t=R(\boldsymbol{B})$.

(2)若 $\boldsymbol{A}\xrightarrow{kr_i}\boldsymbol{B}$，则在 $\boldsymbol{B}$ 中总能找到与 D 相对应的 r 阶子式 D_1，$D_1=D$ 或 $D_1=kD$，因此 $D_1\neq 0$，从而 $t\geqslant r$. 与(1)同样的讨论可知 $R(\boldsymbol{A})=R(\boldsymbol{B})$.

(3)若 $\boldsymbol{A}\xrightarrow{r_i+kr_j}\boldsymbol{B}$，分两种情形讨论：

①如果非零子式 D 不包含 $\boldsymbol{A}$ 中的第 i 行，则在 $\boldsymbol{B}$ 中能找到 r 阶子式 D_1，使得 $D_1=D$.

②如果非零子式 D 包含 $\boldsymbol{A}$ 中的第 i 行，则在 $\boldsymbol{B}$ 中能找到与 D 相对应的 r 阶子式 D_1，且 D_1 的第 i 行是两个数之和的形式，按照行列式的拆分性质，D_1 可以写成两个行列式之和，即

$$D_1=\begin{vmatrix}\vdots & \ddots & \vdots\\ a_{ip_1}+ka_{jp_1} & \cdots & a_{ip_r}+ka_{jp_r}\\ \vdots & \ddots & \vdots\end{vmatrix}=\begin{vmatrix}\vdots & \ddots & \vdots\\ a_{ip_1} & \cdots & a_{ip_r}\\ \vdots & \ddots & \vdots\end{vmatrix}+k\begin{vmatrix}\vdots & \ddots & \vdots\\ a_{jp_1} & \cdots & a_{jp_r}\\ \vdots & \ddots & \vdots\end{vmatrix}=D+kD_2,$$

如果非零子式 D 包含 $\boldsymbol{A}$ 中的第 j 行，则 $D_2=0$，$D_1=D\neq 0$. 如果非零子式 D 不包含 $\boldsymbol{A}$ 中的第 j 行，则 D_2 也是 $\boldsymbol{B}$ 中的 r 阶子式，并且由 $D_1-kD_2=D\neq 0$ 知 D_1 与 D_2 不同时为零，所以在 $\boldsymbol{B}$ 中定能找到非零的 r 阶子式，从而 $t\geqslant r$. 另一方面，由 $\boldsymbol{B}\xrightarrow{r_i-kr_j}\boldsymbol{A}$ 以及同样的讨论可知 $r\geqslant t$，所以 $R(\boldsymbol{A})=r=t=R(\boldsymbol{B})$.

经过一次初等行变换不改变矩阵的秩，则经过有限次初等行变换也不改变矩阵的秩.

对矩阵 $\boldsymbol{A}$ 实施初等列变换变为矩阵 $\boldsymbol{B}$，相当于对矩阵 $\boldsymbol{A}^{\mathrm{T}}$ 实施初等行变换变为矩阵 $\boldsymbol{B}^{\mathrm{T}}$，又由例 5 知 $R(\boldsymbol{A})=R(\boldsymbol{A}^{\mathrm{T}})$，$R(\boldsymbol{B})=R(\boldsymbol{B}^{\mathrm{T}})$，所以对矩阵 $\boldsymbol{A}$ 实施初等列变换变为矩阵 $\boldsymbol{B}$，仍旧有 $R(\boldsymbol{A})=R(\boldsymbol{B})$. 于是，定理 2 可以进一步地叙述如下.

定理 3　矩阵的初等变换不改变矩阵的秩，即若 $\boldsymbol{A}\sim\boldsymbol{B}$，则 $R(\boldsymbol{A})=R(\boldsymbol{B})$.

例 8　求矩阵 $\boldsymbol{A}=\begin{pmatrix}3 & 0 & -2 & -1 & 3\\ 1 & -1 & 3 & 2 & 0\\ 1 & 0 & 1 & -1 & 1\\ 2 & -2 & 1 & 6 & 0\end{pmatrix}$ 的秩.

解　$$\boldsymbol{A}=\begin{pmatrix}3 & 0 & -2 & -1 & 3\\ 1 & -1 & 3 & 2 & 0\\ 1 & 0 & 1 & -1 & 1\\ 2 & -2 & 1 & 6 & 0\end{pmatrix}\to\begin{pmatrix}1 & 0 & 1 & -1 & 1\\ 1 & -1 & 3 & 2 & 0\\ 3 & 0 & -2 & -1 & 3\\ 2 & -2 & 1 & 6 & 0\end{pmatrix}\to\begin{pmatrix}1 & 0 & 1 & -1 & 1\\ 0 & -1 & 2 & 3 & -1\\ 0 & 0 & -5 & 2 & 0\\ 0 & -2 & -1 & 8 & -2\end{pmatrix}$$

$$\to\begin{pmatrix}1 & 0 & 1 & -1 & 1\\ 0 & -1 & 2 & 3 & -1\\ 0 & 0 & -5 & 2 & 0\\ 0 & 0 & 0 & 0 & 0\end{pmatrix},$$

所以 $\boldsymbol{A}$ 的秩 $R(\boldsymbol{A})=3$.

四、向量组的秩与矩阵的秩的关系

本章第一节的例 2 告诉我们，一个 $m\times n$ 矩阵

$$\boldsymbol{A}=\begin{pmatrix} a_{11} & a_{12} & \cdots & a_{1n} \\ a_{21} & a_{22} & \cdots & a_{2n} \\ \vdots & \vdots & \ddots & \vdots \\ a_{m1} & a_{m2} & \cdots & a_{mn} \end{pmatrix}=(\boldsymbol{\alpha}_1,\ \boldsymbol{\alpha}_2,\ \cdots,\ \boldsymbol{\alpha}_n)=\begin{pmatrix} \boldsymbol{\beta}_1^{\mathrm{T}} \\ \boldsymbol{\beta}_2^{\mathrm{T}} \\ \vdots \\ \boldsymbol{\beta}_m^{\mathrm{T}} \end{pmatrix} \tag{3-1}$$

对应着两个向量组，一个是行向量组 $\boldsymbol{\beta}_1^{\mathrm{T}}$，$\boldsymbol{\beta}_2^{\mathrm{T}}$，…，$\boldsymbol{\beta}_m^{\mathrm{T}}$，一个是列向量组 $\boldsymbol{\alpha}_1$，$\boldsymbol{\alpha}_2$，…，$\boldsymbol{\alpha}_n$. 那么，行向量组的秩、列向量组的秩以及矩阵的秩三者之间有什么关系呢？下面的定理给了我们答案.

定理 4　矩阵的行向量组的秩与它的列向量组的秩相等，都等于矩阵的秩.

证明　设矩阵由式(3-1)给出，矩阵 $\boldsymbol{A}$ 的行向量组的秩记为 R_{row}，矩阵 $\boldsymbol{A}$ 的列向量组的秩记为 R_{col}，我们先证明 $R_{col}=R(\boldsymbol{A})$.

设 $R(\boldsymbol{A})=r$，则矩阵 $\boldsymbol{A}$ 中存在一个 r 阶子式不为零，而所有阶数大于 r 的子式全为零. 不妨设矩阵 $\boldsymbol{A}$ 的前 r 行、r 列构成的 r 阶子式是非零子式，即

$$D_r=\begin{vmatrix} a_{11} & \cdots & a_{1r} \\ \vdots & \ddots & \vdots \\ a_{r1} & \cdots & a_{rr} \end{vmatrix}\neq 0.$$

下面我们证明矩阵 $\boldsymbol{A}$ 的前 r 个列向量就是矩阵 $\boldsymbol{A}$ 的列向量组的一个极大无关组，从而有 $R_{col}=R(\boldsymbol{A})$.

由

$$\begin{vmatrix} a_{11} & \cdots & a_{1r} \\ \vdots & \ddots & \vdots \\ a_{r1} & \cdots & a_{rr} \end{vmatrix}\neq 0$$

知齐次线性方程组

$$\begin{pmatrix} a_{11} & \cdots & a_{1r} \\ \vdots & \ddots & \vdots \\ a_{r1} & \cdots & a_{rr} \end{pmatrix}\begin{pmatrix} x_1 \\ \vdots \\ x_r \end{pmatrix}=\mathbf{0} \tag{3-2}$$

只有零解，因而向量组 $\boldsymbol{\alpha}_j'=\begin{pmatrix} a_{1j} \\ \vdots \\ a_{rj} \end{pmatrix}$ $(j=1,\ 2,\ \cdots,\ r)$ 线性无关. 又因为齐次线性方程组

$$\begin{pmatrix} a_{11} & a_{12} & \cdots & a_{1r} \\ \vdots & \vdots & \ddots & \vdots \\ a_{r1} & a_{r2} & \cdots & a_{rr} \\ a_{r+1,1} & a_{r+1,2} & \cdots & a_{r+1,r} \\ \vdots & \vdots & \ddots & \vdots \\ a_{m1} & a_{m2} & \cdots & a_{mr} \end{pmatrix}\begin{pmatrix} x_1 \\ x_2 \\ \vdots \\ x_r \end{pmatrix}=\mathbf{0} \tag{3-3}$$

的解一定是方程组(3-2)的解，由方程组(3-2)只有零解可知，齐次线性方程组(3-3)一定也只有零解，所以，由向量组$\boldsymbol{\alpha}_j'=\begin{pmatrix}a_{1j}\\ \vdots \\ a_{rj}\end{pmatrix}(j=1,2,\cdots,r)$的每个向量填加若干分量所得的向量组$\boldsymbol{\alpha}_1$，$\boldsymbol{\alpha}_2$，$\cdots$，$\boldsymbol{\alpha}_r$也线性无关.

接下来证明矩阵$\boldsymbol{A}$的每一个列向量$\boldsymbol{\alpha}_k(k=1,2,\cdots,n)$均可由$\boldsymbol{\alpha}_1$，$\boldsymbol{\alpha}_2$，$\cdots$，$\boldsymbol{\alpha}_r$线性表示.

当$1\leqslant k\leqslant r$时，显然$\boldsymbol{\alpha}_k$可由$\boldsymbol{\alpha}_1$，$\boldsymbol{\alpha}_2$，$\cdots$，$\boldsymbol{\alpha}_r$线性表示. 当$r+1\leqslant k\leqslant n$时，构造矩阵

$$\boldsymbol{A}'=(\boldsymbol{\alpha}_1,\cdots,\boldsymbol{\alpha}_r,\boldsymbol{\alpha}_k)=\begin{pmatrix}a_{11} & \cdots & a_{1r} & a_{1k}\\ a_{21} & \cdots & a_{2r} & a_{2k}\\ \vdots & \ddots & \vdots & \vdots\\ a_{m1} & \cdots & a_{mr} & a_{mk}\end{pmatrix},$$

显然，$\boldsymbol{A}'$中的所有子式均是$\boldsymbol{A}$中的子式. 从而$\boldsymbol{A}'$中存在一个不为零的r阶子式D_r，所有$r+1$阶子式均为零，因此$R(\boldsymbol{A}')=r$. 考虑齐次线性方程组

$$\begin{pmatrix}a_{11} & \cdots & a_{1r} & a_{1k}\\ a_{21} & \cdots & a_{2r} & a_{2k}\\ \vdots & \ddots & \vdots & \vdots\\ a_{m1} & \cdots & a_{mr} & a_{mk}\end{pmatrix}\begin{pmatrix}x_1\\ x_2\\ \vdots\\ x_{r+1}\end{pmatrix}=\boldsymbol{0}, \tag{3-4}$$

对系数矩阵$\boldsymbol{A}'$实施初等行变换化为简化阶梯形矩阵$\boldsymbol{R}$，则$\boldsymbol{R}$中第一个非零元的个数是r，小于未知量的个数$r+1$. 根据第一章第三节中关于线性方程组的解的讨论可知，齐次线性方程组(3-4)一定有非零解，从而向量组$\boldsymbol{\alpha}_1$，$\cdots$，$\boldsymbol{\alpha}_r$，$\boldsymbol{\alpha}_k$线性相关，由第二节的定理3得$\boldsymbol{\alpha}_k$可由$\boldsymbol{\alpha}_1$，$\boldsymbol{\alpha}_2$，$\cdots$，$\boldsymbol{\alpha}_r$线性表示.

由以上的讨论可知，向量组$\boldsymbol{\alpha}_1$，$\cdots$，$\boldsymbol{\alpha}_r$就是矩阵$\boldsymbol{A}$的列向量组的一个极大无关组，从而有$R_{col}=r=R(\boldsymbol{A})$. 由于矩阵$\boldsymbol{A}$的行向量组是矩阵$\boldsymbol{A}^{\mathrm{T}}$的列向量组，所以有$R_{row}=R(\boldsymbol{A}^{\mathrm{T}})=R(\boldsymbol{A})$.

定理4给出了一个求向量组的秩的方法：以所给的向量组$\boldsymbol{\alpha}_1$，$\boldsymbol{\alpha}_2$，$\cdots$，$\boldsymbol{\alpha}_n$为列构造矩阵$\boldsymbol{A}=(\boldsymbol{\alpha}_1,\boldsymbol{\alpha}_2,\cdots,\boldsymbol{\alpha}_n)$，对矩阵$\boldsymbol{A}$实施初等行变换化为阶梯形矩阵$\boldsymbol{B}$，则根据矩阵$\boldsymbol{B}$的阶梯数给出矩阵$\boldsymbol{A}$的秩，从而给出向量组$\boldsymbol{\alpha}_1$，$\boldsymbol{\alpha}_2$，$\cdots$，$\boldsymbol{\alpha}_n$的秩. 若进一步将矩阵$\boldsymbol{B}$化为行最简形矩阵

$$\boldsymbol{R}=(\boldsymbol{\beta}_1,\boldsymbol{\beta}_2,\cdots,\boldsymbol{\beta}_n),$$

则向量组$\boldsymbol{\alpha}_1$，$\boldsymbol{\alpha}_2$，$\cdots$，$\boldsymbol{\alpha}_n$与向量组$\boldsymbol{\beta}_1$，$\boldsymbol{\beta}_2$，$\cdots$，$\boldsymbol{\beta}_n$有相同的线性相关性，从而可以根据向量组$\boldsymbol{\beta}_1$，$\boldsymbol{\beta}_2$，$\cdots$，$\boldsymbol{\beta}_n$的极大无关组给出向量组$\boldsymbol{\alpha}_1$，$\boldsymbol{\alpha}_2$，$\cdots$，$\boldsymbol{\alpha}_n$的极大无关组，并给出不属于极大无关组的向量由极大无关组线性表示的表示式. 我们以例题来说明具体的求解过程.

例9　求向量组

$$\boldsymbol{\alpha}_1=\begin{pmatrix}1\\2\\3\\0\end{pmatrix},\ \boldsymbol{\alpha}_2=\begin{pmatrix}-1\\-1\\-3\\1\end{pmatrix},\ \boldsymbol{\alpha}_3=\begin{pmatrix}5\\0\\15\\-10\end{pmatrix},\ \boldsymbol{\alpha}_4=\begin{pmatrix}-2\\1\\-6\\5\end{pmatrix},\ \boldsymbol{\alpha}_5=\begin{pmatrix}2\\0\\5\\-4\end{pmatrix}$$

的秩和一个极大无关组，并把不属于极大无关组的向量用极大无关组线性表示.

解　令矩阵$\boldsymbol{A}=(\boldsymbol{\alpha}_1,\boldsymbol{\alpha}_2,\boldsymbol{\alpha}_3,\boldsymbol{\alpha}_4,\boldsymbol{\alpha}_5)$，对矩阵$\boldsymbol{A}$实施初等行变换化为行最简形矩阵$\boldsymbol{R}$

$$\boldsymbol{A}=(\boldsymbol{\alpha}_1,\boldsymbol{\alpha}_2,\boldsymbol{\alpha}_3,\boldsymbol{\alpha}_4,\boldsymbol{\alpha}_5)=\begin{pmatrix}1&-1&5&-2&2\\2&-1&0&1&0\\3&-3&15&-6&5\\0&1&-10&5&-4\end{pmatrix}\to\begin{pmatrix}1&-1&5&-2&2\\0&1&-10&5&-4\\0&0&0&0&-1\\0&1&-10&5&-4\end{pmatrix}$$

$$\to\begin{pmatrix}1&0&-5&3&0\\0&1&-10&5&0\\0&0&0&0&1\\0&0&0&0&0\end{pmatrix}=(\boldsymbol{\beta}_1,\boldsymbol{\beta}_2,\boldsymbol{\beta}_3,\boldsymbol{\beta}_4,\boldsymbol{\beta}_5)=\boldsymbol{R},$$

由$R(\boldsymbol{R})=3$可知$R(\boldsymbol{A})=3$. $\boldsymbol{R}$中的3阶非零子式为$\begin{vmatrix}1&0&0\\0&1&0\\0&0&1\end{vmatrix}=1\neq0$，所以$\boldsymbol{\beta}_1,\boldsymbol{\beta}_2,\boldsymbol{\beta}_5$是$\boldsymbol{R}$的列向量组的极大无关组，且

$$\boldsymbol{\beta}_3=-5\boldsymbol{\beta}_1-10\boldsymbol{\beta}_2+0\cdot\boldsymbol{\beta}_5,\ \boldsymbol{\beta}_4=3\boldsymbol{\beta}_1+5\boldsymbol{\beta}_2+0\cdot\boldsymbol{\beta}_5.$$

由于向量组$\boldsymbol{\alpha}_1,\boldsymbol{\alpha}_2,\boldsymbol{\alpha}_3,\boldsymbol{\alpha}_4,\boldsymbol{\alpha}_5$与向量组$\boldsymbol{\beta}_1,\boldsymbol{\beta}_2,\boldsymbol{\beta}_3,\boldsymbol{\beta}_4,\boldsymbol{\beta}_5$有相同的线性相关性，所以$\boldsymbol{\alpha}_1,\boldsymbol{\alpha}_2,\boldsymbol{\alpha}_5$是向量组$\boldsymbol{\alpha}_1,\boldsymbol{\alpha}_2,\boldsymbol{\alpha}_3,\boldsymbol{\alpha}_4,\boldsymbol{\alpha}_5$的极大无关组，且有

$$\boldsymbol{\alpha}_3=-5\boldsymbol{\alpha}_1-10\boldsymbol{\alpha}_2+0\cdot\boldsymbol{\alpha}_5,\ \boldsymbol{\alpha}_4=3\boldsymbol{\alpha}_1+5\boldsymbol{\alpha}_2+0\cdot\boldsymbol{\alpha}_5.$$

从这一节的讨论可知，若m个方程n个未知量的线性方程组$A_{m\times n}\boldsymbol{x}=\boldsymbol{\beta}$的增广矩阵的秩$R(\widetilde{\boldsymbol{A}})<m$，则增广矩阵的行向量组线性相关，此时线性方程组就有多余方程. 将增广矩阵的行向量组的极大无关组找到后，不属于极大无关组的行向量所对应的方程就是多余方程.

习题 3-3

1. 求下列向量组的秩及一个极大无关组，并将不属于极大无关组的向量由极大无关组线性表示：

(1)$\boldsymbol{\alpha}_1=\begin{pmatrix}1\\3\\1\end{pmatrix},\ \boldsymbol{\alpha}_2=\begin{pmatrix}1\\2\\2\end{pmatrix},\ \boldsymbol{\alpha}_3=\begin{pmatrix}-3\\-3\\-9\end{pmatrix},\ \boldsymbol{\alpha}_4=\begin{pmatrix}-1\\4\\-8\end{pmatrix},\ \boldsymbol{\alpha}_5=\begin{pmatrix}1\\5\\-1\end{pmatrix}$；

(2)$\boldsymbol{\alpha}_1=\begin{pmatrix}1\\1\\0\\2\end{pmatrix},\ \boldsymbol{\alpha}_2=\begin{pmatrix}1\\-1\\3\\-1\end{pmatrix},\ \boldsymbol{\alpha}_3=\begin{pmatrix}2\\4\\-1\\5\end{pmatrix},\ \boldsymbol{\alpha}_4=\begin{pmatrix}1\\1\\2\\0\end{pmatrix},\ \boldsymbol{\alpha}_5=\begin{pmatrix}2\\0\\3\\1\end{pmatrix}$.

2. 求下列矩阵的秩：

(1)$\boldsymbol{A}=\begin{pmatrix}1&-1&0&-1\\1&3&2&2\\3&1&-4&4\end{pmatrix}$；　　(2)$\boldsymbol{B}=\begin{pmatrix}1&1&1&1&-1\\2&1&3&-1&1\\1&2&0&6&-2\\4&3&5&-1&-3\end{pmatrix}$.

3. 已知 $\boldsymbol{A}$、$\boldsymbol{B}$ 都是 $m\times n$ 矩阵，存在 m 阶可逆矩阵 $\boldsymbol{P}$ 及 n 阶可逆矩阵 $\boldsymbol{Q}$，使得 $\boldsymbol{PAQ}=\boldsymbol{B}$，证明：$R(\boldsymbol{A})=R(\boldsymbol{B})$.

4. 从矩阵 $\boldsymbol{A}$ 中划去一行得到矩阵 $\boldsymbol{B}$，那么 $R(\boldsymbol{A})$ 与 $R(\boldsymbol{B})$ 会有怎样的关系？

5. 已知向量组 A：$\boldsymbol{\alpha}_1$，$\boldsymbol{\alpha}_2$，$\boldsymbol{\alpha}_3$，$\boldsymbol{\alpha}_4$ 的秩 $R_A=3$，向量组 B：$\boldsymbol{\alpha}_1$，$\boldsymbol{\alpha}_2$，$\boldsymbol{\alpha}_3$，$\boldsymbol{\alpha}_5$ 的秩 $R_B=4$，证明：向量组 C：$\boldsymbol{\alpha}_1$，$\boldsymbol{\alpha}_2$，$\boldsymbol{\alpha}_3$，$\boldsymbol{\alpha}_4$，$\boldsymbol{\alpha}_5$ 的秩 $R_C=4$.

6. 设 $\boldsymbol{\beta}_1=\boldsymbol{\alpha}_2+\boldsymbol{\alpha}_3+\cdots+\boldsymbol{\alpha}_r$，$\boldsymbol{\beta}_2=\boldsymbol{\alpha}_1+\boldsymbol{\alpha}_3+\cdots+\boldsymbol{\alpha}_r$，…，$\boldsymbol{\beta}_r=\boldsymbol{\alpha}_1+\boldsymbol{\alpha}_2+\cdots+\boldsymbol{\alpha}_{r-1}$，证明：向量组 $\boldsymbol{\beta}_1$，$\boldsymbol{\beta}_2$，…，$\boldsymbol{\beta}_r$ 与向量组 $\boldsymbol{\alpha}_1$，$\boldsymbol{\alpha}_2$，…，$\boldsymbol{\alpha}_r$ 的秩相等.

7. 设向量组 $\boldsymbol{\beta}_1$，$\boldsymbol{\beta}_2$，…，$\boldsymbol{\beta}_s$ 可由向量组 $\boldsymbol{\alpha}_1$，$\boldsymbol{\alpha}_2$，…，$\boldsymbol{\alpha}_t$ 线性表示，证明 $R(\boldsymbol{\beta}_1,\boldsymbol{\beta}_2,\cdots,\boldsymbol{\beta}_s)\leqslant R(\boldsymbol{\alpha}_1,\boldsymbol{\alpha}_2,\cdots,\boldsymbol{\alpha}_t)$.

8. 设矩阵 $\boldsymbol{A}$，$\boldsymbol{B}$，$\boldsymbol{C}$ 满足 $\boldsymbol{AB}=\boldsymbol{C}$，证明 $R(\boldsymbol{C})\leqslant\min\{R(\boldsymbol{A}),R(\boldsymbol{B})\}$.

9. 证明矩阵 $\boldsymbol{A}_{m\times n}$、$\boldsymbol{B}_{m\times n}$ 的秩满足不等式 $\max\{R(\boldsymbol{A}),R(\boldsymbol{B})\}\leqslant R(\boldsymbol{A},\boldsymbol{B})\leqslant R(\boldsymbol{A})+R(\boldsymbol{B})$.

第四节　线性方程组解的结构

[课前导读]

在第一章的第三节中，我们已经讨论了非齐次线性方程组的解与它的增广矩阵之间的关系，以及齐次线性方程组的解与它的系数矩阵之间的关系. 在第四节中，我们首先利用矩阵的秩这个概念来重新表述非齐次线性方程组的解与它的增广矩阵、齐次线性方程组的解与它的系数矩阵之间的关系；然后给出线性方程组的解的结构，也就是当线性方程组有多个解时，解与解之间的关系.

一、线性方程组有解的判定定理

设有 n 元非齐次线性方程组

$$\begin{cases}a_{11}x_1+a_{12}x_2+\cdots+a_{1n}x_n=b_1,\\a_{21}x_1+a_{22}x_2+\cdots+a_{2n}x_n=b_2,\\\cdots\cdots\cdots\\a_{m1}x_1+a_{m2}x_2+\cdots+a_{mn}x_n=b_m,\end{cases}\tag{4-1}$$

将该线性方程组的系数矩阵和增广矩阵分别记为

$$\boldsymbol{A}=(\boldsymbol{\alpha}_1,\boldsymbol{\alpha}_2,\cdots,\boldsymbol{\alpha}_n),\ \widetilde{\boldsymbol{A}}=(\boldsymbol{\alpha}_1,\boldsymbol{\alpha}_2,\cdots,\boldsymbol{\alpha}_n|\boldsymbol{\beta}),$$

其中

$$\boldsymbol{\alpha}_j=\begin{pmatrix}a_{1j}\\\vdots\\a_{mj}\end{pmatrix}(1\leqslant j\leqslant n),\ \boldsymbol{\beta}=\begin{pmatrix}b_1\\\vdots\\b_m\end{pmatrix}.$$

对增广矩阵 $\widetilde{\boldsymbol{A}}$ 实施初等行变换，化为行最简形矩阵 $\widetilde{\boldsymbol{R}}$，为叙述方便，不妨设 $\widetilde{\boldsymbol{R}}$ 为

$$\widetilde{\boldsymbol{R}}=\begin{pmatrix} 1 & 0 & \cdots & 0 & a'_{1,r+1} & \cdots & a'_{1n} & d_1 \\ 0 & 1 & \cdots & 0 & a'_{2,r+1} & \cdots & a'_{2n} & d_2 \\ \vdots & \vdots & \ddots & \vdots & \vdots & \ddots & \vdots & \vdots \\ 0 & 0 & \cdots & 1 & a'_{r,r+1} & \cdots & a'_{rn} & d_r \\ 0 & 0 & \cdots & 0 & 0 & \cdots & 0 & d_{r+1} \\ 0 & 0 & \cdots & 0 & 0 & \cdots & 0 & 0 \\ \vdots & \vdots & \ddots & \vdots & \vdots & \ddots & \vdots & \vdots \\ 0 & 0 & \cdots & 0 & 0 & \cdots & 0 & 0 \end{pmatrix},$$

$\widetilde{\boldsymbol{R}}$ 的前 n 列就是系数矩阵的行最简形. 于是，线性方程组(4-1)无解的充分必要条件是 $\widetilde{\boldsymbol{R}}$ 的第一个非零元出现在 $\widetilde{\boldsymbol{R}}$ 的最后一列，即 $d_{r+1}\neq 0$，此时 $R(\boldsymbol{A})=r$，而 $R(\widetilde{\boldsymbol{A}})=r+1$. 而线性方程组(4-1)一定有解的充分必要条件是 $\widetilde{\boldsymbol{R}}$ 的第一个非零元不出现在 $\widetilde{\boldsymbol{R}}$ 的最后一列，即 $d_{r+1}=0$，此时$R(\boldsymbol{A})=R(\widetilde{\boldsymbol{A}})$. 且当 $R(\boldsymbol{A})=R(\widetilde{\boldsymbol{A}})=n$ 时，$\widetilde{\boldsymbol{R}}$ 的第一个非零元的个数等于未知量的个数，从而线性方程组(4-1)有唯一解，当 $R(\boldsymbol{A})=R(\widetilde{\boldsymbol{A}})=r<n$ 时，第一个非零元的个数小于未知量的个数，线性方程组(4-1)有无穷多解. 因此，利用系数矩阵和增广矩阵的秩，我们可以将第一章第三节中命题重新叙述如下.

定理 1　(1)线性方程组(4-1)无解的充分必要条件是 $R(\boldsymbol{A})<R(\widetilde{\boldsymbol{A}})$；

(2)线性方程组(4-1)有解的充分必要条件是 $R(\boldsymbol{A})=R(\widetilde{\boldsymbol{A}})$，且当 $R(\boldsymbol{A})=R(\widetilde{\boldsymbol{A}})=n$ 时有唯一解，当 $R(\boldsymbol{A})=R(\widetilde{\boldsymbol{A}})=r<n$ 时有无穷多解.

n 元齐次线性方程组

$$\begin{cases} a_{11}x_1+a_{12}x_2+\cdots+a_{1n}x_n=0, \\ a_{21}x_1+a_{22}x_2+\cdots+a_{2n}x_n=0, \\ \cdots\cdots\cdots \\ a_{m1}x_1+a_{m2}x_2+\cdots+a_{mn}x_n=0, \end{cases} \tag{4-2}$$

可以看成是线性方程组(4-1)当常数 $b_1=b_2=\cdots=b_m=0$ 时的特殊情形，n 元齐次线性方程组(4-2)的解与系数矩阵的秩之间的关系如下面的定理 2 所示.

定理 2　(1)线性方程组(4-2)只有零解的充分必要条件是 $R(\boldsymbol{A})=n$；

(2)线性方程组(4-2)有非零解的充分必要条件是 $R(\boldsymbol{A})=r<n$.

将定理 1 推广到矩阵方程，做这样的推广还可以为以后的讨论带来便利.

定理 3　矩阵方程 $\boldsymbol{AX}=\boldsymbol{B}$ 有解的充分必要条件是 $R(\boldsymbol{A})=R(\boldsymbol{A},\ \boldsymbol{B})$.

证明　设 $\boldsymbol{A}$ 为 $m\times n$ 矩阵，$\boldsymbol{B}$ 为 $m\times t$ 矩阵，$\boldsymbol{X}$ 为 $n\times t$ 矩阵. 将 $\boldsymbol{X}$ 和 $\boldsymbol{B}$ 按列分块，记为

$$\boldsymbol{X}=(\boldsymbol{x}_1,\ \boldsymbol{x}_2,\ \cdots,\ \boldsymbol{x}_t),\ \boldsymbol{B}=(\boldsymbol{\beta}_1,\ \boldsymbol{\beta}_2,\ \cdots,\ \boldsymbol{\beta}_t),$$

则矩阵方程 $\boldsymbol{AX}=\boldsymbol{B}$ 等价于 t 个向量方程

$$\boldsymbol{Ax}_j=\boldsymbol{\beta}_j(j=1,\ 2,\ \cdots,\ t).$$

又设 $R(\boldsymbol{A})=r$，且 $\boldsymbol{A}$ 的行最简形为 $\widetilde{\boldsymbol{A}}$，则 $\widetilde{\boldsymbol{A}}$ 有 r 个非零行，且 $\widetilde{\boldsymbol{A}}$ 的后 $m-r$ 行全为零. 再对分块矩阵$(\boldsymbol{A},\ \boldsymbol{B})$实施初等行变换

$$(\boldsymbol{A},\ \boldsymbol{B})=(\boldsymbol{A},\ \boldsymbol{\beta}_1,\ \boldsymbol{\beta}_2,\ \cdots,\ \boldsymbol{\beta}_t)\overset{r}{\sim}(\widetilde{\boldsymbol{A}},\ \widetilde{\boldsymbol{\beta}}_1,\ \widetilde{\boldsymbol{\beta}}_2,\ \cdots,\ \widetilde{\boldsymbol{\beta}}_t),$$

于是

$$(\boldsymbol{A},\ \boldsymbol{\beta}_j)\overset{r}{\sim}(\widetilde{\boldsymbol{A}},\ \widetilde{\boldsymbol{\beta}}_j)\ (j=1,\ 2,\ \cdots,\ t).$$

因此，由定理 1 可得

矩阵方程 $\boldsymbol{AX}=\boldsymbol{B}$ 有解 $\Leftrightarrow \boldsymbol{Ax}_j=\boldsymbol{\beta}_j(j=1,\ 2,\ \cdots,\ t)$ 有解

$\Leftrightarrow R(\boldsymbol{A},\ \boldsymbol{\beta}_j)=R(\boldsymbol{A})(j=1,\ 2,\ \cdots,\ t)$

$\Leftrightarrow \widetilde{\boldsymbol{\beta}}_j(j=1,\ 2,\ \cdots,\ t)$ 的后 $m-r$ 个元全为零

$\Leftrightarrow (\widetilde{\boldsymbol{\beta}}_1,\ \widetilde{\boldsymbol{\beta}}_2,\ \cdots,\ \widetilde{\boldsymbol{\beta}}_t)$ 的后 $m-r$ 行全为零

$\Leftrightarrow R(\boldsymbol{A},\ \boldsymbol{B})=r=R(\boldsymbol{A})$.

例 1　已知向量组 A：$\boldsymbol{\alpha}_1=\begin{pmatrix}1\\0\\-1\end{pmatrix}$，$\boldsymbol{\alpha}_2=\begin{pmatrix}-1\\1\\2\end{pmatrix}$，$\boldsymbol{\alpha}_3=\begin{pmatrix}1\\2\\5\end{pmatrix}$ 和 B：$\boldsymbol{\beta}_1=\begin{pmatrix}1\\1\\0\end{pmatrix}$，$\boldsymbol{\beta}_2=\begin{pmatrix}0\\1\\1\end{pmatrix}$，$\boldsymbol{\beta}_3=\begin{pmatrix}1\\0\\1\end{pmatrix}$，证明：向量组 A：$\boldsymbol{\alpha}_1$，$\boldsymbol{\alpha}_2$，$\boldsymbol{\alpha}_3$ 和向量组 B：$\boldsymbol{\beta}_1$，$\boldsymbol{\beta}_2$，$\boldsymbol{\beta}_3$ 等价.

证明　令矩阵 $\boldsymbol{A}=(\boldsymbol{\alpha}_1,\ \boldsymbol{\alpha}_2,\ \boldsymbol{\alpha}_3)$，$\boldsymbol{B}=(\boldsymbol{\beta}_1,\ \boldsymbol{\beta}_2,\ \boldsymbol{\beta}_3)$. 要证明向量组 A：$\boldsymbol{\alpha}_1$，$\boldsymbol{\alpha}_2$，$\boldsymbol{\alpha}_3$ 和向量组 B：$\boldsymbol{\beta}_1$，$\boldsymbol{\beta}_2$，$\boldsymbol{\beta}_3$ 等价，只需证明矩阵方程 $\boldsymbol{AX}=\boldsymbol{B}$ 与 $\boldsymbol{BY}=\boldsymbol{A}$ 均有解，也就是要证明 $R(\boldsymbol{A})=R(\boldsymbol{A},\ \boldsymbol{B})$ 且 $R(\boldsymbol{B})=R(\boldsymbol{B},\ \boldsymbol{A})$. 而 $R(\boldsymbol{A},\ \boldsymbol{B})=R(\boldsymbol{B},\ \boldsymbol{A})$，于是需要证明 $R(\boldsymbol{A})=R(\boldsymbol{B})=R(\boldsymbol{A},\ \boldsymbol{B})$ 即可.

由

$$(\boldsymbol{A},\ \boldsymbol{B})=(\boldsymbol{\alpha}_1,\ \boldsymbol{\alpha}_2,\ \boldsymbol{\alpha}_3\ |\ \boldsymbol{\beta}_1,\ \boldsymbol{\beta}_2,\ \boldsymbol{\beta}_3)=\left(\begin{array}{ccc|ccc}1&-1&1&1&0&1\\0&1&2&1&1&0\\-1&2&5&0&1&1\end{array}\right)\sim\left(\begin{array}{ccc|ccc}1&-1&1&1&0&1\\0&1&2&1&1&0\\0&0&4&0&0&2\end{array}\right)$$

可知 $R(\boldsymbol{A})=R(\boldsymbol{A},\ \boldsymbol{B})=3$，另外单独计算矩阵 $\boldsymbol{B}$ 的秩得 $R(\boldsymbol{B})=3$，所以这两个向量组等价.

下面，我们用向量组理论依次讨论齐次线性方程组和非齐次线性方程组的解.

二、齐次线性方程组解的结构

将齐次线性方程组(4-2)写成

$$\boldsymbol{Ax}=\boldsymbol{0},$$

其中

$$\boldsymbol{A}=(\boldsymbol{\alpha}_1,\ \boldsymbol{\alpha}_2,\ \cdots,\ \boldsymbol{\alpha}_n),\ \boldsymbol{\alpha}_j=\begin{pmatrix}a_{1j}\\\vdots\\a_{mj}\end{pmatrix}(1\leqslant j\leqslant n),\ \boldsymbol{x}=\begin{pmatrix}x_1\\x_2\\\vdots\\x_n\end{pmatrix}.$$

如果 $x_1=k_1$，$x_2=k_2$，$\cdots$，$x_n=k_n$ 是方程组(4-2)的解，则向量

$$\boldsymbol{x}=\begin{pmatrix}k_1\\k_2\\\vdots\\k_n\end{pmatrix}$$

称为方程组(4-2)的解向量，也称为 $\boldsymbol{Ax}=\boldsymbol{0}$ 的解. 记方程组(4-2)的解向量的全体所成的集合为 S，即

$$S=\{\boldsymbol{\xi}\mid\boldsymbol{A\xi}=\boldsymbol{0}\},$$

我们来讨论方程组(4-2)的解向量的性质，以及向量组 S 的秩和极大无关组.

性质 1 设 $\boldsymbol{\alpha}$，$\boldsymbol{\beta}$ 为 $\boldsymbol{Ax}=\boldsymbol{0}$ 的任意的两个解，则 $\boldsymbol{\alpha}+\boldsymbol{\beta}$ 仍为 $\boldsymbol{Ax}=\boldsymbol{0}$ 的解.

证明 由 $\boldsymbol{\alpha}$，$\boldsymbol{\beta}$ 均为 $\boldsymbol{Ax}=\boldsymbol{0}$ 的解，有 $\boldsymbol{A\alpha}=\boldsymbol{0}$，$\boldsymbol{A\beta}=\boldsymbol{0}$，于是

$$\boldsymbol{A}(\boldsymbol{\alpha}+\boldsymbol{\beta})=\boldsymbol{A\alpha}+\boldsymbol{A\beta}=\boldsymbol{0}+\boldsymbol{0}=\boldsymbol{0},$$

所以 $\boldsymbol{\alpha}+\boldsymbol{\beta}$ 仍为 $\boldsymbol{Ax}=\boldsymbol{0}$ 的解.

性质 2 设 $\boldsymbol{\alpha}$ 为 $\boldsymbol{Ax}=\boldsymbol{0}$ 的任意解，则对任意实数 k，$k\boldsymbol{\alpha}$ 仍为 $\boldsymbol{Ax}=\boldsymbol{0}$ 的解.

证明 由 $\boldsymbol{\alpha}$ 为 $\boldsymbol{Ax}=\boldsymbol{0}$ 的解，有 $\boldsymbol{A\alpha}=\boldsymbol{0}$. 于是对于任意数 k，有

$$\boldsymbol{A}(k\boldsymbol{\alpha})=k(\boldsymbol{A\alpha})=k\boldsymbol{0}=\boldsymbol{0},$$

所以 $k\boldsymbol{\alpha}$ 仍为 $\boldsymbol{Ax}=\boldsymbol{0}$ 的解.

由性质 1、性质 2 知道，若 $\boldsymbol{\alpha}_1$，$\boldsymbol{\alpha}_2$，…，$\boldsymbol{\alpha}_t$ 都是齐次线性方程组 $\boldsymbol{Ax}=\boldsymbol{0}$ 的解，则对于任意一组数 k_1，k_2，…，k_t，线性组合

$$k_1\boldsymbol{\alpha}_1+k_2\boldsymbol{\alpha}_2+\cdots+k_t\boldsymbol{\alpha}_t \tag{4-3}$$

仍为 $\boldsymbol{Ax}=\boldsymbol{0}$ 的解. 因此，在 $\boldsymbol{Ax}=\boldsymbol{0}$ 有非零解的情况下，如果向量组 $\boldsymbol{\alpha}_1$，$\boldsymbol{\alpha}_2$，…，$\boldsymbol{\alpha}_t$ 是解集 S 的极大无关组，则表达式(4-3)称为方程组(4-2)的通解.

齐次线性方程组的解集 S 的极大无关组称为齐次线性方程组的基础解系. 若 $\boldsymbol{Ax}=\boldsymbol{0}$ 有非零解，只要知道了基础解系，就可以给出齐次线性方程组的通解. 下面的定理说明了有非零解的齐次线性方程组基础解系的存在性，定理的证明给出了一个具体求基础解系的方法.

定理 4 设 $m\times n$ 矩阵 $\boldsymbol{A}$ 的秩 $R(\boldsymbol{A})=r<n$，则 n 元齐次线性方程组 $\boldsymbol{Ax}=\boldsymbol{0}$ 一定有基础解系，并且基础解系中所含向量的个数为 $n-r$，从而解集 S 的秩 $R_S=n-r$.

证明 由于矩阵 $\boldsymbol{A}$ 的秩 $R(\boldsymbol{A})=r<n$，为了书写方便，不妨设矩阵 $\boldsymbol{A}$ 的前 r 个列向量线性无关，于是 $\boldsymbol{A}$ 的行最简形矩阵具有形式：

$$\boldsymbol{R}=\begin{pmatrix}1&0&\cdots&0&c_{1,r+1}&\cdots&c_{1n}\\0&1&\cdots&0&c_{2,r+1}&\cdots&c_{2n}\\\vdots&\vdots&\ddots&\vdots&\vdots&\ddots&\vdots\\0&0&\cdots&1&c_{r,r+1}&\cdots&c_{rn}\\0&0&\cdots&0&0&\cdots&0\\\vdots&\vdots&\ddots&\vdots&\vdots&\ddots&\vdots\\0&0&\cdots&0&0&\cdots&0\end{pmatrix},$$

矩阵 $\boldsymbol{R}$ 对应的方程组为

$$\begin{cases} x_1+c_{1,r+1}x_{r+1}+\cdots+c_{1n}x_n=0, \\ x_2+c_{2,r+1}x_{r+1}+\cdots+c_{2n}x_n=0, \\ \cdots\cdots\cdots \\ x_r+c_{r,r+1}x_{r+1}+\cdots+c_{rn}x_n=0. \end{cases}$$

将矩阵 $\boldsymbol{R}$ 的非零行的第一个非零元对应的未知量看成固定未知量，留在等号的左端，其余的未知量看成自由未知量，放在等号右端，上面的方程组写为

$$\begin{cases} x_1=-c_{1,r+1}x_{r+1}-\cdots-c_{1n}x_n, \\ x_2=-c_{2,r+1}x_{r+1}-\cdots-c_{2n}x_n, \\ \cdots\cdots\cdots \\ x_r=-c_{r,r+1}x_{r+1}-\cdots-c_{rn}x_n. \end{cases} \tag{4-4}$$

令 $\begin{pmatrix} x_{r+1} \\ x_{r+2} \\ \vdots \\ x_n \end{pmatrix}$ 分别取

$$\underbrace{\begin{pmatrix} 1 \\ 0 \\ 0 \\ \vdots \\ 0 \\ 0 \end{pmatrix}, \begin{pmatrix} 0 \\ 1 \\ 0 \\ \vdots \\ 0 \\ 0 \end{pmatrix}, \cdots, \begin{pmatrix} 0 \\ 0 \\ 0 \\ \vdots \\ 0 \\ 1 \end{pmatrix}}_{\text{共}n-r\text{个}}, \tag{4-5}$$

代入方程组(4-4)，相应地有

$$\begin{pmatrix} x_1 \\ x_2 \\ \vdots \\ x_r \end{pmatrix} = \begin{pmatrix} -c_{1,r+1} \\ -c_{2,r+1} \\ \vdots \\ -c_{r,r+1} \end{pmatrix}, \begin{pmatrix} -c_{1,r+2} \\ -c_{2,r+2} \\ \vdots \\ -c_{r,r+2} \end{pmatrix}, \cdots, \begin{pmatrix} -c_{1n} \\ -c_{2n} \\ \vdots \\ -c_{rn} \end{pmatrix}.$$

于是，得到 $n-r$ 个解向量

$$\boldsymbol{\xi}_1=\begin{pmatrix} -c_{1,r+1} \\ -c_{2,r+1} \\ \vdots \\ -c_{r,r+1} \\ 1 \\ 0 \\ \vdots \\ 0 \end{pmatrix}, \boldsymbol{\xi}_2=\begin{pmatrix} -c_{1,r+2} \\ -c_{2,r+2} \\ \vdots \\ -c_{r,r+2} \\ 0 \\ 1 \\ \vdots \\ 0 \end{pmatrix}, \cdots, \boldsymbol{\xi}_{n-r}=\begin{pmatrix} -c_{1n} \\ -c_{2n} \\ \vdots \\ -c_{rn} \\ 0 \\ 0 \\ \vdots \\ 1 \end{pmatrix}.$$

下面我们证明向量组 $\boldsymbol{\xi}_1$，$\boldsymbol{\xi}_2$，…，$\boldsymbol{\xi}_{n-r}$ 就是 n 元齐次线性方程组 $\boldsymbol{Ax}=\boldsymbol{0}$ 的基础解系.

由于向量 $\boldsymbol{\xi}_1$，$\boldsymbol{\xi}_2$，…，$\boldsymbol{\xi}_{n-r}$ 可看成是表达式(4-5)中的 $n-r$ 个向量分别添加了 r 个分量

后所得到，而表达式(4-5)中的 $n-r$ 个向量线性无关，从本章第三节定理 4 的证明可知，向量 $\boldsymbol{\xi}_1$，$\boldsymbol{\xi}_2$，…，$\boldsymbol{\xi}_{n-r}$也是线性无关的. 因此，只需证明：齐次线性方程组的任一解向量都可由 $\boldsymbol{\xi}_1$，$\boldsymbol{\xi}_2$，…，$\boldsymbol{\xi}_{n-r}$线性表示.

假设 n 元齐次线性方程组 $\boldsymbol{Ax}=\boldsymbol{0}$ 的任一解向量为

$$\boldsymbol{\eta}=\begin{pmatrix}k_1\\k_2\\\vdots\\k_n\end{pmatrix},$$

则 k_1，k_2，…，k_n 一定会满足方程组(4-4)，即

$$\begin{cases}k_1=-c_{1,r+1}k_{r+1}-\cdots-c_{1n}k_n,\\k_2=-c_{2,r+1}k_{r+1}-\cdots-c_{2n}k_n,\\\cdots\cdots\cdots\\k_r=-c_{r,r+1}k_{r+1}-\cdots-c_{rn}k_n.\end{cases}$$

于是

$$\boldsymbol{\eta}=\begin{pmatrix}k_1\\k_2\\\vdots\\k_r\\k_{r+1}\\k_{r+2}\\\vdots\\k_n\end{pmatrix}=\begin{pmatrix}-c_{1,r+1}k_{r+1}-\cdots-c_{1n}k_n\\-c_{2,r+1}k_{r+1}-\cdots-c_{2n}k_n\\\vdots\\-c_{r,r+1}k_{r+1}-\cdots-c_{rn}k_n\\k_{r+1}\\k_{r+2}\\\vdots\\k_n\end{pmatrix}=k_{r+1}\begin{pmatrix}-c_{1,r+1}\\-c_{2,r+1}\\\vdots\\-c_{r,r+1}\\1\\0\\\vdots\\0\end{pmatrix}+k_{r+2}\begin{pmatrix}-c_{1,r+2}\\-c_{2,r+2}\\\vdots\\-c_{r,r+2}\\0\\1\\\vdots\\0\end{pmatrix}+\cdots+k_n\begin{pmatrix}-c_{1n}\\-c_{2n}\\\vdots\\-c_{rn}\\0\\0\\\vdots\\1\end{pmatrix}.$$

亦即，任一解向量 $\boldsymbol{\eta}$ 均可由 $\boldsymbol{\xi}_1$，$\boldsymbol{\xi}_2$，…，$\boldsymbol{\xi}_{n-r}$线性表示为

$$\boldsymbol{\eta}=k_{r+1}\boldsymbol{\xi}_1+k_{r+2}\boldsymbol{\xi}_2+\cdots+k_n\boldsymbol{\xi}_{n-r}.$$

所以向量组 $\boldsymbol{\xi}_1$，$\boldsymbol{\xi}_2$，…，$\boldsymbol{\xi}_{n-r}$就是 n 元齐次线性方程组 $\boldsymbol{Ax}=\boldsymbol{0}$ 的基础解系.

例 2　求齐次线性方程组$\begin{cases}x_1+x_2+x_3-2x_5=0,\\2x_1+2x_2+x_3+2x_4-3x_5=0,\\x_1+x_2+3x_3-4x_4-4x_5=0\end{cases}$的基础解系.

解　对系数矩阵 $\boldsymbol{A}$ 实施初等行变换，化为行最简形矩阵 $\boldsymbol{R}$：

$$\boldsymbol{A}=\begin{pmatrix}1&1&1&0&-2\\2&2&1&2&-3\\1&1&3&-4&-4\end{pmatrix}\to\begin{pmatrix}1&1&1&0&-2\\0&0&-1&2&1\\0&0&2&-4&-2\end{pmatrix}\to\begin{pmatrix}1&1&0&2&-1\\0&0&1&-2&-1\\0&0&0&0&0\end{pmatrix}=\boldsymbol{R},$$

由于 $R(\boldsymbol{A})=2<5$，所以该齐次线性方程组有非零解. $\boldsymbol{R}$ 对应的方程组为

$$\begin{cases}x_1+x_2+2x_4-x_5=0,\\x_3-2x_4-x_5=0,\end{cases}$$

行最简形矩阵 $\boldsymbol{R}$ 的第一个非零元在第 1 列和第 3 列，所以自由未知量为 x_2，x_4，x_5. 将自

由未知量移至等号右端，有

$$\begin{cases} x_1=-x_2-2x_4+x_5, \\ x_3=2x_4+x_5, \end{cases} \tag{4-6}$$

分别取

$$\begin{pmatrix} x_2 \\ x_4 \\ x_5 \end{pmatrix}=\begin{pmatrix} 1 \\ 0 \\ 0 \end{pmatrix},\ \begin{pmatrix} 0 \\ 1 \\ 0 \end{pmatrix},\ \begin{pmatrix} 0 \\ 0 \\ 1 \end{pmatrix},$$

代入方程组(4-6)，依次得

$$\begin{pmatrix} x_1 \\ x_3 \end{pmatrix}=\begin{pmatrix} -1 \\ 0 \end{pmatrix},\ \begin{pmatrix} -2 \\ 2 \end{pmatrix},\ \begin{pmatrix} 1 \\ 1 \end{pmatrix},$$

从而基础解系为

$$\boldsymbol{\xi}_1=\begin{pmatrix} -1 \\ 1 \\ 0 \\ 0 \\ 0 \end{pmatrix},\ \boldsymbol{\xi}_2=\begin{pmatrix} -2 \\ 0 \\ 2 \\ 1 \\ 0 \end{pmatrix},\ \boldsymbol{\xi}_3=\begin{pmatrix} 1 \\ 0 \\ 1 \\ 0 \\ 1 \end{pmatrix}.$$

原方程组的通解为

$$\boldsymbol{x}=k_1\boldsymbol{\xi}_1+k_2\boldsymbol{\xi}_2+k_3\boldsymbol{\xi}_3.$$

三、非齐次线性方程组解的结构

最后我们来讨论 n 元非齐次线性方程组(4-1)的解. 将非齐次线性方程组(4-1)写成

$$\boldsymbol{Ax}=\boldsymbol{\beta}.$$

如果系数矩阵 $\boldsymbol{A}$ 不变，将常数项列向量 $\boldsymbol{\beta}$ 换成零向量 $\boldsymbol{0}$，得到一个 n 元齐次线性方程组

$$\boldsymbol{Ax}=\boldsymbol{0}.$$

这样得到的齐次线性方程组称为非齐次线性方程组的导出组.

性质 3　设 $\boldsymbol{\xi}$，$\boldsymbol{\eta}$ 是 $\boldsymbol{Ax}=\boldsymbol{\beta}$ 的任意两个解，则 $\boldsymbol{\xi}-\boldsymbol{\eta}$ 是导出组 $\boldsymbol{Ax}=\boldsymbol{0}$ 的解.

证明　因为 $\boldsymbol{\xi}$，$\boldsymbol{\eta}$ 是 $\boldsymbol{Ax}=\boldsymbol{\beta}$ 的任意两个解，即：$\boldsymbol{A\xi}=\boldsymbol{\beta}$，$\boldsymbol{A\eta}=\boldsymbol{\beta}$，所以

$$\boldsymbol{A}(\boldsymbol{\xi}-\boldsymbol{\eta})=\boldsymbol{A\xi}-\boldsymbol{A\eta}=\boldsymbol{\beta}-\boldsymbol{\beta}=\boldsymbol{0},$$

即：$\boldsymbol{\xi}-\boldsymbol{\eta}$ 是导出组 $\boldsymbol{Ax}=\boldsymbol{0}$ 的解.

性质 4　设 $\boldsymbol{\xi}$ 是 $\boldsymbol{Ax}=\boldsymbol{\beta}$ 的任意解，$\boldsymbol{\eta}$ 是导出组 $\boldsymbol{Ax}=\boldsymbol{0}$ 的任意解，则 $\boldsymbol{\xi}+\boldsymbol{\eta}$ 是 $\boldsymbol{Ax}=\boldsymbol{\beta}$ 的解.

证明　由题设可知，$\boldsymbol{A\xi}=\boldsymbol{\beta}$，$\boldsymbol{A\eta}=\boldsymbol{0}$. 于是

$$\boldsymbol{A}(\boldsymbol{\xi}+\boldsymbol{\eta})=\boldsymbol{A\xi}+\boldsymbol{A\eta}=\boldsymbol{\beta}+\boldsymbol{0}=\boldsymbol{\beta},$$

即：$\boldsymbol{\xi}+\boldsymbol{\eta}$ 是 $\boldsymbol{Ax}=\boldsymbol{\beta}$ 的解.

由此可见，非齐次线性方程组 $\boldsymbol{Ax}=\boldsymbol{\beta}$ 的解与其导出组 $\boldsymbol{Ax}=\boldsymbol{0}$ 的解之间有着密切的联系. 我们有下面的定理.

定理 5　如果 $\boldsymbol{\eta}$ 是非齐次线性方程组 $\boldsymbol{Ax}=\boldsymbol{\beta}$ 任意给定的一个解(通常称为特解)，$\boldsymbol{\xi}_1$，

$\boldsymbol{\xi}_2$，…，$\boldsymbol{\xi}_{n-r}$是其导出组 $\boldsymbol{Ax}=\mathbf{0}$ 的一个基础解系，则非齐次线性方程组 $\boldsymbol{Ax}=\boldsymbol{\beta}$ 的通解可以表示为

$$\boldsymbol{x}=k_1\boldsymbol{\xi}_1+k_2\boldsymbol{\xi}_2+\cdots+k_{n-r}\boldsymbol{\xi}_{n-r}+\boldsymbol{\eta}. \tag{4-7}$$

式中，k_1，k_2，…，k_{n-r}是任意实数.

证明 由性质 4 可知，$k_1\boldsymbol{\xi}_1+k_2\boldsymbol{\xi}_2+\cdots+k_{n-r}\boldsymbol{\xi}_{n-r}+\boldsymbol{\eta}$ 确实是非齐次线性方程组 $\boldsymbol{Ax}=\boldsymbol{\beta}$ 的解. 下面我们证明 $\boldsymbol{Ax}=\boldsymbol{\beta}$ 的任一解都可以写成式(4-7)的形式.

设 $\boldsymbol{\gamma}$ 是非齐次线性方程组 $\boldsymbol{Ax}=\boldsymbol{\beta}$ 的任一解，则由性质 3 可知，$\boldsymbol{\gamma}-\boldsymbol{\eta}$ 是导出组 $\boldsymbol{Ax}=\mathbf{0}$ 的解，从而可由 $\boldsymbol{Ax}=\mathbf{0}$ 的基础解系线性表示，即存在一组数 k_1，k_2，…，k_{n-r}，使得

$$\boldsymbol{\gamma}-\boldsymbol{\eta}=k_1\boldsymbol{\xi}_1+k_2\boldsymbol{\xi}_2+\cdots+k_{n-r}\boldsymbol{\xi}_{n-r},$$

因此

$$\boldsymbol{\gamma}=k_1\boldsymbol{\xi}_1+k_2\boldsymbol{\xi}_2+\cdots+k_{n-r}\boldsymbol{\xi}_{n-r}+\boldsymbol{\eta}.$$

推论 在非齐次线性方程组 $\boldsymbol{Ax}=\boldsymbol{\beta}$ 有解的情形下，解唯一的充分必要条件是它的导出组 $\boldsymbol{Ax}=\mathbf{0}$ 只有零解.

证明 (充分性)假设方程组 $\boldsymbol{Ax}=\boldsymbol{\beta}$ 有两个不同的解，则这两个解的差就是导出组 $\boldsymbol{Ax}=\mathbf{0}$的一个非零解，与导出组 $\boldsymbol{Ax}=\mathbf{0}$ 只有零解矛盾. 所以由导出组 $\boldsymbol{Ax}=\mathbf{0}$ 只有零解，可得方程组 $\boldsymbol{Ax}=\boldsymbol{\beta}$ 有唯一解.

(必要性)设非齐次线性方程组 $\boldsymbol{Ax}=\boldsymbol{\beta}$ 有唯一解 $\boldsymbol{\eta}$，假设导出组 $\boldsymbol{Ax}=\mathbf{0}$ 有非零解 $\boldsymbol{\gamma}$，则 $\boldsymbol{\gamma}+\boldsymbol{\eta}$ 是方程组 $\boldsymbol{Ax}=\boldsymbol{\beta}$ 的异于 $\boldsymbol{\eta}$ 的另一个解，这与方程组 $\boldsymbol{Ax}=\boldsymbol{\beta}$ 有唯一解矛盾. 所以导出组 $\boldsymbol{Ax}=\mathbf{0}$ 只有零解.

例 3 求非齐次线性方程组$\begin{cases} x_1-x_2+2x_3-2x_4=1, \\ \quad\; x_2+\ x_3+2x_4=-1, \\ 2x_1-x_2+5x_3-2x_4=1, \\ x_1+x_2+4x_3+2x_4=-1 \end{cases}$的通解.

解 对该线性方程组的增广矩阵实施初等行变换，得

$$\widetilde{\boldsymbol{A}}=\begin{pmatrix} 1 & -1 & 2 & -2 & 1 \\ 0 & 1 & 1 & 2 & -1 \\ 2 & -1 & 5 & -2 & 1 \\ 1 & 1 & 4 & 2 & -1 \end{pmatrix}\rightarrow\begin{pmatrix} 1 & -1 & 2 & -2 & 1 \\ 0 & 1 & 1 & 2 & -1 \\ 0 & 1 & 1 & 2 & -1 \\ 0 & 2 & 2 & 4 & -2 \end{pmatrix}\rightarrow\begin{pmatrix} 1 & 0 & 3 & 0 & 0 \\ 0 & 1 & 1 & 2 & -1 \\ 0 & 0 & 0 & 0 & 0 \\ 0 & 0 & 0 & 0 & 0 \end{pmatrix}=\widetilde{\boldsymbol{R}},$$

由于 $R(\boldsymbol{A})=R(\widetilde{\boldsymbol{A}})=2<4$，所以该方程组有无穷多解. 行最简形矩阵 $\widetilde{\boldsymbol{R}}$ 的第一个非零元在第 1 列和第 2 列，所以自由未知量为 x_3，x_4. 于是有

$$\begin{cases} x_1 \ =-3x_3, \\ x_2 \ =-x_3-2x_4-1. \end{cases} \tag{4-8}$$

令$\begin{pmatrix} x_3 \\ x_4 \end{pmatrix}=\begin{pmatrix} 0 \\ 0 \end{pmatrix}$，代入方程组(4-8)，得到$\begin{pmatrix} x_1 \\ x_2 \end{pmatrix}=\begin{pmatrix} 0 \\ -1 \end{pmatrix}$，于是得原方程组的一个特解为

$$\boldsymbol{\eta}=\begin{pmatrix} 0 \\ -1 \\ 0 \\ 0 \end{pmatrix}.$$

再写出方程组(4-8)的导出组

$$\begin{cases}x_1=-3x_3,\\x_2=-x_3-2x_4,\end{cases}\tag{4-9}$$

分别令$\begin{pmatrix}x_3\\x_4\end{pmatrix}=\begin{pmatrix}1\\0\end{pmatrix}$和$\begin{pmatrix}x_3\\x_4\end{pmatrix}=\begin{pmatrix}0\\1\end{pmatrix}$，代入方程组(4-9)，得到导出组的基础解系为

$$\boldsymbol{\xi}_1=\begin{pmatrix}-3\\-1\\1\\0\end{pmatrix},\ \boldsymbol{\xi}_2=\begin{pmatrix}0\\-2\\0\\1\end{pmatrix}.$$

因此，原方程组的通解为

$$x=k_1\boldsymbol{\xi}_1+k_2\boldsymbol{\xi}_2+\boldsymbol{\eta},\ k_1,\ k_2\ 为任意常数.$$

习题 3-4

1. 求下列齐次线性方程组的通解(用基础解系表示)：

(1) $\begin{cases}x_1-x_2+2x_3-2x_4=0,\\ x_2+x_3+2x_4=0,\\2x_1-x_2+5x_3-2x_4=0;\end{cases}$　(2) $\begin{cases}x_1-3x_2+x_3+x_4=0,\\2x_1-5x_2+x_3+2x_4=0,\\5x_1-7x_2-3x_3+5x_4=0.\end{cases}$

2. 求下列非齐次线性方程组的通解(要求写出导出组的基础解系)：

(1) $\begin{cases}x_1+4x_2-3x_3+4x_4=-2,\\2x_1+x_2+x_3+x_4=3,\\3x_1-2x_2+5x_3-2x_4=8;\end{cases}$　(2) $\begin{cases}x_1+x_2-3x_3-x_4=1,\\x_1+3x_2-9x_3-7x_4=1,\\3x_1+x_2-3x_3+3x_4=3.\end{cases}$

3. 设 $\boldsymbol{\eta}$ 是非齐次线性方程组 $\boldsymbol{Ax}=\boldsymbol{\beta}$ 的一个特解，$\boldsymbol{\xi}_1$，$\boldsymbol{\xi}_2$，…，$\boldsymbol{\xi}_{n-r}$是其导出组 $\boldsymbol{Ax}=\boldsymbol{0}$ 的一个基础解系，证明：(1) $\boldsymbol{\xi}_1$，$\boldsymbol{\xi}_2$，…，$\boldsymbol{\xi}_{n-r}$，$\boldsymbol{\eta}$ 线性无关；(2) $\boldsymbol{\eta}$，$\boldsymbol{\eta}+\boldsymbol{\xi}_1$，$\boldsymbol{\eta}+\boldsymbol{\xi}_2$，…，$\boldsymbol{\eta}+\boldsymbol{\xi}_{n-r}$线性无关.

4. 设四元非齐次线性方程组 $\boldsymbol{Ax}=\boldsymbol{\beta}$ 的系数矩阵的秩 $R(\boldsymbol{A})=3$，$\boldsymbol{\eta}_1$，$\boldsymbol{\eta}_2$，$\boldsymbol{\eta}_3$ 是 $\boldsymbol{Ax}=\boldsymbol{\beta}$ 的三个解向量，且

$$\boldsymbol{\eta}_1=\begin{pmatrix}1\\2\\3\\4\end{pmatrix},\ \boldsymbol{\eta}_2+\boldsymbol{\eta}_3=\begin{pmatrix}2\\3\\4\\5\end{pmatrix},$$

求 $\boldsymbol{Ax}=\boldsymbol{\beta}$ 的通解.

5. 设 $\boldsymbol{\eta}_1$，$\boldsymbol{\eta}_2$，…，$\boldsymbol{\eta}_{n-r+1}$是非齐次线性方程组 $\boldsymbol{Ax}=\boldsymbol{\beta}$ 的 $n-r+1$ 个线性无关的解，$R(\boldsymbol{A})=r$. 证明：$\boldsymbol{\eta}_2-\boldsymbol{\eta}_1$，$\boldsymbol{\eta}_3-\boldsymbol{\eta}_1$，…，$\boldsymbol{\eta}_{n-r+1}-\boldsymbol{\eta}_1$ 是导出组 $\boldsymbol{Ax}=\boldsymbol{0}$ 的基础解系.

6. 设 $\boldsymbol{\eta}_1$，$\boldsymbol{\eta}_2$，…，$\boldsymbol{\eta}_{n-r+1}$是非齐次线性方程组 $\boldsymbol{Ax}=\boldsymbol{\beta}$ 的 $n-r+1$ 个线性无关的解，$R(\boldsymbol{A})=r$. 证明：$\boldsymbol{Ax}=\boldsymbol{\beta}$ 的任一解均可表示为

$$x=k_1\eta_1+k_2\eta_2+\cdots+k_{n-r+1}\eta_{n-r+1},$$

其中，常数 k_1，k_2，…，k_{n-r+1}满足 $k_1+k_2+\cdots+k_{n-r+1}=1$.

7. 设矩阵 $\boldsymbol{A}_{4\times4}$的秩 $R(\boldsymbol{A}_{4\times4})=2$，$\boldsymbol{\eta}_1$，$\boldsymbol{\eta}_2$，$\boldsymbol{\eta}_3$ 是 $\boldsymbol{Ax}=\boldsymbol{b}$ 的 3 个解向量，其中 $\boldsymbol{\eta}_1-\boldsymbol{\eta}_2=(-1,\ 0,\ 3,\ -4)^{\mathrm{T}}$，$\boldsymbol{\eta}_1+\boldsymbol{\eta}_2=(3,\ 2,\ 1,\ -2)^{\mathrm{T}}$，$\boldsymbol{\eta}_3+2\boldsymbol{\eta}_2=(5,\ 1,\ 0,\ 3)^{\mathrm{T}}$，求 $\boldsymbol{Ax}=\boldsymbol{b}$ 的通解.

8. 设 $\boldsymbol{A}_{m\times n}\boldsymbol{B}_{n\times l}=\boldsymbol{O}$，证明矩阵 $\boldsymbol{A}_{m\times n}$的秩 $R(\boldsymbol{A})$与 $\boldsymbol{B}_{n\times l}$的秩 $R(\boldsymbol{B})$满足 $R(\boldsymbol{A})+R(\boldsymbol{B})\leqslant n$.

9. 设 $\boldsymbol{A}$ 为 n 阶矩阵($n\geqslant2$)，$\boldsymbol{A}^*$ 是 $\boldsymbol{A}$ 的伴随矩阵，证明：

$$R(\boldsymbol{A}^*)=\begin{cases}n, & R(\boldsymbol{A})=n,\\ 1, & R(\boldsymbol{A})=n-1,\\ 0, & R(\boldsymbol{A})\leqslant n-2.\end{cases}$$

第五节　向量空间

[课前导读]

我们知道，二元数组的全体组成的集合叫做二维空间(即平面$\mathbb{R}^2$)，三元数组的全体组成的集合叫做三维空间(即空间$\mathbb{R}^3$)，那么，n 维向量的全体组成的集合$\mathbb{R}^n$ 该叫做什么呢？$\mathbb{R}^2$ 和$\mathbb{R}^3$ 对于数组的加法和数乘两种运算具有相同的特性，即：两个二元数组经过加法和数乘两种运算后仍旧是二元数组，两个三元数组经过加法和数乘两种运算后仍旧是三元数组. 那么，$\mathbb{R}^n$ 对于 n 维向量的加法和数乘两种运算是否也具有这种特性呢？$\mathbb{R}^2$ 和$\mathbb{R}^3$ 中的坐标(坐标系)在$\mathbb{R}^n$ 中又有怎样对应的概念呢？本节我们将介绍这个 n 维向量的全体组成的集合$\mathbb{R}^n$.

一、向量空间及其子空间

定义 1　设 V 是 n 维向量的集合，如果对于任意 $\boldsymbol{\alpha}\in V$，$\boldsymbol{\beta}\in V$，都有 $\boldsymbol{\alpha}+\boldsymbol{\beta}\in V$，则称 V 对向量的加法封闭；如果对任意 $\boldsymbol{\alpha}\in V$ 及任意 $k\in\mathbb{R}$，都有 $k\boldsymbol{\alpha}\in V$，则称 V 对向量的数乘封闭.

例 1　集合 $V_1=\left\{\begin{pmatrix}0\\a_2\\\vdots\\a_n\end{pmatrix}\middle|\ a_2,\ \cdots,\ a_n\in\mathbb{R}\right\}$，对任意 $\boldsymbol{\alpha}=\begin{pmatrix}0\\a_2\\\vdots\\a_n\end{pmatrix}\in V_1$，$\boldsymbol{\beta}=\begin{pmatrix}0\\b_2\\\vdots\\b_n\end{pmatrix}\in V_1$，任意 $k\in\mathbb{R}$，有

$$\boldsymbol{\alpha}+\boldsymbol{\beta}=\begin{pmatrix}0\\a_2\\\vdots\\a_n\end{pmatrix}+\begin{pmatrix}0\\b_2\\\vdots\\b_n\end{pmatrix}=\begin{pmatrix}0\\a_2+b_2\\\vdots\\a_n+b_n\end{pmatrix}\in V_1,\quad k\boldsymbol{\alpha}=k\begin{pmatrix}0\\a_2\\\vdots\\a_n\end{pmatrix}=\begin{pmatrix}0\\ka_2\\\vdots\\ka_n\end{pmatrix}\in V_1,$$

所以 V_1 对向量的加法和数乘运算封闭.

例 2　集合 $V_2=\left\{\begin{pmatrix}1\\a_2\\\vdots\\a_n\end{pmatrix}\middle| a_2, \cdots, a_n\in\mathbb{R}\right\}$，对任意 $\boldsymbol{\alpha}=\begin{pmatrix}1\\a_2\\\vdots\\a_n\end{pmatrix}\in V_2$，$\boldsymbol{\beta}=\begin{pmatrix}1\\b_2\\\vdots\\b_n\end{pmatrix}\in V_2$，任意 $k\in\mathbb{R}$，有

$$\boldsymbol{\alpha}+\boldsymbol{\beta}=\begin{pmatrix}1\\a_2\\\vdots\\a_n\end{pmatrix}+\begin{pmatrix}1\\b_2\\\vdots\\b_n\end{pmatrix}=\begin{pmatrix}2\\a_2+b_2\\\vdots\\a_n+b_n\end{pmatrix}\notin V_2,\ k\boldsymbol{\alpha}=k\begin{pmatrix}1\\a_2\\\vdots\\a_n\end{pmatrix}=\begin{pmatrix}k\\ka_2\\\vdots\\ka_n\end{pmatrix}\notin V_2(k\neq 0),$$

所以 V_2 对向量的加法和数乘运算均不封闭.

定义 2　设 V 是 n 维向量的集合，且 V 非空，如果 V 对向量的加法和数乘两种运算都封闭，则称集合 V 为向量空间.

由定义 1 的第二个条件可知，任何向量空间都必须含有零向量. 容易验证，仅含一个零向量的集合也构成向量空间，我们称之为零向量空间. 除零向量空间外，每一个向量空间都含有无限多个向量.

例如，例 1、例 2 中的集合均为非空的，因为 $\mathbf{0}=\begin{pmatrix}0\\0\\\vdots\\0\end{pmatrix}\in V_1$，$\boldsymbol{e}_1=\begin{pmatrix}1\\0\\\vdots\\0\end{pmatrix}\in V_2$. V_1 对向量的加法和数乘运算封闭，所以 V_1 是向量空间，但是 V_2 对向量的加法和数乘运算均不封闭，所以 V_2 不是向量空间.

例 3　n 维向量的全体组成的集合

$$\mathbb{R}^n=\left\{\begin{pmatrix}x_1\\x_2\\\vdots\\x_n\end{pmatrix}\middle| x_1, x_2, \cdots, x_n\in\mathbb{R}\right\}$$

对向量的加法和数乘运算均封闭，所以是一个向量空间.

例 4　n 元齐次线性方程组的解集

$$S=\{\boldsymbol{x}\mid \boldsymbol{A}\boldsymbol{x}=\mathbf{0}\}$$

是一个向量空间，这是因为根据本章第四节的性质 1、性质 2 可知，解集 S 对向量的加法和数乘运算封闭. 这个向量空间我们称为齐次线性方程组的解空间.

例 5　n 元非齐次线性方程组的解集

$$S=\{\boldsymbol{x}\mid \boldsymbol{A}\boldsymbol{x}=\boldsymbol{\beta}\}$$

不是一个向量空间，这是由于，(1) 如果非齐次线性方程组无解，则解集 S 是一个空集，从而不是向量空间；(2) 如果解集 S 是非空的，则对任意的 $\boldsymbol{\eta}\in S$ 以及任意常数 $k\neq 1$，有 $\boldsymbol{A}(k\boldsymbol{\eta})=k(\boldsymbol{A}\boldsymbol{\eta})=k\boldsymbol{\beta}\neq\boldsymbol{\beta}$. 所以非齐次线性方程组的解集不是向量空间.

例 6　设 $\boldsymbol{\alpha}_1$，$\boldsymbol{\alpha}_2$，…，$\boldsymbol{\alpha}_s \in \mathbb{R}^n$，我们将向量组 $\boldsymbol{\alpha}_1$，$\boldsymbol{\alpha}_2$，…，$\boldsymbol{\alpha}_s$ 所有可能的线性组合 $k_1\boldsymbol{\alpha}_1+k_2\boldsymbol{\alpha}_2+\cdots+k_s\boldsymbol{\alpha}_s$ 构成的集合记为

$$\mathfrak{L}(\boldsymbol{\alpha}_1, \boldsymbol{\alpha}_2, \cdots, \boldsymbol{\alpha}_s)=\{\boldsymbol{\alpha}=k_1\boldsymbol{\alpha}_1+k_2\boldsymbol{\alpha}_2+\cdots+k_s\boldsymbol{\alpha}_s \mid k_1, k_2, \cdots, k_s \in \mathbb{R}\},$$

容易验证，$\mathfrak{L}(\boldsymbol{\alpha}_1, \boldsymbol{\alpha}_2, \cdots, \boldsymbol{\alpha}_s)$ 是一个向量空间，我们称之为由向量组 $\boldsymbol{\alpha}_1$，$\boldsymbol{\alpha}_2$，…，$\boldsymbol{\alpha}_s$ 所张成的向量空间.

定义 3　设有向量空间 V_1 与 V_2，如果 $V_1 \subseteq V_2$(即 V_1 是 V_2 的子集)，则称向量空间 V_1 是 V_2 的子空间.

例如，例 1 中的向量空间 V_1、例 4 中的向量空间 S 均为 n 维向量空间$\mathbb{R}^n$ 的子空间. 特别地，对于任何由 n 维向量组成的集合 V，总有 $V \subseteq \mathbb{R}^n$. 所以只要 V 是向量空间，那么 V 就是$\mathbb{R}^n$ 的子空间.

二、向量空间的基、维数与坐标

定义 4　向量空间 V 中的 r 个向量 $\boldsymbol{\alpha}_1$，$\boldsymbol{\alpha}_2$，…，$\boldsymbol{\alpha}_r$ 如果满足下列条件：

(1) $\boldsymbol{\alpha}_1$，$\boldsymbol{\alpha}_2$，…，$\boldsymbol{\alpha}_r$ 线性无关；

(2) 向量空间 V 中任一向量都可以由 $\boldsymbol{\alpha}_1$，$\boldsymbol{\alpha}_2$，…，$\boldsymbol{\alpha}_r$ 线性表示.

则称 $\boldsymbol{\alpha}_1$，$\boldsymbol{\alpha}_2$，…，$\boldsymbol{\alpha}_r$ 为向量空间 V 的一个基，数 r 称为向量空间的维数，记为$\dim(V)=r$，并称 V 为 r 维向量空间.

向量空间 V 如果只含有一个零向量，则这个向量空间没有基，它的维数为 0.

例 7　由本章第一节的例 3 和第二节的例 1 可知，向量组

$$\boldsymbol{e}_1=\begin{pmatrix}1\\0\\\vdots\\0\end{pmatrix},\ \boldsymbol{e}_2=\begin{pmatrix}0\\1\\\vdots\\0\end{pmatrix},\ \cdots,\ \boldsymbol{e}_n=\begin{pmatrix}0\\0\\\vdots\\1\end{pmatrix}$$

就是$\mathbb{R}^n$ 的一个基，因此，$\dim(\mathbb{R}^n)=n$. 我们将$\mathbb{R}^n$ 称为 n 维向量空间.

容易验证，向量组

$$\boldsymbol{\alpha}_1=\begin{pmatrix}1\\0\\0\\\vdots\\0\end{pmatrix},\ \boldsymbol{\alpha}_2=\begin{pmatrix}1\\1\\0\\\vdots\\0\end{pmatrix},\ \boldsymbol{\alpha}_3=\begin{pmatrix}1\\1\\1\\\vdots\\0\end{pmatrix},\ \cdots,\ \boldsymbol{\alpha}_n=\begin{pmatrix}1\\1\\1\\\vdots\\1\end{pmatrix}$$

也是 n 维向量空间$\mathbb{R}^n$ 的一个基. 由此可见，向量空间的基是不唯一的，但是任意两个基等价，并且所含向量的个数相同，所以向量空间的维数的定义不依赖于基的选择.

向量空间

$$V_1=\left\{\begin{pmatrix}0\\a_2\\\vdots\\a_n\end{pmatrix} \middle| a_2, \cdots, a_n \in \mathbb{R}\right\}$$

的一个基可取为

$$e_2=\begin{pmatrix}0\\1\\0\\\vdots\\0\end{pmatrix},\ e_3=\begin{pmatrix}0\\0\\1\\\vdots\\0\end{pmatrix},\ \cdots,\ e_n=\begin{pmatrix}0\\0\\0\\\vdots\\1\end{pmatrix},$$

所以 V_1 是 $n-1$ 维向量空间.

如果 n 元齐次线性方程组 $\boldsymbol{Ax}=\boldsymbol{0}$ 的系数矩阵的秩 $R(\boldsymbol{A})=r$，它的基础解系为 $\boldsymbol{\xi}_1$，$\boldsymbol{\xi}_2$，$\cdots$，$\boldsymbol{\xi}_{n-r}$，则 $\boldsymbol{\xi}_1$，$\boldsymbol{\xi}_2$，$\cdots$，$\boldsymbol{\xi}_{n-r}$就是解空间 S 的基，解空间 S 的维数为

$$\dim(S)=n-r=n-R(\boldsymbol{A}).$$

将向量空间

$$\mathfrak{L}(\boldsymbol{\alpha}_1,\ \boldsymbol{\alpha}_2,\ \cdots,\ \boldsymbol{\alpha}_s)=\{\boldsymbol{\alpha}=k_1\boldsymbol{\alpha}_1+k_2\boldsymbol{\alpha}_2+\cdots+k_s\boldsymbol{\alpha}_s\,|\,k_1,\ k_2,\ \cdots,\ k_s\in\mathbb{R}\}$$

看成向量组，则它与向量组 $\boldsymbol{\alpha}_1$，$\boldsymbol{\alpha}_2$，$\cdots$，$\boldsymbol{\alpha}_s$ 等价，因此向量组 $\boldsymbol{\alpha}_1$，$\boldsymbol{\alpha}_2$，$\cdots$，$\boldsymbol{\alpha}_s$ 的极大无关组就是向量空间 $\mathfrak{L}(\boldsymbol{\alpha}_1,\ \boldsymbol{\alpha}_2,\ \cdots,\ \boldsymbol{\alpha}_s)$的基，向量组 $\boldsymbol{\alpha}_1$，$\boldsymbol{\alpha}_2$，$\cdots$，$\boldsymbol{\alpha}_s$ 的秩就是向量空间 $\mathfrak{L}(\boldsymbol{\alpha}_1,\ \boldsymbol{\alpha}_2,\ \cdots,\ \boldsymbol{\alpha}_s)$的维数.

命题 1　如果 $\boldsymbol{\alpha}_1$，$\boldsymbol{\alpha}_2$，$\cdots$，$\boldsymbol{\alpha}_r$ 是向量空间 V 的一个基，则 V 中任一向量 $\boldsymbol{\beta}$ 均可以由 $\boldsymbol{\alpha}_1$，$\boldsymbol{\alpha}_2$，$\cdots$，$\boldsymbol{\alpha}_r$ 唯一线性表示.

证明　由基的定义可知，V 中任一向量 $\boldsymbol{\beta}$ 均可以由 $\boldsymbol{\alpha}_1$，$\boldsymbol{\alpha}_2$，$\cdots$，$\boldsymbol{\alpha}_r$ 线性表示. 下面证明表示式是唯一的.

设存在数 λ_1，λ_2，$\cdots$，λ_r 及 μ_1，μ_2，$\cdots$，μ_r，使得

$$\boldsymbol{\beta}=\lambda_1\boldsymbol{\alpha}_1+\lambda_2\boldsymbol{\alpha}_2+\cdots+\lambda_r\boldsymbol{\alpha}_r$$

以及

$$\boldsymbol{\beta}=\mu_1\boldsymbol{\alpha}_1+\mu_2\boldsymbol{\alpha}_2+\cdots+\mu_r\boldsymbol{\alpha}_r,$$

两式相减得

$$\boldsymbol{0}=(\lambda_1-\mu_1)\boldsymbol{\alpha}_1+(\lambda_2-\mu_2)\boldsymbol{\alpha}_2+\cdots+(\lambda_r-\mu_r)\boldsymbol{\alpha}_r.$$

由基 $\boldsymbol{\alpha}_1$，$\boldsymbol{\alpha}_2$，$\cdots$，$\boldsymbol{\alpha}_r$ 线性无关可得

$$\lambda_1=\mu_1,\ \lambda_2=\mu_2,\ \cdots,\ \lambda_r=\mu_r,$$

因此向量 $\boldsymbol{\beta}$ 可由 $\boldsymbol{\alpha}_1$，$\boldsymbol{\alpha}_2$，$\cdots$，$\boldsymbol{\alpha}_r$ 唯一的线性表示.

定义 5　如果 $\boldsymbol{\alpha}_1$，$\boldsymbol{\alpha}_2$，$\cdots$，$\boldsymbol{\alpha}_r$ 是向量空间 V 的一个基，则 V 中任一向量 $\boldsymbol{\beta}$ 可唯一线性表示为

$$\boldsymbol{\beta}=\lambda_1\boldsymbol{\alpha}_1+\lambda_2\boldsymbol{\alpha}_2+\cdots+\lambda_r\boldsymbol{\alpha}_r,$$

则称常数 λ_1，λ_2，$\cdots$，λ_r 为向量 $\boldsymbol{\beta}$ 在基 $\boldsymbol{\alpha}_1$，$\boldsymbol{\alpha}_2$，$\cdots$，$\boldsymbol{\alpha}_r$ 下的坐标.

取$\mathbb{R}^n$ 的一个基为 $\boldsymbol{e}_1$，$\boldsymbol{e}_2$，$\cdots$，$\boldsymbol{e}_n$，则由本章第一节的例 3 可知，$\mathbb{R}^n$ 中任一向量 $\boldsymbol{\alpha}=\begin{pmatrix}a_1\\a_2\\\vdots\\a_n\end{pmatrix}$在基 $\boldsymbol{e}_1$，$\boldsymbol{e}_2$，$\cdots$，$\boldsymbol{e}_n$ 下的坐标就是向量 $\boldsymbol{\alpha}$ 的 n 个分量 a_1，a_2，$\cdots$，a_n.

例 8　验证 $\boldsymbol{\alpha}_1=\begin{pmatrix}1\\0\\1\end{pmatrix}$，$\boldsymbol{\alpha}_2=\begin{pmatrix}2\\1\\-1\end{pmatrix}$，$\boldsymbol{\alpha}_3=\begin{pmatrix}-1\\1\\-3\end{pmatrix}$是$\mathbb{R}^3$的一个基，并求向量$\boldsymbol{\beta}=\begin{pmatrix}2\\-1\\6\end{pmatrix}$在这组基下的坐标.

解　要验证 $\boldsymbol{\alpha}_1$，$\boldsymbol{\alpha}_2$，$\boldsymbol{\alpha}_3$ 是$\mathbb{R}^3$的一组基，只要验证 $\boldsymbol{\alpha}_1$，$\boldsymbol{\alpha}_2$，$\boldsymbol{\alpha}_3$ 线性无关，也就是只要验证（$\boldsymbol{\alpha}_1$，$\boldsymbol{\alpha}_2$，$\boldsymbol{\alpha}_3$）$\overset{r}{\sim}\boldsymbol{E}$ 即可. 设 $\boldsymbol{\beta}$ 在这组基下的坐标为 x_1，x_2，x_3，即 $(\boldsymbol{\alpha}_1,\ \boldsymbol{\alpha}_2,\ \boldsymbol{\alpha}_3)\begin{pmatrix}x_1\\x_2\\x_3\end{pmatrix}=\boldsymbol{\beta}$，记作 $\boldsymbol{Ax}=\boldsymbol{\beta}$. 对矩阵$(\boldsymbol{A}\mid\boldsymbol{\beta})$作行初等变换，若 $\boldsymbol{A}$ 能变成 $\boldsymbol{E}$，则 $\boldsymbol{\alpha}_1$，$\boldsymbol{\alpha}_2$，$\boldsymbol{\alpha}_3$ 是$\mathbb{R}^3$的一组基，且当 $\boldsymbol{A}$ 变成 $\boldsymbol{E}$ 时，$\boldsymbol{\beta}$ 变成了 $\boldsymbol{x}=\boldsymbol{A}^{-1}\boldsymbol{\beta}$.

$$(\boldsymbol{A}\mid\boldsymbol{\beta})=\left(\begin{array}{ccc|c}1&2&-1&2\\0&1&1&-1\\1&-1&-3&6\end{array}\right)\rightarrow\left(\begin{array}{ccc|c}1&2&-1&2\\0&1&1&-1\\0&-3&-2&4\end{array}\right)\rightarrow\left(\begin{array}{ccc|c}1&2&-1&2\\0&1&1&-1\\0&0&1&1\end{array}\right)\rightarrow\left(\begin{array}{ccc|c}1&0&0&7\\0&1&0&-2\\0&0&1&1\end{array}\right),$$

因为 $\boldsymbol{A}=(\boldsymbol{\alpha}_1,\ \boldsymbol{\alpha}_2,\ \boldsymbol{\alpha}_3)\overset{r}{\sim}\boldsymbol{E}$，所以 $\boldsymbol{\alpha}_1$，$\boldsymbol{\alpha}_2$，$\boldsymbol{\alpha}_3$ 是$\mathbb{R}^3$的一个基，且向量$\boldsymbol{\beta}=\begin{pmatrix}2\\-1\\6\end{pmatrix}$在这组基下的坐标为$\begin{pmatrix}7\\-2\\1\end{pmatrix}$.

三、基变换与坐标变换

定义 6　设 $\boldsymbol{\alpha}_1$，$\boldsymbol{\alpha}_2$，…，$\boldsymbol{\alpha}_n$ 与 $\boldsymbol{\beta}_1$，$\boldsymbol{\beta}_2$，…，$\boldsymbol{\beta}_n$ 是 n 维向量空间 V 的两个基，存在系数矩阵 $\boldsymbol{P}_{n\times n}$，使得

$$(\boldsymbol{\beta}_1,\ \boldsymbol{\beta}_2,\ \cdots,\ \boldsymbol{\beta}_n)=(\boldsymbol{\alpha}_1,\ \boldsymbol{\alpha}_2,\ \cdots,\ \boldsymbol{\alpha}_n)\boldsymbol{P},$$

矩阵 $\boldsymbol{P}_{n\times n}$称为从基 $\boldsymbol{\alpha}_1$，$\boldsymbol{\alpha}_2$，…，$\boldsymbol{\alpha}_n$ 到基 $\boldsymbol{\beta}_1$，$\boldsymbol{\beta}_2$，…，$\boldsymbol{\beta}_n$ 的过渡矩阵.

显然，从基 $\boldsymbol{\alpha}_1$，$\boldsymbol{\alpha}_2$，…，$\boldsymbol{\alpha}_n$ 到基 $\boldsymbol{\beta}_1$，$\boldsymbol{\beta}_2$，…，$\boldsymbol{\beta}_n$ 的过渡矩阵 $\boldsymbol{P}_{n\times n}$是可逆矩阵.

例 9　取定$\mathbb{R}^3$中两组基 $\boldsymbol{\alpha}_1=\begin{pmatrix}1\\1\\0\end{pmatrix}$，$\boldsymbol{\alpha}_2=\begin{pmatrix}1\\0\\1\end{pmatrix}$，$\boldsymbol{\alpha}_3=\begin{pmatrix}0\\1\\1\end{pmatrix}$和 $\boldsymbol{\beta}_1=\begin{pmatrix}1\\1\\-2\end{pmatrix}$，$\boldsymbol{\beta}_2=\begin{pmatrix}1\\2\\3\end{pmatrix}$，$\boldsymbol{\beta}_3=\begin{pmatrix}-1\\2\\1\end{pmatrix}$，求从基 $\boldsymbol{\alpha}_1$，$\boldsymbol{\alpha}_2$，$\boldsymbol{\alpha}_3$ 到基 $\boldsymbol{\beta}_1$，$\boldsymbol{\beta}_2$，$\boldsymbol{\beta}_3$ 的过渡矩阵 $\boldsymbol{P}$.

解　记矩阵 $\boldsymbol{A}=(\boldsymbol{\alpha}_1,\ \boldsymbol{\alpha}_2,\ \boldsymbol{\alpha}_3)$，$\boldsymbol{B}=(\boldsymbol{\beta}_1,\ \boldsymbol{\beta}_2,\ \boldsymbol{\beta}_3)$，则从自然基 $\boldsymbol{e}_1$，$\boldsymbol{e}_2$，$\boldsymbol{e}_3$ 到基 $\boldsymbol{\alpha}_1$，$\boldsymbol{\alpha}_2$，$\boldsymbol{\alpha}_3$ 的过渡矩阵就是 $\boldsymbol{A}$，从基 $\boldsymbol{e}_1$，$\boldsymbol{e}_2$，$\boldsymbol{e}_3$ 到基 $\boldsymbol{\beta}_1$，$\boldsymbol{\beta}_2$，$\boldsymbol{\beta}_3$ 的过渡矩阵就是 $\boldsymbol{B}$. 于是有

$$(\boldsymbol{\beta}_1,\ \boldsymbol{\beta}_2,\ \boldsymbol{\beta}_3)=(\boldsymbol{e}_1,\ \boldsymbol{e}_2,\ \boldsymbol{e}_3)\boldsymbol{B}=(\boldsymbol{\alpha}_1,\ \boldsymbol{\alpha}_2,\ \boldsymbol{\alpha}_3)\boldsymbol{A}^{-1}\boldsymbol{B}.$$

记 $\boldsymbol{P}=\boldsymbol{A}^{-1}\boldsymbol{B}$，则矩阵 $\boldsymbol{P}$ 就是从基 $\boldsymbol{\alpha}_1$，$\boldsymbol{\alpha}_2$，$\boldsymbol{\alpha}_3$ 到基 $\boldsymbol{\beta}_1$，$\boldsymbol{\beta}_2$，$\boldsymbol{\beta}_3$ 的过渡矩阵.

$$(\boldsymbol{A}|\boldsymbol{B})=\left(\begin{array}{ccc|ccc}1&1&0&1&1&-1\\1&0&1&1&2&2\\0&1&1&-2&3&1\end{array}\right)\to\left(\begin{array}{ccc|ccc}1&0&0&2&0&0\\0&1&0&-1&1&-1\\0&0&1&-1&2&2\end{array}\right),$$

因此

$$\boldsymbol{P}=\boldsymbol{A}^{-1}\boldsymbol{B}=\begin{pmatrix}2&0&0\\-1&1&-1\\-1&2&2\end{pmatrix}.$$

设 $\boldsymbol{\alpha}_1$，$\boldsymbol{\alpha}_2$，…，$\boldsymbol{\alpha}_n$ 与 $\boldsymbol{\beta}_1$，$\boldsymbol{\beta}_2$，…，$\boldsymbol{\beta}_n$ 是 $\mathbb{R}^n$ 的两个基，任一向量 $\boldsymbol{\alpha}\in\mathbb{R}^n$ 在基 $\boldsymbol{\alpha}_1$，$\boldsymbol{\alpha}_2$，…，$\boldsymbol{\alpha}_n$ 与基 $\boldsymbol{\beta}_1$，$\boldsymbol{\beta}_2$，…，$\boldsymbol{\beta}_n$ 下的坐标分别为 $(x_1, x_2, \cdots, x_n)^{\mathrm{T}}$ 和 $(y_1, y_2, \cdots, y_n)^{\mathrm{T}}$，即

$$\boldsymbol{\alpha}=(\boldsymbol{\alpha}_1, \boldsymbol{\alpha}_2, \cdots, \boldsymbol{\alpha}_n)\begin{pmatrix}x_1\\x_2\\\vdots\\x_n\end{pmatrix},\quad \boldsymbol{\alpha}=(\boldsymbol{\beta}_1, \boldsymbol{\beta}_2, \cdots, \boldsymbol{\beta}_n)\begin{pmatrix}y_1\\y_2\\\vdots\\y_n\end{pmatrix}.$$

令矩阵 $\boldsymbol{A}=(\boldsymbol{\alpha}_1, \boldsymbol{\alpha}_2, \cdots, \boldsymbol{\alpha}_n)$，$\boldsymbol{B}=(\boldsymbol{\beta}_1, \boldsymbol{\beta}_2, \cdots, \boldsymbol{\beta}_n)$，则有

$$\boldsymbol{A}\begin{pmatrix}x_1\\x_2\\\vdots\\x_n\end{pmatrix}=\boldsymbol{B}\begin{pmatrix}y_1\\y_2\\\vdots\\y_n\end{pmatrix}.$$

于是得到

$$\begin{pmatrix}x_1\\x_2\\\vdots\\x_n\end{pmatrix}=\boldsymbol{A}^{-1}\boldsymbol{B}\begin{pmatrix}y_1\\y_2\\\vdots\\y_n\end{pmatrix}=\boldsymbol{P}\begin{pmatrix}y_1\\y_2\\\vdots\\y_n\end{pmatrix}\tag{5-1}$$

或

$$\begin{pmatrix}y_1\\y_2\\\vdots\\y_n\end{pmatrix}=\boldsymbol{B}^{-1}\boldsymbol{A}\begin{pmatrix}x_1\\x_2\\\vdots\\x_n\end{pmatrix}=\boldsymbol{P}^{-1}\begin{pmatrix}x_1\\x_2\\\vdots\\x_n\end{pmatrix}.\tag{5-2}$$

其中 $\boldsymbol{P}=\boldsymbol{A}^{-1}\boldsymbol{B}$ 是从基 $\boldsymbol{\alpha}_1$，$\boldsymbol{\alpha}_2$，…，$\boldsymbol{\alpha}_n$ 到基 $\boldsymbol{\beta}_1$，$\boldsymbol{\beta}_2$，…，$\boldsymbol{\beta}_n$ 的过渡矩阵.

定义 7　式(5-1)称为从坐标 $(y_1, y_2, \cdots, y_n)^{\mathrm{T}}$ 到坐标 $(x_1, x_2, \cdots, x_n)^{\mathrm{T}}$ 的坐标变换公式；式(5-2)称为从坐标 $(x_1, x_2, \cdots, x_n)^{\mathrm{T}}$ 到坐标 $(y_1, y_2, \cdots, y_n)^{\mathrm{T}}$ 的坐标变换公式.

例 10　已知向量 $\boldsymbol{\alpha}\in\mathbb{R}^3$ 在基 $\boldsymbol{\alpha}_1=\begin{pmatrix}1\\1\\0\end{pmatrix}$，$\boldsymbol{\alpha}_2=\begin{pmatrix}1\\0\\1\end{pmatrix}$，$\boldsymbol{\alpha}_3=\begin{pmatrix}0\\1\\1\end{pmatrix}$ 下的坐标是 $\begin{pmatrix}8\\-2\\4\end{pmatrix}$，求 $\boldsymbol{\alpha}$ 在

基$\boldsymbol{\beta}_1=\begin{pmatrix}1\\1\\-2\end{pmatrix}$，$\boldsymbol{\beta}_2=\begin{pmatrix}1\\2\\3\end{pmatrix}$，$\boldsymbol{\beta}_3=\begin{pmatrix}-1\\2\\1\end{pmatrix}$下的坐标.

解　设$\boldsymbol{\alpha}$在基$\boldsymbol{\beta}_1$，$\boldsymbol{\beta}_2$，$\boldsymbol{\beta}_3$下的坐标为$(y_1, y_2, y_3)^{\mathrm{T}}$，由例 9 知，从基$\boldsymbol{\alpha}_1$，$\boldsymbol{\alpha}_2$，$\boldsymbol{\alpha}_3$到基$\boldsymbol{\beta}_1$，$\boldsymbol{\beta}_2$，$\boldsymbol{\beta}_3$的过渡矩阵为$\boldsymbol{P}=\begin{pmatrix}2&0&0\\-1&1&-1\\-1&2&2\end{pmatrix}$，易求得$\boldsymbol{P}^{-1}=\begin{pmatrix}\frac{1}{2}&0&0\\\frac{3}{8}&\frac{1}{2}&\frac{1}{4}\\-\frac{1}{8}&-\frac{1}{2}&\frac{1}{4}\end{pmatrix}$，于是由式(5-2)有

$$\begin{pmatrix}y_1\\y_2\\y_3\end{pmatrix}=\boldsymbol{P}^{-1}\begin{pmatrix}x_1\\x_2\\x_3\end{pmatrix}=\begin{pmatrix}\frac{1}{2}&0&0\\\frac{3}{8}&\frac{1}{2}&\frac{1}{4}\\-\frac{1}{8}&-\frac{1}{2}&\frac{1}{4}\end{pmatrix}\begin{pmatrix}8\\-2\\4\end{pmatrix}=\begin{pmatrix}4\\3\\1\end{pmatrix}.$$

习题 3-5

1. 判断下列集合对通常的向量加法和数乘运算是否构成向量空间，并说明理由：

(1) $V_1=\{\boldsymbol{x}=(x_1, x_2, \cdots, x_n)^{\mathrm{T}}\mid x_1, \cdots, x_n\in\mathbb{R}$ 且满足 $x_1+\cdots+x_n=0\}$；

(2) $V_2=\{\boldsymbol{x}=(x_1, x_2, \cdots, x_n)^{\mathrm{T}}\mid x_1, \cdots, x_n\in\mathbb{R}$ 且满足 $x_1+\cdots+x_n=1\}$；

(3) $V_3=\{\boldsymbol{x}=(x_1, x_2, \cdots, x_n)^{\mathrm{T}}\mid x_1, \cdots, x_n\in\mathbb{R}$ 且 $x_1=x_2=\cdots=x_n\}$.

2. 设向量组$\boldsymbol{\alpha}_1$，$\boldsymbol{\alpha}_2$，$\cdots$，$\boldsymbol{\alpha}_s$与向量组$\boldsymbol{\beta}_1$，$\boldsymbol{\beta}_2$，$\cdots$，$\boldsymbol{\beta}_t$等价，记

$$\mathfrak{L}_1(\boldsymbol{\alpha}_1, \boldsymbol{\alpha}_2, \cdots, \boldsymbol{\alpha}_s)=\{\boldsymbol{\alpha}=k_1\boldsymbol{\alpha}_1+k_2\boldsymbol{\alpha}_2+\cdots+k_s\boldsymbol{\alpha}_s\mid k_1, k_2, \cdots, k_s\in\mathbb{R}\},$$

$$\mathfrak{L}_2(\boldsymbol{\beta}_1, \boldsymbol{\beta}_2, \cdots, \boldsymbol{\beta}_t)=\{\boldsymbol{\beta}=k_1\boldsymbol{\beta}_1+k_2\boldsymbol{\beta}_2+\cdots+k_t\boldsymbol{\beta}_t\mid k_1, k_2, \cdots, k_t\in\mathbb{R}\},$$

证明：$\mathfrak{L}(\boldsymbol{\alpha}_1, \boldsymbol{\alpha}_2, \cdots, \boldsymbol{\alpha}_s)=\mathfrak{L}_2(\boldsymbol{\beta}_1, \boldsymbol{\beta}_2, \cdots, \boldsymbol{\beta}_t)$.

3. 设向量组

$$\boldsymbol{\alpha}_1=\begin{pmatrix}1\\2\\3\\-1\end{pmatrix},\ \boldsymbol{\alpha}_2=\begin{pmatrix}2\\2\\2\\-1\end{pmatrix},\ \boldsymbol{\alpha}_3=\begin{pmatrix}2\\3\\1\\1\end{pmatrix},\ \boldsymbol{\alpha}_4=\begin{pmatrix}3\\2\\1\\-1\end{pmatrix},\ \boldsymbol{\alpha}_5=\begin{pmatrix}-1\\-1\\2\\-2\end{pmatrix},$$

求向量空间$\mathfrak{L}(\boldsymbol{\alpha}_1, \boldsymbol{\alpha}_2, \boldsymbol{\alpha}_3, \boldsymbol{\alpha}_4, \boldsymbol{\alpha}_5)=\{\boldsymbol{\alpha}=k_1\boldsymbol{\alpha}_1+k_2\boldsymbol{\alpha}_2+k_3\boldsymbol{\alpha}_3+k_4\boldsymbol{\alpha}_4+k_5\boldsymbol{\alpha}_5\mid k_1, k_2, k_3, k_4, k_5\in\mathbb{R}\}$的基与维数.

4. 验证

（1）

$$\boldsymbol{\alpha}_1=\begin{pmatrix}1\\0\\0\\0\end{pmatrix},\ \boldsymbol{\alpha}_2=\begin{pmatrix}1\\1\\0\\0\end{pmatrix},\ \boldsymbol{\alpha}_3=\begin{pmatrix}1\\1\\1\\0\end{pmatrix},\ \boldsymbol{\alpha}_4=\begin{pmatrix}1\\1\\1\\1\end{pmatrix}$$

是$\mathbb{R}^4$的一个基，并求$\boldsymbol{\alpha}=(1,\ 1,\ 2,\ 1)^{\mathrm{T}}$在这个基下的坐标；

（2）

$$\boldsymbol{\beta}_1=\begin{pmatrix}1\\0\\1\\1\end{pmatrix},\ \boldsymbol{\beta}_2=\begin{pmatrix}1\\1\\0\\1\end{pmatrix},\ \boldsymbol{\beta}_3=\begin{pmatrix}1\\1\\1\\0\end{pmatrix},\ \boldsymbol{\beta}_4=\begin{pmatrix}0\\1\\1\\1\end{pmatrix}$$

也是$\mathbb{R}^4$的一个基，并求从基$\boldsymbol{\alpha}_1$，$\boldsymbol{\alpha}_2$，$\boldsymbol{\alpha}_3$，$\boldsymbol{\alpha}_4$到基$\boldsymbol{\beta}_1$，$\boldsymbol{\beta}_2$，$\boldsymbol{\beta}_3$，$\boldsymbol{\beta}_4$的过渡矩阵$\boldsymbol{P}$，以及$\boldsymbol{\alpha}=(1,\ 1,\ 2,\ 1)^{\mathrm{T}}$在基$\boldsymbol{\beta}_1$，$\boldsymbol{\beta}_2$，$\boldsymbol{\beta}_3$，$\boldsymbol{\beta}_4$下的坐标.

本章小结

本章小结

向量、向量组	理解 n 维向量、向量组的概念以及向量组与矩阵的对应 理解 向量组的线性组合以及向量能由向量组线性表示的概念 熟悉 向量能由向量组线性表示的判断方法 理解 向量组 B 能由向量组 A 线性表示、两向量组等价的概念 熟悉 向量组 B 能由向量组 A 线性表示的判断方法
向量组的线性相关性	理解 向量组线性相关、线性无关的概念 熟悉 向量组线性相关、线性无关的判断方法 理解 向量组线性相关性理论的一些主要结论
向量组的秩与矩阵的秩	理解 向量组的极大无关组的概念和向量组的秩的概念 理解 矩阵的秩的概念 理解 矩阵的秩与向量组的秩之间的关系 熟悉 矩阵的秩的求法 熟悉 向量组的极大无关组以及向量组的秩的求法
线性方程组解的结构	熟悉 齐次线性方程组的基础解系的求法 理解 基础解系与系数矩阵的秩之间的关系 理解 齐次线性方程组的解的结构 理解 非齐次线性方程组的解的结构
向量空间	理解 向量空间的概念 熟悉 向量组生成的向量空间、齐次线性方程组的解空间等向量空间的例子 理解 向量空间的基、维数、向量在基下的坐标等概念 熟悉 向量空间的基、维数、向量在基下的坐标的求法

拓展阅读

经济学中的线性模型

哈佛大学教授列昂惕夫(Wassily Leontief)把美国经济分解为了500个部门，如煤炭工业、汽车工业、交通系统等．对每个部门，他写出了一个描述该部门的产出该如何分配给其他经济部门的线性方程．在1949年，Mark Ⅱ(当时计算能力最强的计算机之一)还不能处理所得到的包含500个未知数、500个方程的方程组，列昂惕夫只好把问题化为包含42个未知数、42个方程的方程组．后来，列昂惕夫获得了1973年的诺贝尔经济学奖，他打开了研究经济数学模型的新时代的大门．1949年他在哈佛的工作标志着应用计算机分析大规模数学模型的开始．从那以后，许多其他领域中的研究者也开始应用计算机来分析数学模型．由于所涉及的数据数量庞大，这些模型通常是线性的，即它们是用线性方程组来描述的．例如石油勘探，当使用勘探船来寻找海底石油的储藏情况时，它的计算机每天要解几千个线性方程组．

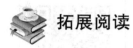

测试题三

一、填空题

1. 设 $\boldsymbol{\alpha}_1=\begin{pmatrix}1\\2\end{pmatrix}$，$\boldsymbol{\alpha}_2=\begin{pmatrix}-1\\1\end{pmatrix}$与$\boldsymbol{\beta}_1=\begin{pmatrix}-1\\0\end{pmatrix}$，$\boldsymbol{\beta}_2=\begin{pmatrix}2\\3\end{pmatrix}$是$\mathbb{R}^2$的两个基，则从基 $\boldsymbol{\alpha}_1$，$\boldsymbol{\alpha}_2$ 到基 $\boldsymbol{\beta}_1$，$\boldsymbol{\beta}_2$ 的过渡矩阵为________.

2. 已知两个向量组

$$\boldsymbol{\alpha}_1=\begin{pmatrix}1\\0\\1\end{pmatrix},\ \boldsymbol{\alpha}_2=\begin{pmatrix}0\\1\\1\end{pmatrix},\ \boldsymbol{\alpha}_3=\begin{pmatrix}1\\1\\0\end{pmatrix}与\boldsymbol{\beta}_1=\begin{pmatrix}1\\1\\1\end{pmatrix},\ \boldsymbol{\beta}_2=\begin{pmatrix}1\\2\\3\end{pmatrix},\ \boldsymbol{\beta}_3=\begin{pmatrix}3\\4\\a\end{pmatrix},$$

并且向量组 $\boldsymbol{\alpha}_1$，$\boldsymbol{\alpha}_2$，$\boldsymbol{\alpha}_3$ 不能由向量组 $\boldsymbol{\beta}_1$，$\boldsymbol{\beta}_2$，$\boldsymbol{\beta}_3$ 线性表示，则 $a=$________.

3. 设 3 阶矩阵 $\boldsymbol{A}=\begin{pmatrix}1&2&-2\\2&1&2\\3&0&4\end{pmatrix}$，向量 $\boldsymbol{\alpha}=\begin{pmatrix}a\\1\\1\end{pmatrix}$，已知 $\boldsymbol{A\alpha}$ 与 $\boldsymbol{\alpha}$ 线性相关，则 $a=$________.

4. 设 $\boldsymbol{A}=\begin{pmatrix}\lambda&1&1\\0&\lambda-1&0\\1&1&\lambda\end{pmatrix}$，$\boldsymbol{b}=\begin{pmatrix}a\\1\\1\end{pmatrix}$，已知线性方程组 $\boldsymbol{Ax}=\boldsymbol{b}$ 存在 2 个不同的解，则 $\lambda=$ ________；$a=$________.

二、选择题

1. 设向量组 $\boldsymbol{\alpha}_1$，$\boldsymbol{\alpha}_2$，$\boldsymbol{\alpha}_3$ 线性无关，则下列向量组线性相关的是(　　).

A. $\boldsymbol{\alpha}_1-\boldsymbol{\alpha}_2$，$\boldsymbol{\alpha}_2-\boldsymbol{\alpha}_3$，$\boldsymbol{\alpha}_3-\boldsymbol{\alpha}_1$　　B. $\boldsymbol{\alpha}_1+\boldsymbol{\alpha}_2$，$\boldsymbol{\alpha}_2+\boldsymbol{\alpha}_3$，$\boldsymbol{\alpha}_3+\boldsymbol{\alpha}_1$

C. $\boldsymbol{\alpha}_1-2\boldsymbol{\alpha}_2$，$\boldsymbol{\alpha}_2-2\boldsymbol{\alpha}_3$，$\boldsymbol{\alpha}_3-2\boldsymbol{\alpha}_1$　　D. $\boldsymbol{\alpha}_1+2\boldsymbol{\alpha}_2$，$\boldsymbol{\alpha}_2+2\boldsymbol{\alpha}_3$，$\boldsymbol{\alpha}_3+2\boldsymbol{\alpha}_1$

2. 设向量组Ⅰ：$\boldsymbol{\alpha}_1$，$\boldsymbol{\alpha}_2$，…，$\boldsymbol{\alpha}_r$ 可由向量组Ⅱ：$\boldsymbol{\beta}_1$，$\boldsymbol{\beta}_2$，…，$\boldsymbol{\beta}_s$ 线性表示，则下列选项正确的是(　　).

A. 当 $r<s$ 时，向量组Ⅱ必线性相关　　B. 当 $r>s$ 时，向量组Ⅱ必线性相关

C. 当 $r<s$ 时，向量组Ⅰ必线性相关　　D. 当 $r>s$ 时，向量组Ⅰ必线性相关

3. 设 $\boldsymbol{A}$，$\boldsymbol{B}$ 为满足 $\boldsymbol{AB}=\boldsymbol{0}$ 的任意两个非零矩阵，则必有(　　).

A. $\boldsymbol{A}$ 的列向量组线性相关，$\boldsymbol{B}$ 的行向量组线性相关

B. $\boldsymbol{A}$ 的列向量组线性相关，$\boldsymbol{B}$ 的列向量组线性相关

C. $\boldsymbol{A}$ 的行向量组线性相关，$\boldsymbol{B}$ 的行向量组线性相关

D. $\boldsymbol{A}$ 的行向量组线性相关，$\boldsymbol{B}$ 的列向量组线性相关

4. 设 $\boldsymbol{\alpha}_1$，$\boldsymbol{\alpha}_2$，…，$\boldsymbol{\alpha}_s$ 均为 n 维列向量，$\boldsymbol{A}$ 是 $m\times n$ 矩阵，下列选项正确的是(　　).

A. 若 $\boldsymbol{\alpha}_1$，$\boldsymbol{\alpha}_2$，…，$\boldsymbol{\alpha}_s$ 线性相关，则 $\boldsymbol{A\alpha}_1$，$\boldsymbol{A\alpha}_2$，…，$\boldsymbol{A\alpha}_s$ 线性相关

B. 若 $\boldsymbol{\alpha}_1$，$\boldsymbol{\alpha}_2$，…，$\boldsymbol{\alpha}_s$ 线性相关，则 $\boldsymbol{A\alpha}_1$，$\boldsymbol{A\alpha}_2$，…，$\boldsymbol{A\alpha}_s$ 线性无关

C. 若 $\boldsymbol{\alpha}_1$，$\boldsymbol{\alpha}_2$，…，$\boldsymbol{\alpha}_s$ 线性无关，则 $\boldsymbol{A\alpha}_1$，$\boldsymbol{A\alpha}_2$，…，$\boldsymbol{A\alpha}_s$ 线性相关

D. 若 $\boldsymbol{\alpha}_1$，$\boldsymbol{\alpha}_2$，…，$\boldsymbol{\alpha}_s$ 线性无关，则 $\boldsymbol{A\alpha}_1$，$\boldsymbol{A\alpha}_2$，…，$\boldsymbol{A\alpha}_s$ 线性无关

5. 设 $\boldsymbol{\alpha}_1$，$\boldsymbol{\alpha}_2$，$\boldsymbol{\alpha}_3$ 是三维向量空间$\mathbb{R}^3$的一组基，则由基 $\boldsymbol{\alpha}_1$，$\frac{1}{2}\boldsymbol{\alpha}_2$，$\frac{1}{3}\boldsymbol{\alpha}_3$ 到基 $\boldsymbol{\alpha}_1+$

$\boldsymbol{\alpha}_2$，$\boldsymbol{\alpha}_2+\boldsymbol{\alpha}_3$，$\boldsymbol{\alpha}_3+\boldsymbol{\alpha}_1$ 的过渡矩阵为(　　).

A. $\begin{pmatrix}1&0&1\\2&2&0\\0&3&3\end{pmatrix}$　　B. $\begin{pmatrix}1&2&0\\0&2&3\\1&0&3\end{pmatrix}$

C. $\begin{pmatrix}\frac{1}{2}&\frac{1}{4}&-\frac{1}{6}\\-\frac{1}{2}&\frac{1}{4}&\frac{1}{6}\\\frac{1}{2}&-\frac{1}{4}&\frac{1}{6}\end{pmatrix}$　　D. $\begin{pmatrix}\frac{1}{2}&-\frac{1}{2}&\frac{1}{2}\\\frac{1}{4}&\frac{1}{4}&-\frac{1}{4}\\-\frac{1}{6}&\frac{1}{6}&\frac{1}{6}\end{pmatrix}$

三、解答题

1. 设四维向量组 $\boldsymbol{\alpha}_1=(1+a,\ 1,\ 1,\ 1)^{\mathrm{T}}$，$\boldsymbol{\alpha}_2=(2,\ 2+a,\ 2,\ 2)^{\mathrm{T}}$，$\boldsymbol{\alpha}_3=(3,\ 3,\ 3+a,\ 3)^{\mathrm{T}}$，$\boldsymbol{\alpha}_4=(4,\ 4,\ 4,\ 4+a)^{\mathrm{T}}$，问 a 为何值时，$\boldsymbol{\alpha}_1$，$\boldsymbol{\alpha}_2$，$\boldsymbol{\alpha}_3$，$\boldsymbol{\alpha}_4$ 线性相关？当 $\boldsymbol{\alpha}_1$，$\boldsymbol{\alpha}_2$，$\boldsymbol{\alpha}_3$，$\boldsymbol{\alpha}_4$ 线性相关时，求其一个极大无关组，并将其余向量用该极大无关组线性表示.

2. 已知 3 阶矩阵 $\boldsymbol{A}$ 的第一行是$(a,\ b,\ c)$，a，b，c 不全为零，矩阵 $\boldsymbol{B}=\begin{pmatrix}1&2&3\\2&4&6\\3&6&k\end{pmatrix}$($k$ 为常数)，且 $\boldsymbol{AB}=\boldsymbol{0}$，求线性方程组 $\boldsymbol{Ax}=\boldsymbol{0}$ 的通解.

3. 设 $\boldsymbol{A}=\begin{pmatrix}1&-1&-1\\-1&1&1\\0&-4&-2\end{pmatrix}$，$\boldsymbol{\xi}_1=\begin{pmatrix}-1\\1\\-2\end{pmatrix}$.

(1) 求满足 $\boldsymbol{A\xi}_2=\boldsymbol{\xi}_1$，$\boldsymbol{A}^2\boldsymbol{\xi}_3=\boldsymbol{\xi}_1$ 的所有向量 $\boldsymbol{\xi}_2$，$\boldsymbol{\xi}_3$；

(2) 对(1)中的任意向量 $\boldsymbol{\xi}_2$，$\boldsymbol{\xi}_3$，证明 $\boldsymbol{\xi}_1$，$\boldsymbol{\xi}_2$，$\boldsymbol{\xi}_3$ 线性无关.

4. 已知非齐次线性方程组$\begin{cases}x_1+x_2+x_3+x_4=-1,\\4x_1+3x_2+5x_3-x_4=-1,\\ax_1+x_2+3x_3+bx_4=1\end{cases}$有 3 个线性无关的解，(1) 证明方程组系数矩阵 $\boldsymbol{A}$ 的秩 $R(\boldsymbol{A})=2$；(2) 求 a，b 的值及方程组的通解.

5. 设 n 元线性方程组 $\boldsymbol{Ax}=\boldsymbol{b}$，其中

$$\boldsymbol{A}=\begin{pmatrix}2a&1&&&&\\a^2&2a&1&&&\\&a^2&2a&1&&\\&&\ddots&\ddots&\ddots&\\&&&a^2&2a&1\\&&&&a^2&2a\end{pmatrix}_{n\times n},\quad \boldsymbol{x}=\begin{pmatrix}x_1\\x_2\\\vdots\\x_n\end{pmatrix},\quad \boldsymbol{b}=\begin{pmatrix}1\\0\\\vdots\\0\end{pmatrix}.$$

(1) 证明行列式 $|\boldsymbol{A}|=(n+1)a^n$；

(2) 当 a 为何值时，该方程组有唯一解，并求 x_1；

(3) 当 a 为何值时，该方程组有无穷多解，并求通解.

6. 设 $\boldsymbol{A}=(\boldsymbol{\alpha}_1,\ \boldsymbol{\alpha}_2,\ \boldsymbol{\alpha}_3,\ \boldsymbol{\alpha}_4)$ 是 4 阶矩阵，$\boldsymbol{A}^*$ 为 $\boldsymbol{A}$ 的伴随矩阵，若$(1,\ 0,\ 1,\ 0)^{\mathrm{T}}$ 是方程组 $\boldsymbol{Ax}=\boldsymbol{0}$ 的一个基础解系，求 $\boldsymbol{A}^*\boldsymbol{x}=\boldsymbol{0}$ 的一个基础解系.

第四章　相似矩阵及二次型

第一节　向量的内积、长度及正交性

[课前导读]

二维和三维空间中的向量有长度、夹角等概念，但是空间$\mathbb{R}^n$中的向量却没有这些概念. 本节我们先将二维和三维向量的数量积(又称内积)推广到$\mathbb{R}^n$中来，再借助于$\mathbb{R}^n$中向量的内积来定义$\mathbb{R}^n$中向量的长度、夹角等概念.

一、向量的内积、长度

定义 1　设有 n 维向量 $\boldsymbol{x}=\begin{pmatrix}x_1\\x_2\\\vdots\\x_n\end{pmatrix}$，$\boldsymbol{y}=\begin{pmatrix}y_1\\y_2\\\vdots\\y_n\end{pmatrix}$，令

$$[\boldsymbol{x},\boldsymbol{y}]=\boldsymbol{x}^{\mathrm{T}}\boldsymbol{y}=x_1y_1+x_2y_2+\cdots+x_ny_n,$$

称$[\boldsymbol{x},\boldsymbol{y}]$为向量 $\boldsymbol{x}$ 与 $\boldsymbol{y}$ 的内积.

可见，n 维向量的内积是二维、三维向量的数量积的一种推广，其结果是一个实数. 由内积的定义可得如下性质(其中 $\boldsymbol{x}$，$\boldsymbol{y}$ 与 $\boldsymbol{z}$ 都是 n 维列向量，λ 为实数)：

(1)$[\boldsymbol{x},\boldsymbol{y}]=[\boldsymbol{y},\boldsymbol{x}]$；

(2)$[\lambda\boldsymbol{x},\boldsymbol{y}]=\lambda[\boldsymbol{x},\boldsymbol{y}]=[\boldsymbol{x},\lambda\boldsymbol{y}]$；

(3)$[\boldsymbol{x}+\boldsymbol{y},\boldsymbol{z}]=[\boldsymbol{x},\boldsymbol{z}]+[\boldsymbol{y},\boldsymbol{z}]$；

(4)$[\boldsymbol{x},\boldsymbol{x}]\geqslant 0$，当且仅当 $\boldsymbol{x}=\boldsymbol{0}$ 时，$[\boldsymbol{x},\boldsymbol{x}]=0$.

利用这些性质，还可以证明著名的柯西-施瓦茨(Cauchy-Schwarz)不等式(简称施瓦茨不等式)(这里不证)

$$[\boldsymbol{x},\boldsymbol{y}]^2\leqslant[\boldsymbol{x},\boldsymbol{x}][\boldsymbol{y},\boldsymbol{y}].$$

利用内积概念，可以定义 n 维向量的长度和夹角.

定义 2　设有 n 维向量 $\boldsymbol{x}=\begin{pmatrix}x_1\\x_2\\\vdots\\x_n\end{pmatrix}$，令

$$\|\boldsymbol{x}\|=\sqrt{[\boldsymbol{x},\boldsymbol{x}]}=\sqrt{x_1^2+x_2^2+\cdots+x_n^2},$$

称$\|\boldsymbol{x}\|$为向量 $\boldsymbol{x}$ 的长度(或范数).

向量的长度具有下述性质.

(1)非负性：当 $\boldsymbol{x}\neq\boldsymbol{0}$ 时，$\|\boldsymbol{x}\|>0$；当 $\boldsymbol{x}=\boldsymbol{0}$ 时，$\|\boldsymbol{x}\|=0$.

(2)齐次性：$\|\lambda\boldsymbol{x}\|=|\lambda|\cdot\|\boldsymbol{x}\|$.

(3)三角不等式：$\|\boldsymbol{x}+\boldsymbol{y}\|\leqslant\|\boldsymbol{x}\|+\|\boldsymbol{y}\|$.

证明 (1)与(2)是显然的，下面证明(3). 因为

$$\|\boldsymbol{x}+\boldsymbol{y}\|^2=[\boldsymbol{x}+\boldsymbol{y},\ \boldsymbol{x}+\boldsymbol{y}]=[\boldsymbol{x},\ \boldsymbol{x}]+2[\boldsymbol{x},\ \boldsymbol{y}]+[\boldsymbol{y},\ \boldsymbol{y}],$$

根据施瓦茨不等式有

$$[\boldsymbol{x},\ \boldsymbol{y}]\leqslant\sqrt{[\boldsymbol{x},\ \boldsymbol{x}][\boldsymbol{y},\ \boldsymbol{y}]},$$

从而

$$\begin{aligned}\|\boldsymbol{x}+\boldsymbol{y}\|^2\leqslant[\boldsymbol{x},\ \boldsymbol{x}]+2\sqrt{[\boldsymbol{x},\ \boldsymbol{x}][\boldsymbol{y},\ \boldsymbol{y}]}+[\boldsymbol{y},\ \boldsymbol{y}]&=\|\boldsymbol{x}\|^2+2\|\boldsymbol{x}\|\ \|\boldsymbol{y}\|+\|\boldsymbol{y}\|^2\\&=(\|\boldsymbol{x}\|+\|\boldsymbol{y}\|)^2,\end{aligned}$$

即
$$\|\boldsymbol{x}+\boldsymbol{y}\|\leqslant\|\boldsymbol{x}\|+\|\boldsymbol{y}\|.$$

当 $\|\boldsymbol{x}\|=1$ 时，称 $\boldsymbol{x}$ 为单位向量. 如果 $\boldsymbol{\alpha}\neq\boldsymbol{0}$，取 $\boldsymbol{\beta}=\dfrac{\boldsymbol{\alpha}}{\|\boldsymbol{\alpha}\|}$，则 $\boldsymbol{\beta}$ 是一个单位向量. 由向量 $\boldsymbol{\alpha}$ 得到单位向量 $\boldsymbol{\beta}$ 的过程称为把向量 $\boldsymbol{\alpha}$ 单位化.

定义 3 当 $\boldsymbol{x}\neq\boldsymbol{0}$，$\boldsymbol{y}\neq\boldsymbol{0}$ 时，

$$\theta=\arccos\frac{[\boldsymbol{x},\ \boldsymbol{y}]}{\|\boldsymbol{x}\|\ \|\boldsymbol{y}\|}$$

称为 n 维向量 $\boldsymbol{x}$ 与 $\boldsymbol{y}$ 的夹角.

根据施瓦茨不等式有
$$[\boldsymbol{x},\ \boldsymbol{y}]\leqslant\|\boldsymbol{x}\|\cdot\|\boldsymbol{y}\|,$$
故

$$\frac{[\boldsymbol{x},\ \boldsymbol{y}]}{\|\boldsymbol{x}\|\cdot\|\boldsymbol{y}\|}\leqslant1\ (\text{当}\ \|\boldsymbol{x}\|\cdot\|\boldsymbol{y}\|\neq0\ \text{时}),$$

所以定义 3 是合理的.

当 $[\boldsymbol{x},\ \boldsymbol{y}]=0$ 时，称向量 $\boldsymbol{x}$ 与 $\boldsymbol{y}$ 正交. 显然，若 $\boldsymbol{x}=\boldsymbol{0}$，则 $\boldsymbol{x}$ 与任何向量都正交.

二、正交向量组

定义 4 由一组两两正交的非零向量组成的向量组，称为正交向量组.

例如，向量组

$$\begin{pmatrix}1\\0\\0\end{pmatrix},\ \begin{pmatrix}0\\2\\0\end{pmatrix},\ \begin{pmatrix}0\\0\\3\end{pmatrix}$$

与向量组

$$\begin{pmatrix}1\\0\\0\\0\end{pmatrix},\ \begin{pmatrix}0\\1\\0\\0\end{pmatrix},\ \begin{pmatrix}0\\0\\\frac{\sqrt{2}}{2}\\-\frac{\sqrt{2}}{2}\end{pmatrix},\ \begin{pmatrix}0\\0\\\frac{\sqrt{2}}{2}\\\frac{\sqrt{2}}{2}\end{pmatrix}$$

都是正交向量组.

下面讨论正交向量组的性质.

定理 1 若 n 维向量组 $\boldsymbol{\alpha}_1$，$\boldsymbol{\alpha}_2$，…，$\boldsymbol{\alpha}_m$ 是一个正交向量组，则 $\boldsymbol{\alpha}_1$，$\boldsymbol{\alpha}_2$，…，$\boldsymbol{\alpha}_m$ 线性无关.

证明 设有常数 λ_1，λ_2，…，λ_m，使

$$\lambda_1\boldsymbol{\alpha}_1+\lambda_2\boldsymbol{\alpha}_2+\cdots+\lambda_m\boldsymbol{\alpha}_m=\mathbf{0},$$

用 $\boldsymbol{\alpha}_i^{\mathrm{T}}(i=1,2,\cdots,m)$左乘上式两端，当 $j\neq i$ 时，$\boldsymbol{\alpha}_i^{\mathrm{T}}\boldsymbol{\alpha}_j=0$，故得

$$\lambda_i\boldsymbol{\alpha}_i^{\mathrm{T}}\boldsymbol{\alpha}_i=0(i=1,2,\cdots,m).$$

因 $\boldsymbol{\alpha}_i\neq\mathbf{0}(i=1,2,\cdots,m)$，故 $\boldsymbol{\alpha}_i^{\mathrm{T}}\boldsymbol{\alpha}_i\neq0$，从而必有 $\lambda_i=0(i=1,2,\cdots,m)$，于是向量组 $\boldsymbol{\alpha}_1$，$\boldsymbol{\alpha}_2$，…，$\boldsymbol{\alpha}_m$ 线性无关.

例 1 已知 3 维空间$\mathbb{R}^3$ 中的两个向量

$$\boldsymbol{\alpha}_1=\begin{pmatrix}1\\-1\\-1\end{pmatrix},\ \boldsymbol{\alpha}_2=\begin{pmatrix}1\\2\\-1\end{pmatrix}$$

正交，试求一个非零向量 $\boldsymbol{\alpha}_3$，使 $\boldsymbol{\alpha}_1$，$\boldsymbol{\alpha}_2$，$\boldsymbol{\alpha}_3$ 两两正交.

解 记

$$\boldsymbol{A}=\begin{pmatrix}\boldsymbol{\alpha}_1^{\mathrm{T}}\\ \boldsymbol{\alpha}_2^{\mathrm{T}}\end{pmatrix}=\begin{pmatrix}1&-1&-1\\1&2&-1\end{pmatrix},$$

$\boldsymbol{\alpha}_3$ 应满足齐次线性方程组 $\boldsymbol{Ax}=\mathbf{0}$，即

$$\begin{pmatrix}1&-1&-1\\1&2&-1\end{pmatrix}\begin{pmatrix}x_1\\x_2\\x_3\end{pmatrix}=\begin{pmatrix}0\\0\end{pmatrix},$$

对系数矩阵 $\boldsymbol{A}$ 实施初等行变换，有

$$\boldsymbol{A}=\begin{pmatrix}1&-1&-1\\1&2&-1\end{pmatrix}\to\begin{pmatrix}1&-1&-1\\0&3&0\end{pmatrix}\to\begin{pmatrix}1&0&-1\\0&1&0\end{pmatrix},$$

得$\begin{cases}x_1=x_3,\\x_2=0,\end{cases}$ 从而有基础解系$\begin{pmatrix}1\\0\\1\end{pmatrix}$. 取 $\boldsymbol{\alpha}_3=\begin{pmatrix}1\\0\\1\end{pmatrix}$，则 $\boldsymbol{\alpha}_3$ 为所求.

定义 5 设 n 维向量组 $\boldsymbol{\xi}_1$，$\boldsymbol{\xi}_2$，…，$\boldsymbol{\xi}_r$ 是向量空间 $V(V\subseteq\mathbb{R}^n)$的一个基，如果 $\boldsymbol{\xi}_1$，$\boldsymbol{\xi}_2$，…，$\boldsymbol{\xi}_r$ 两两正交，且都是单位向量，则称 $\boldsymbol{\xi}_1$，$\boldsymbol{\xi}_2$，…，$\boldsymbol{\xi}_r$ 是 V 的一个规范正交基.

例如，n 维单位坐标向量 $\boldsymbol{e}_1$，$\boldsymbol{e}_2$，…，$\boldsymbol{e}_n$ 是$\mathbb{R}^n$ 的一个规范正交基. 向量组

$$\boldsymbol{\xi}_1=\begin{pmatrix}\frac{2}{3}\\ \frac{1}{3}\\ \frac{2}{3}\end{pmatrix},\ \boldsymbol{\xi}_2=\begin{pmatrix}-\frac{2}{3}\\ \frac{2}{3}\\ \frac{1}{3}\end{pmatrix},\ \boldsymbol{\xi}_3=\begin{pmatrix}\frac{1}{3}\\ \frac{2}{3}\\ -\frac{2}{3}\end{pmatrix}$$

也是$\mathbb{R}^3$ 的一个规范正交基.

若 $\boldsymbol{\xi}_1$，$\boldsymbol{\xi}_2$，…，$\boldsymbol{\xi}_r$ 是 V 的一个规范正交基，那么 V 中任一向量 $\boldsymbol{\beta}$ 都能由 $\boldsymbol{\xi}_1$，$\boldsymbol{\xi}_2$，…，

$\boldsymbol{\xi}_r$ 线性表示，设表示式为

$$\boldsymbol{\beta}=\lambda_1\boldsymbol{\xi}_1+\lambda_2\boldsymbol{\xi}_2+\cdots+\lambda_r\boldsymbol{\xi}_r,$$

用 $\boldsymbol{\xi}_i^{\mathrm{T}}(i=1,\cdots,r)$ 左乘上式，有

$$\boldsymbol{\xi}_i^{\mathrm{T}}\boldsymbol{\beta}=\lambda_i\boldsymbol{\xi}_i^{\mathrm{T}}\boldsymbol{\xi}_i=\lambda_i(i=1,\cdots,r),$$

即

$$\lambda_i=\boldsymbol{\xi}_i^{\mathrm{T}}\boldsymbol{\beta}=[\boldsymbol{\xi}_i,\boldsymbol{\beta}](i=1,\cdots,r).$$

由此可见，利用这个公式能方便地求得系数 $\lambda_i(i=1,\cdots,r)$，也就是向量在规范正交基中的坐标. 因此，我们在给向量空间取基时常常取规范正交基.

那么，如何从向量空间 V 的一个基出发，找到 V 的一个规范正交基呢？下面，我们就来讨论这个问题.

三、施密特正交化过程

设 $\boldsymbol{\alpha}_1,\boldsymbol{\alpha}_2,\cdots,\boldsymbol{\alpha}_r$ 是向量空间 V 的一个基，从基 $\boldsymbol{\alpha}_1,\boldsymbol{\alpha}_2,\cdots,\boldsymbol{\alpha}_r$ 出发，找一组两两正交的单位向量 $\boldsymbol{\xi}_1,\boldsymbol{\xi}_2,\cdots,\boldsymbol{\xi}_r$，使 $\boldsymbol{\xi}_1,\boldsymbol{\xi}_2,\cdots,\boldsymbol{\xi}_r$ 与 $\boldsymbol{\alpha}_1,\boldsymbol{\alpha}_2,\cdots,\boldsymbol{\alpha}_r$ 等价，这个过程称为把基 $\boldsymbol{\alpha}_1,\boldsymbol{\alpha}_2,\cdots,\boldsymbol{\alpha}_r$ 规范正交化. 具体步骤如下.

第一步，将基 $\boldsymbol{\alpha}_1,\boldsymbol{\alpha}_2,\cdots,\boldsymbol{\alpha}_r$ 正交化. 即取

$$\boldsymbol{\beta}_1=\boldsymbol{\alpha}_1,$$

$$\boldsymbol{\beta}_2=\boldsymbol{\alpha}_2-\frac{[\boldsymbol{\beta}_1,\boldsymbol{\alpha}_2]}{[\boldsymbol{\beta}_1,\boldsymbol{\beta}_1]}\boldsymbol{\beta}_1,$$

$$\boldsymbol{\beta}_3=\boldsymbol{\alpha}_3-\frac{[\boldsymbol{\beta}_1,\boldsymbol{\alpha}_3]}{[\boldsymbol{\beta}_1,\boldsymbol{\beta}_1]}\boldsymbol{\beta}_1-\frac{[\boldsymbol{\beta}_2,\boldsymbol{\alpha}_3]}{[\boldsymbol{\beta}_2,\boldsymbol{\beta}_2]}\boldsymbol{\beta}_2,$$

………

$$\boldsymbol{\beta}_r=\boldsymbol{\alpha}_r-\frac{[\boldsymbol{\beta}_1,\boldsymbol{\alpha}_r]}{[\boldsymbol{\beta}_1,\boldsymbol{\beta}_1]}\boldsymbol{\beta}_1-\frac{[\boldsymbol{\beta}_2,\boldsymbol{\alpha}_r]}{[\boldsymbol{\beta}_2,\boldsymbol{\beta}_2]}\boldsymbol{\beta}_2-\cdots-\frac{[\boldsymbol{\beta}_{r-1},\boldsymbol{\alpha}_r]}{[\boldsymbol{\beta}_{r-1},\boldsymbol{\beta}_{r-1}]}\boldsymbol{\beta}_{r-1}.$$

容易验证 $\boldsymbol{\beta}_1,\boldsymbol{\beta}_2,\cdots,\boldsymbol{\beta}_r$ 两两正交(验证的过程请读者完成)，且 $\boldsymbol{\beta}_1,\boldsymbol{\beta}_2,\cdots,\boldsymbol{\beta}_r$ 与 $\boldsymbol{\alpha}_1,\boldsymbol{\alpha}_2,\cdots,\boldsymbol{\alpha}_r$ 等价.

从线性无关向量组 $\boldsymbol{\alpha}_1,\boldsymbol{\alpha}_2,\cdots,\boldsymbol{\alpha}_r$ 导出正交向量组 $\boldsymbol{\beta}_1,\boldsymbol{\beta}_2,\cdots,\boldsymbol{\beta}_r$ 的过程，称为施密特(Schmidt)正交化过程. 我们不仅可以证明 $\boldsymbol{\beta}_1,\boldsymbol{\beta}_2,\cdots,\boldsymbol{\beta}_r$ 与 $\boldsymbol{\alpha}_1,\boldsymbol{\alpha}_2,\cdots,\boldsymbol{\alpha}_r$ 等价，还可以证明对任何 $k(1\leqslant k\leqslant r)$，向量组 $\boldsymbol{\beta}_1,\boldsymbol{\beta}_2,\cdots,\boldsymbol{\beta}_k$ 与 $\boldsymbol{\alpha}_1,\boldsymbol{\alpha}_1,\cdots,\boldsymbol{\alpha}_k$ 等价.

第二步，将 $\boldsymbol{\beta}_1,\boldsymbol{\beta}_2,\cdots,\boldsymbol{\beta}_r$ 单位化，得到

$$\boldsymbol{\xi}_1=\frac{1}{\|\boldsymbol{\beta}_1\|}\boldsymbol{\beta}_1,\ \boldsymbol{\xi}_2=\frac{1}{\|\boldsymbol{\beta}_2\|}\boldsymbol{\beta}_2,\ \cdots,\ \boldsymbol{\xi}_r=\frac{1}{\|\boldsymbol{\beta}_r\|}\boldsymbol{\beta}_r.$$

于是，$\boldsymbol{\xi}_1,\boldsymbol{\xi}_2,\cdots,\boldsymbol{\xi}_r$ 就是 V 的一个规范正交基.

例 2　设 $\boldsymbol{\alpha}_1=\begin{pmatrix}1\\1\\-1\end{pmatrix}$，$\boldsymbol{\alpha}_2=\begin{pmatrix}0\\4\\1\end{pmatrix}$，$\boldsymbol{\alpha}_3=\begin{pmatrix}-2\\1\\1\end{pmatrix}$ 是 $\mathbb{R}^3$ 的一个基，求一个与 $\boldsymbol{\alpha}_1,\boldsymbol{\alpha}_2,\boldsymbol{\alpha}_3$ 等价的规范正交基.

解　取

$$\boldsymbol{\beta}_1=\boldsymbol{\alpha}_1=\begin{pmatrix}1\\1\\-1\end{pmatrix},$$

$$\boldsymbol{\beta}_2=\boldsymbol{\alpha}_2-\frac{[\boldsymbol{\beta}_1,\ \boldsymbol{\alpha}_2]}{[\boldsymbol{\beta}_1,\ \boldsymbol{\beta}_1]}\boldsymbol{\beta}_1=\begin{pmatrix}0\\4\\1\end{pmatrix}-\frac{3}{3}\begin{pmatrix}1\\1\\-1\end{pmatrix}=\begin{pmatrix}-1\\3\\2\end{pmatrix},$$

$$\boldsymbol{\beta}_3=\boldsymbol{\alpha}_3-\frac{[\boldsymbol{\beta}_1,\ \boldsymbol{\alpha}_3]}{[\boldsymbol{\beta}_1,\ \boldsymbol{\beta}_1]}\boldsymbol{\beta}_1-\frac{[\boldsymbol{\beta}_2,\ \boldsymbol{\alpha}_3]}{[\boldsymbol{\beta}_2,\ \boldsymbol{\beta}_2]}\boldsymbol{\beta}_2=\begin{pmatrix}-2\\1\\1\end{pmatrix}-\frac{-2}{3}\begin{pmatrix}1\\1\\-1\end{pmatrix}-\frac{7}{14}\begin{pmatrix}-1\\3\\2\end{pmatrix}=\begin{pmatrix}-\frac{5}{6}\\\frac{1}{6}\\-\frac{2}{3}\end{pmatrix},$$

再将$\boldsymbol{\beta}_1$，$\boldsymbol{\beta}_2$，$\boldsymbol{\beta}_3$单位化，得到

$$\boldsymbol{\xi}_1=\frac{1}{\|\boldsymbol{\beta}_1\|}\boldsymbol{\beta}_1=\frac{1}{\sqrt{3}}\begin{pmatrix}1\\1\\-1\end{pmatrix},\ \boldsymbol{\xi}_2=\frac{1}{\|\boldsymbol{\beta}_2\|}\boldsymbol{\beta}_2=\frac{1}{\sqrt{14}}\begin{pmatrix}-1\\3\\2\end{pmatrix},\ \boldsymbol{\xi}_3=\frac{1}{\|\boldsymbol{\beta}_3\|}\boldsymbol{\beta}_3=\frac{1}{\sqrt{42}}\begin{pmatrix}-5\\1\\-4\end{pmatrix},$$

$\boldsymbol{\xi}_1$，$\boldsymbol{\xi}_2$，$\boldsymbol{\xi}_3$即为所求.

例 3　已知$\boldsymbol{\alpha}_1=\begin{pmatrix}1\\-1\\1\end{pmatrix}$，求一组非零向量$\boldsymbol{\alpha}_2$，$\boldsymbol{\alpha}_3$，使$\boldsymbol{\alpha}_1$，$\boldsymbol{\alpha}_2$，$\boldsymbol{\alpha}_3$两两正交.

解　$\boldsymbol{\alpha}_2$，$\boldsymbol{\alpha}_3$应满足方程$\boldsymbol{\alpha}_1^{\mathrm{T}}\boldsymbol{x}=0$，即

$$x_1-x_2+x_3=0.$$

它的基础解系为

$$\boldsymbol{\xi}_1=\begin{pmatrix}1\\1\\0\end{pmatrix},\ \boldsymbol{\xi}_2=\begin{pmatrix}1\\0\\-1\end{pmatrix}.$$

令

$$\boldsymbol{\alpha}_2=\boldsymbol{\xi}_1=\begin{pmatrix}1\\1\\0\end{pmatrix},\ \boldsymbol{\alpha}_3=\boldsymbol{\xi}_2-\frac{[\boldsymbol{\alpha}_2,\ \boldsymbol{\xi}_2]}{[\boldsymbol{\alpha}_2,\ \boldsymbol{\alpha}_2]}\boldsymbol{\alpha}_2=\begin{pmatrix}1\\0\\-1\end{pmatrix}-\frac{1}{2}\begin{pmatrix}1\\1\\0\end{pmatrix}=\frac{1}{2}\begin{pmatrix}1\\-1\\-2\end{pmatrix},$$

则$\boldsymbol{\alpha}_1$，$\boldsymbol{\alpha}_2$，$\boldsymbol{\alpha}_3$两两正交.

四、正交矩阵

定义 6　如果n阶矩阵$\boldsymbol{A}$满足

$$\boldsymbol{A}^{\mathrm{T}}\boldsymbol{A}=\boldsymbol{E}\ (即\ \boldsymbol{A}^{-1}=\boldsymbol{A}^{\mathrm{T}}),$$

那么称$\boldsymbol{A}$为正交矩阵，简称正交阵.

关于正交矩阵，我们有下面的结论.

定理 2　设矩阵 $\boldsymbol{A}$ 是 n 阶方阵，则下列结论等价：

(1)$\boldsymbol{A}$ 是 n 阶正交阵；

(2)$\boldsymbol{A}$ 的列向量组是$\mathbb{R}^n$ 的一个规范正交基；

(3)$\boldsymbol{A}$ 的行向量组是$\mathbb{R}^n$ 的一个规范正交基.

证明　(1)⇔(2)：

将矩阵 $\boldsymbol{A}$ 按列分块 $\boldsymbol{A}=(\boldsymbol{\alpha}_1, \boldsymbol{\alpha}_2, \cdots, \boldsymbol{\alpha}_n)$，如果 $\boldsymbol{A}$ 是 n 阶正交阵，则公式 $\boldsymbol{A}^{\mathrm{T}}\boldsymbol{A}=\boldsymbol{E}$ 可表示为

$$\begin{pmatrix}\boldsymbol{\alpha}_1^{\mathrm{T}}\\ \boldsymbol{\alpha}_2^{\mathrm{T}}\\ \vdots\\ \boldsymbol{\alpha}_n^{\mathrm{T}}\end{pmatrix}(\boldsymbol{\alpha}_1, \boldsymbol{\alpha}_2, \cdots, \boldsymbol{\alpha}_n)=\begin{pmatrix}1&0&\cdots&0\\0&1&\cdots&0\\ \vdots&\vdots&\ddots&\vdots\\0&0&\cdots&1\end{pmatrix},$$

亦即

$$\boldsymbol{\alpha}_i^{\mathrm{T}}\boldsymbol{\alpha}_j=\boldsymbol{\delta}_{ij}=\begin{cases}1, & 当\ i=j,\\0, & 当\ i\neq j,\end{cases}(i, j=1, 2, \cdots, n)$$

这说明 $\boldsymbol{A}$ 的列向量都是 n 维单位向量，且两两正交，从而是$\mathbb{R}^n$ 的一个规范正交基.

(1)⇔(3)：因为 $\boldsymbol{A}^{\mathrm{T}}\boldsymbol{A}=\boldsymbol{E}$ 与 $\boldsymbol{A}\boldsymbol{A}^{\mathrm{T}}=\boldsymbol{E}$ 等价，所以将矩阵 $\boldsymbol{A}$ 按行分块

$$\boldsymbol{A}=\begin{pmatrix}\boldsymbol{\beta}_1^{\mathrm{T}}\\ \boldsymbol{\beta}_2^{\mathrm{T}}\\ \vdots\\ \boldsymbol{\beta}_n^{\mathrm{T}}\end{pmatrix},$$

于是公式 $\boldsymbol{A}\boldsymbol{A}^{\mathrm{T}}=\boldsymbol{E}$ 可表示为

$$\boldsymbol{A}\boldsymbol{A}^{\mathrm{T}}=\begin{pmatrix}\boldsymbol{\beta}_1^{\mathrm{T}}\\ \boldsymbol{\beta}_2^{\mathrm{T}}\\ \vdots\\ \boldsymbol{\beta}_n^{\mathrm{T}}\end{pmatrix}(\boldsymbol{\beta}_1, \boldsymbol{\beta}_2, \cdots, \boldsymbol{\beta}_n)=\begin{pmatrix}1&0&\cdots&0\\0&1&\cdots&0\\ \vdots&\vdots&\ddots&\vdots\\0&0&\cdots&1\end{pmatrix},$$

所以

$$\boldsymbol{\beta}_i^{\mathrm{T}}\boldsymbol{\beta}_j=\boldsymbol{\delta}_{ij}=\begin{cases}1, & 当\ i=j,\\0, & 当\ i\neq j,\end{cases}(i, j=1, 2, \cdots, n)$$

即：$\boldsymbol{A}$ 的行向量也都是 n 维单位向量，且两两正交，从而是$\mathbb{R}^n$ 的一个规范正交基.

例 4　验证矩阵

$$\boldsymbol{P}=\begin{pmatrix}\frac{1}{2}&-\frac{1}{2}&-\frac{1}{2}&\frac{1}{2}\\ -\frac{1}{2}&-\frac{1}{2}&\frac{1}{2}&\frac{1}{2}\\ -\frac{1}{2}&\frac{1}{2}&-\frac{1}{2}&\frac{1}{2}\\ \frac{1}{2}&\frac{1}{2}&\frac{1}{2}&\frac{1}{2}\end{pmatrix}$$

是正交阵.

证明　容易验证 $\boldsymbol{P}$ 的每个列向量都是单位向量，且两两正交，所以 $\boldsymbol{P}$ 是正交阵.

从正交阵的定义容易证明(证明留作习题)，正交矩阵具有如下性质：

(1)若 $\boldsymbol{A}$ 为正交阵，则 $\boldsymbol{A}^{-1}=\boldsymbol{A}^{\mathrm{T}}$ 也是正交阵，且 $|\boldsymbol{A}|=1$ 或 -1；

(2)若 $\boldsymbol{A}$ 和 $\boldsymbol{B}$ 都是正交阵，则 $\boldsymbol{AB}$ 也是正交阵.

定义 7　若 $\boldsymbol{P}$ 为正交矩阵，则线性变换 $\boldsymbol{y}=\boldsymbol{Px}$ 称为正交变换.

设 $\boldsymbol{y}=\boldsymbol{Px}$ 为正交变换，则有

$$\|\boldsymbol{y}\|=\sqrt{\boldsymbol{y}^{\mathrm{T}}\boldsymbol{y}}=\sqrt{\boldsymbol{x}^{\mathrm{T}}\boldsymbol{P}^{\mathrm{T}}\boldsymbol{Px}}=\sqrt{\boldsymbol{x}^{\mathrm{T}}\boldsymbol{x}}=\|\boldsymbol{x}\|.$$

因此正交变换保持向量的长度不变，这是正交变换的优良特性.

习题 4-1

1. 设 $\boldsymbol{\alpha}=\begin{pmatrix}1\\1\\2\end{pmatrix}$，$\boldsymbol{\beta}=\begin{pmatrix}-4\\2\\2\end{pmatrix}$，求向量 $\boldsymbol{\gamma}$，使得 $\boldsymbol{\gamma}$ 与 $\boldsymbol{\alpha}$ 和 $\boldsymbol{\beta}$ 均正交.

2. 试用施密特法把下列向量组正交化：

(1) $\boldsymbol{\alpha}_1=\begin{pmatrix}1\\1\\2\end{pmatrix}$，$\boldsymbol{\alpha}_2=\begin{pmatrix}1\\2\\3\end{pmatrix}$，$\boldsymbol{\alpha}_3=\begin{pmatrix}-1\\3\\5\end{pmatrix}$；　(2) $\boldsymbol{\alpha}_1=\begin{pmatrix}1\\-1\\0\\0\end{pmatrix}$，$\boldsymbol{\alpha}_2=\begin{pmatrix}1\\0\\-1\\0\end{pmatrix}$，$\boldsymbol{\alpha}_3=\begin{pmatrix}-1\\0\\0\\1\end{pmatrix}$.

3. 下列矩阵是不是正交矩阵？并说明理由.

(1) $\begin{pmatrix}\frac{1}{2} & -\frac{1}{2} & \frac{1}{3}\\ -\frac{1}{2} & \frac{1}{3} & \frac{1}{2}\\ \frac{1}{3} & \frac{1}{2} & -\frac{1}{2}\end{pmatrix}$；　(2) $\begin{pmatrix}\frac{1}{9} & -\frac{8}{9} & -\frac{4}{9}\\ -\frac{8}{9} & \frac{1}{9} & -\frac{4}{9}\\ -\frac{4}{9} & -\frac{4}{9} & \frac{7}{9}\end{pmatrix}$.

4. 若 $\boldsymbol{A}$ 为正交阵，证明 $\boldsymbol{A}^{-1}=\boldsymbol{A}^{\mathrm{T}}$ 也是正交阵，且 $|\boldsymbol{A}|=1$ 或 -1.

5. 设 $\boldsymbol{A}$，$\boldsymbol{B}$ 都是正交阵，证明 $\boldsymbol{AB}$ 也是正交阵.

6. 设 $\boldsymbol{x}$ 为 n 维列向量，$\boldsymbol{x}^{\mathrm{T}}\boldsymbol{x}=1$，令 $\boldsymbol{H}=\boldsymbol{E}-2\boldsymbol{xx}^{\mathrm{T}}$，证明 $\boldsymbol{H}$ 是对称的正交阵.

第二节　方阵的特征值与特征向量

[课前导读]

工程技术中的一些问题，如振动问题和稳定性问题，常可归结为求一个方阵的特征值和特征向量的问题. 数学中诸如方阵的对角化及解微分方程组等问题，也都要用到特征值的理论. 本节我们就来介绍方阵的特征值理论.

一、方阵的特征值与特征向量的概念及其求法

概念及其求法

定义　设 $\boldsymbol{A}$ 是 n 阶矩阵，如果数 λ 和 n 维非零列向量 $\boldsymbol{\alpha}$ 使关系式

$$\boldsymbol{A\alpha}=\lambda\boldsymbol{\alpha} \tag{2-1}$$

成立，那么数 λ 称为矩阵 $\boldsymbol{A}$ 的特征值，非零向量 $\boldsymbol{\alpha}$ 称为 $\boldsymbol{A}$ 的对应于特征值 λ 的特征向量.

例如，矩阵 $\boldsymbol{A}=\begin{pmatrix}-1&2&0\\0&3&0\\2&1&-1\end{pmatrix}$，$\boldsymbol{\alpha}=\begin{pmatrix}1\\2\\1\end{pmatrix}$，则有

$$\boldsymbol{A\alpha}=\begin{pmatrix}-1&2&0\\0&3&0\\2&1&-1\end{pmatrix}\begin{pmatrix}1\\2\\1\end{pmatrix}=\begin{pmatrix}3\\6\\3\end{pmatrix}=3\begin{pmatrix}1\\2\\1\end{pmatrix},$$

所以数 3 是矩阵 $\boldsymbol{A}$ 的特征值，$\boldsymbol{\alpha}$ 是 $\boldsymbol{A}$ 的对应于特征值 3 的特征向量.

一个任意给定的 n 阶矩阵 $\boldsymbol{A}$ 会有多少个特征值？对应的特征向量又该如何求呢？为了回答这些问题，我们先假设矩阵 $\boldsymbol{A}$ 有特征值 λ，对应于特征值 λ 的特征向量为 $\boldsymbol{\alpha}$，则 λ 与 $\boldsymbol{\alpha}$ 满足式(2-1). 将式(2-1)改写成

$$(\boldsymbol{A}-\lambda\boldsymbol{E})\boldsymbol{\alpha}=\boldsymbol{0},$$

可见，$\boldsymbol{\alpha}$ 是 n 个未知数 n 个方程的齐次线性方程组 $(\boldsymbol{A}-\lambda\boldsymbol{E})\boldsymbol{x}=\boldsymbol{0}$ 的非零解. 而方程组有非零解的充分必要条件是系数行列式等于零，即

$$|\boldsymbol{A}-\lambda\boldsymbol{E}|=0.$$

记

$$f(\lambda)=|\boldsymbol{A}-\lambda\boldsymbol{E}|=\begin{vmatrix}a_{11}-\lambda&a_{12}&\cdots&a_{1n}\\a_{21}&a_{22}-\lambda&\cdots&a_{2n}\\\vdots&\vdots&\ddots&\vdots\\a_{n1}&a_{n2}&\cdots&a_{nn}-\lambda\end{vmatrix},$$

则 $f(\lambda)$ 是 λ 的 n 次多项式，称为矩阵 $\boldsymbol{A}$ 的特征多项式. 从而公式 $|\boldsymbol{A}-\lambda\boldsymbol{E}|=0$ 可以写成 $f(\lambda)=0$，这是以 λ 为未知数的一元 n 次方程，称为 $\boldsymbol{A}$ 的特征方程，而 $\boldsymbol{A}$ 的特征值就是特征方程的根. 我们知道，一元 n 次方程在复数范围内恒有 n 个根（重根按重数计算）. 因此，n 阶矩阵 $\boldsymbol{A}$ 在复数范围内有 n 个特征值，通过解矩阵 $\boldsymbol{A}$ 的特征方程就可以得到这 n 个特征值.

设 $\lambda=\lambda_i$ 为矩阵 $\boldsymbol{A}$ 的一个特征值，则由方程

$$(\boldsymbol{A}-\lambda_i\boldsymbol{E})\boldsymbol{x}=\boldsymbol{0}$$

可求得非零解 $\boldsymbol{x}=\boldsymbol{\alpha}_i$，那么 $\boldsymbol{\alpha}_i$ 便是 $\boldsymbol{A}$ 的对应于特征值 λ_i 的特征向量.（若 λ_i 为实数，则 $\boldsymbol{\alpha}_i$ 可取实向量；若 λ_i 为复数，则 $\boldsymbol{\alpha}_i$ 可取复向量.）

例 1　求矩阵

$$\boldsymbol{A}=\begin{pmatrix}1&0&0\\0&2&0\\0&0&3\end{pmatrix}$$

的特征值和特征向量.

解　矩阵 $\boldsymbol{A}$ 的特征多项式为

$$|\boldsymbol{A}-\lambda\boldsymbol{E}|=\begin{vmatrix}1-\lambda & 0 & 0\\ 0 & 2-\lambda & 0\\ 0 & 0 & 3-\lambda\end{vmatrix}=(1-\lambda)(2-\lambda)(3-\lambda),$$

所以 $\boldsymbol{A}$ 的全部特征值为 $\lambda_1=1$, $\lambda_2=2$, $\lambda_3=3$.

当 $\lambda_1=1$ 时, 解方程 $(\boldsymbol{A}-\boldsymbol{E})\boldsymbol{x}=\boldsymbol{0}$, 由

$$\boldsymbol{A}-\boldsymbol{E}=\begin{pmatrix}0 & 0 & 0\\ 0 & 1 & 0\\ 0 & 0 & 2\end{pmatrix}\overset{r}{\sim}\begin{pmatrix}0 & 1 & 0\\ 0 & 0 & 1\\ 0 & 0 & 0\end{pmatrix},$$

得基础解系

$$\boldsymbol{\alpha}_1=\begin{pmatrix}1\\ 0\\ 0\end{pmatrix},$$

于是 $k\boldsymbol{\alpha}_1(k\neq 0)$ 是对应于特征值 $\lambda_1=1$ 的全部特征向量.

当 $\lambda_2=2$ 时, 解方程 $(\boldsymbol{A}-2\boldsymbol{E})\boldsymbol{x}=\boldsymbol{0}$, 由

$$\boldsymbol{A}-2\boldsymbol{E}=\begin{pmatrix}-1 & 0 & 0\\ 0 & 0 & 0\\ 0 & 0 & 1\end{pmatrix}\overset{r}{\sim}\begin{pmatrix}1 & 0 & 0\\ 0 & 0 & 1\\ 0 & 0 & 0\end{pmatrix},$$

得基础解系

$$\boldsymbol{\alpha}_2=\begin{pmatrix}0\\ 1\\ 0\end{pmatrix},$$

于是 $k\boldsymbol{\alpha}_2(k\neq 0)$ 是对应于特征值 $\lambda_2=2$ 的全部特征向量.

当 $\lambda_3=3$ 时, 解方程 $(\boldsymbol{A}-3\boldsymbol{E})\boldsymbol{x}=\boldsymbol{0}$, 由

$$\boldsymbol{A}-3\boldsymbol{E}=\begin{pmatrix}-2 & 0 & 0\\ 0 & -1 & 0\\ 0 & 0 & 0\end{pmatrix}\overset{r}{\sim}\begin{pmatrix}1 & 0 & 0\\ 0 & 1 & 0\\ 0 & 0 & 0\end{pmatrix},$$

得基础解系

$$\boldsymbol{\alpha}_3=\begin{pmatrix}0\\ 0\\ 1\end{pmatrix},$$

于是 $k\boldsymbol{\alpha}_3(k\neq 0)$ 是对应于特征值 $\lambda_3=3$ 的全部特征向量.

由例 1 可知, 对角矩阵的全部特征值就是它的对角线上的元素.

例 2　求矩阵

$$\boldsymbol{B}=\begin{pmatrix}-1 & 2 & 0\\ 0 & 3 & 0\\ 2 & 1 & -1\end{pmatrix}$$

的特征值和特征向量.

解 $\boldsymbol{B}$ 的特征多项式为

$$|\boldsymbol{B}-\lambda\boldsymbol{E}|=\begin{vmatrix}-1-\lambda & 2 & 0\\ 0 & 3-\lambda & 0\\ 2 & 1 & -1-\lambda\end{vmatrix}=(1+\lambda)^2(3-\lambda),$$

所以 $\boldsymbol{B}$ 的全部特征值为 $\lambda_1=\lambda_2=-1$，$\lambda_3=3$.

当 $\lambda_1=\lambda_2=-1$ 时，解方程$(\boldsymbol{B}+\boldsymbol{E})\boldsymbol{x}=\boldsymbol{0}$. 由

$$\boldsymbol{B}+\boldsymbol{E}=\begin{pmatrix}0 & 2 & 0\\ 0 & 4 & 0\\ 2 & 1 & 0\end{pmatrix}\overset{r}{\sim}\begin{pmatrix}1 & 0 & 0\\ 0 & 1 & 0\\ 0 & 0 & 0\end{pmatrix}$$

得基础解系

$$\boldsymbol{\alpha}_1=\begin{pmatrix}0\\0\\1\end{pmatrix},$$

从而 $\boldsymbol{\alpha}_1$ 就是对应于 $\lambda_1=\lambda_2=-1$ 的特征向量，并且对应于 $\lambda_1=\lambda_2=-1$ 的全部特征向量为 $k\boldsymbol{\alpha}_1$(常数 $k\neq0$).

当 $\lambda_3=3$ 时，解方程$(\boldsymbol{B}-3\boldsymbol{E})\boldsymbol{x}=\boldsymbol{0}$. 由

$$\boldsymbol{B}-3\boldsymbol{E}=\begin{pmatrix}-4 & 2 & 0\\ 0 & 0 & 0\\ 2 & 1 & -4\end{pmatrix}\overset{r}{\sim}\begin{pmatrix}1 & 0 & -1\\ 0 & 1 & -2\\ 0 & 0 & 0\end{pmatrix}$$

得基础解系

$$\boldsymbol{\alpha}_2=\begin{pmatrix}1\\2\\1\end{pmatrix},$$

从而 $\boldsymbol{\alpha}_2$ 就是对应于 $\lambda_3=3$ 的特征向量，并且对应于 $\lambda_3=3$ 的全部特征向量为 $k\boldsymbol{\alpha}_2$(常数 $k\neq0$).

例 3 求矩阵

$$\boldsymbol{C}=\begin{pmatrix}1 & 0 & 2\\ 0 & 3 & 0\\ 2 & 0 & 1\end{pmatrix}$$

的特征值和特征向量.

解 矩阵 $\boldsymbol{C}$ 的特征多项式为

$$|\boldsymbol{C}-\lambda\boldsymbol{E}|=\begin{vmatrix}1-\lambda & 0 & 2\\ 0 & 3-\lambda & 0\\ 2 & 0 & 1-\lambda\end{vmatrix}=(1-\lambda)^2(3-\lambda)-4(3-\lambda)=-(\lambda-3)^2(\lambda+1),$$

所以 $\boldsymbol{C}$ 的全部特征值为 $\lambda_1=\lambda_2=3$，$\lambda_3=-1$.

当 $\lambda_1=\lambda_2=3$ 时，解方程$(\boldsymbol{C}-3\boldsymbol{E})\boldsymbol{x}=\boldsymbol{0}$，由

$$\boldsymbol{C}-3\boldsymbol{E}=\begin{pmatrix}-2 & 0 & 2\\ 0 & 0 & 0\\ 2 & 0 & -2\end{pmatrix}\overset{r}{\sim}\begin{pmatrix}1 & 0 & -1\\ 0 & 0 & 0\\ 0 & 0 & 0\end{pmatrix}$$

得基础解系

$$\boldsymbol{\alpha}_1=\begin{pmatrix}0\\1\\0\end{pmatrix},\ \boldsymbol{\alpha}_2=\begin{pmatrix}1\\0\\1\end{pmatrix},$$

从而 $\boldsymbol{\alpha}_1$、$\boldsymbol{\alpha}_2$ 就是对应于 $\lambda_1=\lambda_2=3$ 的两个线性无关的特征向量，并且对应于 $\lambda_1=\lambda_2=3$ 的全部特征向量为 $k_1\boldsymbol{\alpha}_1+k_2\boldsymbol{\alpha}_2$($k_1$、$k_2$ 不同时为零)(见下文性质 3).

当 $\lambda_3=-1$ 时，解方程$(\boldsymbol{C}+\boldsymbol{E})\boldsymbol{x}=\boldsymbol{0}$，由

$$(\boldsymbol{C}+\boldsymbol{E})=\begin{pmatrix}2&0&2\\0&4&0\\2&0&2\end{pmatrix}\overset{r}{\sim}\begin{pmatrix}1&0&1\\0&1&0\\0&0&0\end{pmatrix},$$

得基础解系

$$\boldsymbol{\alpha}_3=\begin{pmatrix}1\\0\\-1\end{pmatrix},$$

从而 $\boldsymbol{\alpha}_3$ 就是对应于 $\lambda_3=-1$ 的特征向量，并且对应于 $\lambda_3=-1$ 的全部特征向量为 $k\boldsymbol{\alpha}_3(k\neq 0)$.

二、方阵的特征值与特征向量的性质

性质

性质 1　设 n 阶矩阵 $\boldsymbol{A}=(a_{ij})$ 的特征值为 $\lambda_1, \lambda_2, \cdots, \lambda_n$，则

(1) $\lambda_1+\lambda_2+\cdots+\lambda_n=a_{11}+a_{22}+\cdots+a_{nn}$;

(2) $\lambda_1\lambda_2\cdots\lambda_n=|\boldsymbol{A}|$.

证明　由于矩阵的特征值就是其特征方程的根，从而

$$f(\lambda)=|\boldsymbol{A}-\lambda\boldsymbol{E}|=\begin{vmatrix}a_{11}-\lambda&a_{12}&\cdots&a_{1n}\\a_{21}&a_{22}-\lambda&\cdots&a_{2n}\\\vdots&\vdots&\ddots&\vdots\\a_{n1}&a_{n2}&\cdots&a_{nn}-\lambda\end{vmatrix}$$

$$=(\lambda_1-\lambda)(\lambda_2-\lambda)\cdots(\lambda_n-\lambda).$$

在上式中取 $\lambda=0$，有

$$f(0)=|\boldsymbol{A}|=\lambda_1\lambda_2\cdots\lambda_n.$$

由

$$(\lambda_1-\lambda)(\lambda_2-\lambda)\cdots(\lambda_n-\lambda)=0$$

可得 λ^{n-1}前的系数是$-(\lambda_1+\lambda_2+\cdots+\lambda_n)$，而由 n 阶行列式的计算可知

$$f(\lambda)=|\boldsymbol{A}-\lambda\boldsymbol{E}|=\begin{vmatrix}a_{11}-\lambda&a_{12}&\cdots&a_{1n}\\a_{21}&a_{22}-\lambda&\cdots&a_{2n}\\\vdots&\vdots&\ddots&\vdots\\a_{n1}&a_{n2}&\cdots&a_{nn}-\lambda\end{vmatrix}$$

的展开式中含 λ^{n-1}的项只能出现在其主对角线元素的乘积$(a_{11}-\lambda)(a_{22}-\lambda)\cdots(a_{nn}-\lambda)$中，并且 λ^{n-1}前的系数是$-(a_{11}+a_{22}+\cdots+a_{nn})$，因此有 $\lambda_1+\lambda_2+\cdots+\lambda_n=a_{11}+a_{22}+\cdots+a_{nn}$.

由此可见，n 阶方阵 $\boldsymbol{A}$ 可逆的充分必要条件是 $\boldsymbol{A}$ 的特征值全不为零.

性质 2 若 λ 是方阵 $\boldsymbol{A}$ 的特征值，$\boldsymbol{\alpha}$ 为对应于特征值 λ 的特征向量，则

(1) λ^k 是方阵 $\boldsymbol{A}^k$ 的特征值(k 为非负整数)，对应于特征值 λ^k 的特征向量是 $\boldsymbol{\alpha}$；

(2) $k\lambda$ 是方阵 $k\boldsymbol{A}$ 的特征值(k 为任意常数)，对应于特征值 $k\lambda$ 的特征向量是 $\boldsymbol{\alpha}$；

(3) 当 $\boldsymbol{A}$ 可逆时，λ^{-1} 是方阵 $\boldsymbol{A}^{-1}$ 的特征值，对应于特征值 λ^{-1} 的特征向量是 $\boldsymbol{\alpha}$；

(4) 若矩阵 $\boldsymbol{A}$ 的多项式是 $\varphi(\boldsymbol{A})=a_m\boldsymbol{A}^m+\cdots+a_1\boldsymbol{A}+a_0\boldsymbol{E}$，则方阵 $\varphi(\boldsymbol{A})$ 的特征值是 $\varphi(\lambda)$ (其中 $\varphi(\lambda)=a_m\lambda^m+\cdots+a_1\lambda+a_0$ 是关于 λ 的多项式)，对应于特征值 $\varphi(\lambda)$ 的特征向量是 $\boldsymbol{\alpha}$.

证明 因 λ 是方阵 $\boldsymbol{A}$ 的特征值，$\boldsymbol{\alpha}$ 为对应于特征值 λ 的特征向量，故有 $\boldsymbol{A\alpha}=\lambda\boldsymbol{\alpha}$. 于是

(1) $\boldsymbol{A}^k\boldsymbol{\alpha}=\boldsymbol{A}^{k-1}(\boldsymbol{A\alpha})=\boldsymbol{A}^{k-1}(\lambda\boldsymbol{\alpha})=\lambda(\boldsymbol{A}^{k-1}\boldsymbol{\alpha})=\lambda\boldsymbol{A}^{k-2}(\boldsymbol{A\alpha})=\lambda^2\boldsymbol{A}^{k-2}\boldsymbol{\alpha}=\cdots=\lambda^k\boldsymbol{\alpha}$,
所以 λ^k 是方阵 $\boldsymbol{A}^k$ 的特征值，对应于特征值 λ^k 的特征向量是 $\boldsymbol{\alpha}$；

(2) $(k\boldsymbol{A})\boldsymbol{\alpha}=k(\boldsymbol{A\alpha})=k(\lambda\boldsymbol{\alpha})=(k\lambda)\boldsymbol{\alpha}$,
所以 $k\lambda$ 是方阵 $k\boldsymbol{A}$ 的特征值，对应于特征值 $k\lambda$ 的特征向量是 $\boldsymbol{\alpha}$；

(3) 当 $\boldsymbol{A}$ 可逆时，特征值均不为零，于是

$$\boldsymbol{A}^{-1}\boldsymbol{A}=\boldsymbol{E}\Rightarrow\boldsymbol{A}^{-1}(\boldsymbol{A\alpha})=\boldsymbol{E\alpha}\Rightarrow\lambda\boldsymbol{A}^{-1}\boldsymbol{\alpha}=\boldsymbol{\alpha}\Rightarrow\boldsymbol{A}^{-1}\boldsymbol{\alpha}=\lambda^{-1}\boldsymbol{\alpha},$$

所以 λ^{-1} 是方阵 $\boldsymbol{A}^{-1}$ 的特征值，对应于特征值 λ^{-1} 的特征向量是 $\boldsymbol{\alpha}$；

(4) 由(1)可知，

$$\begin{aligned}\varphi(\boldsymbol{A})\boldsymbol{\alpha}&=(a_m\boldsymbol{A}^m+\cdots+a_1\boldsymbol{A}+a_0\boldsymbol{E})\boldsymbol{\alpha}=a_m\boldsymbol{A}^m\boldsymbol{\alpha}+\cdots+a_1\boldsymbol{A\alpha}+a_0\boldsymbol{E\alpha}\\&=a_m\lambda^m\boldsymbol{\alpha}+\cdots+a_1\lambda\boldsymbol{\alpha}+a_0\boldsymbol{\alpha}=(a_m\lambda^m+\cdots+a_1\lambda+a_0)\boldsymbol{\alpha}=\varphi(\lambda)\boldsymbol{\alpha},\end{aligned}$$

所以方阵 $\varphi(\boldsymbol{A})$ 的特征值是 $\varphi(\lambda)$，对应于特征值 $\varphi(\lambda)$ 的特征向量是 $\boldsymbol{\alpha}$.

例 4 设 3 阶矩阵的特征值为 1，2，3，求 $\boldsymbol{A}^*-3\boldsymbol{A}+2\boldsymbol{E}$ 的特征值.

解 因 $\boldsymbol{A}$ 的特征值全不为 0，知 $\boldsymbol{A}$ 可逆，故 $\boldsymbol{A}^*=|\boldsymbol{A}|\boldsymbol{A}^{-1}$. 而 $|\boldsymbol{A}|=\lambda_1\lambda_2\lambda_3=6$，记

$$\varphi(\boldsymbol{A})=\boldsymbol{A}^*-3\boldsymbol{A}+2\boldsymbol{E}=6\boldsymbol{A}^{-1}-3\boldsymbol{A}+2\boldsymbol{E},$$

这里，$\varphi(\boldsymbol{A})$ 虽不是矩阵多项式，但也具有矩阵多项式的特性，从而可利用性质 2(4) 来计算 $\varphi(\boldsymbol{A})$ 的特征值. 由

$$\varphi(\lambda)=6\lambda^{-1}-3\lambda+2$$

得 $\varphi(\boldsymbol{A})$ 的特征值为

$$\varphi(1)=6-3+2=5,\ \varphi(2)=\frac{6}{2}-3\times2+2=-1,\ \varphi(3)=\frac{6}{3}-3\times3+2=-5.$$

性质 3 如果 $\boldsymbol{\alpha}_1$ 与 $\boldsymbol{\alpha}_2$ 是方阵 $\boldsymbol{A}$ 的同一特征值 λ 所对应的特征向量，则 $k_1\boldsymbol{\alpha}_1+k_2\boldsymbol{\alpha}_2$ (k_1、k_2 不同时为零)也是特征值 λ 所对应的特征向量.

证明 由 $\boldsymbol{A\alpha}_1=\lambda\boldsymbol{\alpha}_1$，$\boldsymbol{A\alpha}_2=\lambda\boldsymbol{\alpha}_2$ 得

$$\boldsymbol{A}(k_1\boldsymbol{\alpha}_1+k_2\boldsymbol{\alpha}_2)=\boldsymbol{A}(k_1\boldsymbol{\alpha}_1)+\boldsymbol{A}(k_2\boldsymbol{\alpha}_2)=k_1(\boldsymbol{A\alpha}_1)+k_2(\boldsymbol{A\alpha}_2)=k_1\lambda\boldsymbol{\alpha}_1+k_2\lambda\boldsymbol{\alpha}_2=\lambda(k_1\boldsymbol{\alpha}_1+k_2\boldsymbol{\alpha}_2),$$

所以 $k_1\boldsymbol{\alpha}_1+k_2\boldsymbol{\alpha}_2$ (k_1、k_2 不同时为零)也是特征值 λ 所对应的特征向量.

性质 4 设 λ_1，λ_2，$\cdots$，λ_m 是方阵 $\boldsymbol{A}$ 的 m 个互不相同的特征值，$\boldsymbol{\alpha}_1$，$\boldsymbol{\alpha}_2$，$\cdots$，$\boldsymbol{\alpha}_m$ 是依次与之对应的特征向量，则 $\boldsymbol{\alpha}_1$，$\boldsymbol{\alpha}_2$，$\cdots$，$\boldsymbol{\alpha}_m$ 线性无关.

证明 用数学归纳法.

当 $m=1$ 时，因特征向量 $\boldsymbol{\alpha}_1\neq0$，故只含一个向量的向量组 $\boldsymbol{\alpha}_1$ 线性无关.

假设当 $m=k-1$ 时结论成立，要证当 $m=k$ 时结论也成立，即假设向量组 $\boldsymbol{\alpha}_1$，$\boldsymbol{\alpha}_2$，$\cdots$，$\boldsymbol{\alpha}_{k-1}$ 线性无关，要证向量组 $\boldsymbol{\alpha}_1$，$\boldsymbol{\alpha}_2$，$\cdots$，$\boldsymbol{\alpha}_k$ 线性无关. 为此，令

$$x_1\boldsymbol{\alpha}_1+x_2\boldsymbol{\alpha}_2+\cdots+x_{k-1}\boldsymbol{\alpha}_{k-1}+x_k\boldsymbol{\alpha}_k=0, \tag{2-2}$$

用 $\boldsymbol{A}$ 左乘上式得

$$x_1\boldsymbol{A}\boldsymbol{\alpha}_1+x_2\boldsymbol{A}\boldsymbol{\alpha}_2+\cdots+x_{k-1}\boldsymbol{A}\boldsymbol{\alpha}_{k-1}+x_k\boldsymbol{A}\boldsymbol{\alpha}_k=0,$$

即

$$x_1\lambda_1\boldsymbol{\alpha}_1+x_2\lambda_2\boldsymbol{\alpha}_2+\cdots+x_{k-1}\lambda_{k-1}\boldsymbol{\alpha}_{k-1}+x_k\lambda_k\boldsymbol{\alpha}_k=0. \tag{2-3}$$

式(2-3)减去式(2-2)的 λ_k 倍，得

$$x_1(\lambda_1-\lambda_k)\boldsymbol{\alpha}_1+x_2(\lambda_2-\lambda_k)\boldsymbol{\alpha}_2+\cdots+x_{k-1}(\lambda_{k-1}-\lambda_k)\boldsymbol{\alpha}_{k-1}=0,$$

按归纳法假设 $\boldsymbol{\alpha}_1$，$\boldsymbol{\alpha}_2$，…，$\boldsymbol{\alpha}_{k-1}$线性无关，故 $x_i(\lambda_i-\lambda_k)=0(i=1,2,\cdots,k-1)$. 而 $\lambda_i-\lambda_k\neq0(i=1,2,\cdots,k-1)$，于是得 $x_i=0(i=1,2,\cdots,k-1)$，代入式(2-2)得 $x_k\boldsymbol{\alpha}_k=0$，而 $\boldsymbol{\alpha}_k\neq0$，所以 $x_k=0$. 因此向量组 $\boldsymbol{\alpha}_1$，$\boldsymbol{\alpha}_2$，…，$\boldsymbol{\alpha}_m$ 线性无关.

性质 5　设 λ_1 和 λ_2 是矩阵 $\boldsymbol{A}$ 的两个不同的特征值，$\boldsymbol{\alpha}_1$，$\boldsymbol{\alpha}_2$，…，$\boldsymbol{\alpha}_s$ 和 $\boldsymbol{\beta}_1$，$\boldsymbol{\beta}_2$，…，$\boldsymbol{\beta}_t$ 是分别对应于 λ_1 和 λ_2 的线性无关的特征向量，则 $\boldsymbol{\alpha}_1$，$\boldsymbol{\alpha}_2$，…，$\boldsymbol{\alpha}_s$，$\boldsymbol{\beta}_1$，$\boldsymbol{\beta}_2$，…，$\boldsymbol{\beta}_t$ 线性无关.（证明留作习题）

例 5　设 λ_1 和 λ_2 是矩阵 $\boldsymbol{A}$ 的两个不同的特征值，对应的特征向量依次为 $\boldsymbol{\alpha}_1$ 和 $\boldsymbol{\alpha}_2$，证明 $\boldsymbol{\alpha}_1+\boldsymbol{\alpha}_2$ 不是 $\boldsymbol{A}$ 的特征向量.

证明　按题设，有 $\boldsymbol{A}\boldsymbol{\alpha}_1=\lambda_1\boldsymbol{\alpha}_1$，$\boldsymbol{A}\boldsymbol{\alpha}_2=\lambda_2\boldsymbol{\alpha}_2$. 假设 $\boldsymbol{\alpha}_1+\boldsymbol{\alpha}_2$ 是 $\boldsymbol{A}$ 的特征向量，则应该存在数 λ，使

$$\boldsymbol{A}(\boldsymbol{\alpha}_1+\boldsymbol{\alpha}_2)=\lambda(\boldsymbol{\alpha}_1+\boldsymbol{\alpha}_2).$$

另一方面，

$$\boldsymbol{A}(\boldsymbol{\alpha}_1+\boldsymbol{\alpha}_2)=\lambda_1\boldsymbol{\alpha}_1+\lambda_2\boldsymbol{\alpha}_2,$$

于是

$$\lambda(\boldsymbol{\alpha}_1+\boldsymbol{\alpha}_2)=\lambda_1\boldsymbol{\alpha}_1+\lambda_2\boldsymbol{\alpha}_2,$$

即

$$(\lambda_1-\lambda)\boldsymbol{\alpha}_1+(\lambda_2-\lambda)\boldsymbol{\alpha}_2=0.$$

因 $\lambda_1\neq\lambda_2$，所以 $\boldsymbol{\alpha}_1$ 和 $\boldsymbol{\alpha}_2$ 线性无关，从而由上式得 $\lambda_1-\lambda=\lambda_2-\lambda=0$，即 $\lambda_1=\lambda_2$，与题设矛盾. 因此 $\boldsymbol{\alpha}_1+\boldsymbol{\alpha}_2$ 不是 $\boldsymbol{A}$ 的特征向量.

习题 4-2

1. 求下列矩阵的特征值和特征向量：

(1) $\begin{pmatrix}0&1&1\\1&0&1\\1&1&0\end{pmatrix}$；　(2) $\begin{pmatrix}2&-1&1\\0&1&1\\-1&1&1\end{pmatrix}$；　(3) $\begin{pmatrix}1&2&4&1\\0&2&0&7\\0&0&3&4\\0&0&0&2\end{pmatrix}$.

2. 设 $\boldsymbol{A}$ 为 n 阶矩阵，证明 $\boldsymbol{A}^{\mathrm{T}}$ 与 $\boldsymbol{A}$ 的特征值相同.

3. 设 $\boldsymbol{A}^2-4\boldsymbol{A}+3\boldsymbol{E}=\boldsymbol{O}$，证明 $\boldsymbol{A}$ 的特征值只能取 1 或 3.

4. 设 3 阶矩阵 $\boldsymbol{A}$ 的特征值为-1，1，-2，求 $|(2\boldsymbol{A})^*+3\boldsymbol{A}-2\boldsymbol{E}|$.

5. 设 3 阶矩阵 $\boldsymbol{A}$ 满足 $|\boldsymbol{A}|=0$，$|\boldsymbol{A}+2\boldsymbol{E}|=0$，$|\boldsymbol{A}-\boldsymbol{E}|=0$，求 $|\boldsymbol{A}+\boldsymbol{E}|$.

6. 设 $\lambda \neq 0$ 是 m 阶矩阵 $\boldsymbol{A}_{m\times n}\boldsymbol{B}_{n\times m}$ 的特征值，证明 λ 也是 n 阶矩阵 $\boldsymbol{BA}$ 的特征值.

7. 证明性质 5：设 λ_1 和 λ_2 是矩阵 $\boldsymbol{A}$ 的两个不同的特征值，$\boldsymbol{\alpha}_1$，$\boldsymbol{\alpha}_2$，…，$\boldsymbol{\alpha}_s$ 和 $\boldsymbol{\beta}_1$，$\boldsymbol{\beta}_2$，…，$\boldsymbol{\beta}_t$ 是分别对应于 λ_1 和 λ_2 的线性无关的特征向量，则 $\boldsymbol{\alpha}_1$，$\boldsymbol{\alpha}_2$，…，$\boldsymbol{\alpha}_s$，$\boldsymbol{\beta}_1$，$\boldsymbol{\beta}_2$，…，$\boldsymbol{\beta}_t$ 线性无关.

第三节　相似矩阵

[课前导读]

本节我们介绍矩阵相似的概念和性质，并给出矩阵与对角阵相似的充分必要条件.

一、方阵相似的定义和性质

我们给出相似矩阵的定义如下.

定义　设 $\boldsymbol{A}$，$\boldsymbol{B}$ 都是 n 阶矩阵，若有可逆矩阵 $\boldsymbol{P}$，使

$$\boldsymbol{P}^{-1}\boldsymbol{AP}=\boldsymbol{B},$$

则称 $\boldsymbol{B}$ 是 $\boldsymbol{A}$ 的相似矩阵，或者说矩阵 $\boldsymbol{A}$ 与 $\boldsymbol{B}$ 相似. 对 $\boldsymbol{A}$ 进行运算 $\boldsymbol{P}^{-1}\boldsymbol{AP}$ 称为对 $\boldsymbol{A}$ 进行相似变换，可逆矩阵 $\boldsymbol{P}$ 称为把 $\boldsymbol{A}$ 变成 $\boldsymbol{B}$ 的相似变换矩阵.

定理 1　若 n 阶矩阵 $\boldsymbol{A}$ 与 $\boldsymbol{B}$ 相似，则 $\boldsymbol{A}$ 与 $\boldsymbol{B}$ 有相同的特征多项式，从而 $\boldsymbol{A}$ 与 $\boldsymbol{B}$ 有相同的特征值.

证明　因 $\boldsymbol{A}$ 与 $\boldsymbol{B}$ 相似，即有可逆矩阵 $\boldsymbol{P}$，使 $\boldsymbol{P}^{-1}\boldsymbol{AP}=\boldsymbol{B}$，故

$$|\boldsymbol{B}-\lambda\boldsymbol{E}|=|\boldsymbol{P}^{-1}\boldsymbol{AP}-\boldsymbol{P}^{-1}(\lambda\boldsymbol{E})\boldsymbol{P}|=|\boldsymbol{P}^{-1}(\boldsymbol{A}-\lambda\boldsymbol{E})\boldsymbol{P}|=|\boldsymbol{P}^{-1}|\cdot|\boldsymbol{A}-\lambda\boldsymbol{E}|\cdot|\boldsymbol{P}|=|\boldsymbol{A}-\lambda\boldsymbol{E}|.$$

推论　若 n 阶矩阵 $\boldsymbol{A}$ 与对角阵

$$\boldsymbol{\Lambda}=\begin{pmatrix}\lambda_1 & & & \\ & \lambda_2 & & \\ & & \ddots & \\ & & & \lambda_n\end{pmatrix}$$

相似，则 λ_1，λ_2，…，λ_n 即是 $\boldsymbol{A}$ 的 n 个特征值.

若 n 阶矩阵 $\boldsymbol{A}$ 与 $\boldsymbol{B}$ 相似，即 $\boldsymbol{P}^{-1}\boldsymbol{AP}=\boldsymbol{B}$，则 $\boldsymbol{A}^k=(\boldsymbol{PBP}^{-1})^k=\boldsymbol{PB}^k\boldsymbol{P}^{-1}$，并且 $\boldsymbol{A}$ 的多项式

$$\begin{aligned}\varphi(\boldsymbol{A})&=a_m\boldsymbol{A}^m+\cdots+a_1\boldsymbol{A}+a_0\boldsymbol{E}=a_m(\boldsymbol{PBP}^{-1})^m+\cdots+a_1(\boldsymbol{PBP}^{-1})+a_0\boldsymbol{E}\\&=a_m(\boldsymbol{PB}^m\boldsymbol{P}^{-1})+\cdots+a_1(\boldsymbol{PBP}^{-1})+a_0\boldsymbol{E}\\&=\boldsymbol{P}(a_m\boldsymbol{B}^m)\boldsymbol{P}^{-1}+\cdots+\boldsymbol{P}(a_1\boldsymbol{B})\boldsymbol{P}^{-1}+\boldsymbol{P}(a_0\boldsymbol{E})\boldsymbol{P}^{-1}\\&=\boldsymbol{P}(a_m\boldsymbol{B}^m+\cdots+a_1\boldsymbol{B}+a_0\boldsymbol{E})\boldsymbol{P}^{-1}=\boldsymbol{P}\varphi(\boldsymbol{B})\boldsymbol{P}^{-1}.\end{aligned}$$

特别地，若有可逆矩阵 $\boldsymbol{P}$，使 $\boldsymbol{P}^{-1}\boldsymbol{AP}=\boldsymbol{\Lambda}$ 为对角阵，则

$$\boldsymbol{A}^k=\boldsymbol{P\Lambda}^k\boldsymbol{P}^{-1},\ \varphi(\boldsymbol{A})=\boldsymbol{P}\varphi(\boldsymbol{\Lambda})\boldsymbol{P}^{-1}.$$

而对于对角阵 $\boldsymbol{\Lambda}=\boldsymbol{diag}(\lambda_1,\ \lambda_2,\ \cdots,\ \lambda_n)$，有

$$\boldsymbol{\Lambda}^k=\begin{pmatrix}\lambda_1^k & & & \\ & \lambda_2^k & & \\ & & \ddots & \\ & & & \lambda_n^k\end{pmatrix},\ \varphi(\boldsymbol{\Lambda})=\begin{pmatrix}\varphi(\lambda_1) & & & \\ & \varphi(\lambda_2) & & \\ & & \ddots & \\ & & & \varphi(\lambda_n)\end{pmatrix},$$

由此可方便地计算 $\boldsymbol{A}$ 的高次幂 $\boldsymbol{A}^k$ 及 $\boldsymbol{A}$ 的多项式 $\varphi(\boldsymbol{A})$.

有一个很有趣的结论：设 $f(\lambda)$ 是矩阵 $\boldsymbol{A}$ 的特征多项式，则

$$f(\boldsymbol{A})=\boldsymbol{O}.$$

这个结论的证明比较困难，但若 $\boldsymbol{A}$ 与对角阵相似，则容易证明此结论. 这是因为：若 $\boldsymbol{A}$ 与对角阵相似，即有可逆矩阵 $\boldsymbol{P}$，使 $\boldsymbol{P}^{-1}\boldsymbol{A}\boldsymbol{P}=\boldsymbol{\Lambda}=\boldsymbol{diag}(\lambda_1, \lambda_2, \cdots, \lambda_n)$，其中 λ_i 为 $\boldsymbol{A}$ 的特征值，有 $f(\lambda_i)=0$. 于是由上面的讨论可得

$$f(\boldsymbol{A})=\boldsymbol{P}f(\boldsymbol{\Lambda})\boldsymbol{P}^{-1}=\boldsymbol{P}\begin{pmatrix}f(\lambda_1) & & & \\ & f(\lambda_2) & & \\ & & \ddots & \\ & & & f(\lambda_n)\end{pmatrix}\boldsymbol{P}^{-1}=\boldsymbol{P}\boldsymbol{O}\boldsymbol{P}^{-1}=\boldsymbol{O}.$$

二、方阵的相似对角化

方阵的相似对角化

对于 n 阶矩阵 $\boldsymbol{A}$，寻求相似变换矩阵 $\boldsymbol{P}$，使得 $\boldsymbol{\Lambda}=\boldsymbol{P}^{-1}\boldsymbol{A}\boldsymbol{P}$ 为对角阵，称为把矩阵 $\boldsymbol{A}$ 相似对角化. 下面我们要讨论的主要问题是：如果 n 阶矩阵 $\boldsymbol{A}$ 可相似对角化，相似变换矩阵 $\boldsymbol{P}$ 如何找？

假设 n 阶矩阵 $\boldsymbol{A}$ 可相似对角化，即已经找到了可逆矩阵 $\boldsymbol{P}$，使得 $\boldsymbol{P}^{-1}\boldsymbol{A}\boldsymbol{P}=\boldsymbol{\Lambda}$ 为对角阵，我们来讨论矩阵 $\boldsymbol{P}$ 应满足什么条件.

把矩阵 $\boldsymbol{P}$ 列分块为

$$\boldsymbol{P}=(\boldsymbol{p}_1, \boldsymbol{p}_2, \cdots, \boldsymbol{p}_n),$$

由 $\boldsymbol{P}^{-1}\boldsymbol{A}\boldsymbol{P}=\boldsymbol{\Lambda}$，得 $\boldsymbol{A}\boldsymbol{P}=\boldsymbol{P}\boldsymbol{\Lambda}$，即

$$\boldsymbol{A}(\boldsymbol{p}_1, \boldsymbol{p}_2, \cdots, \boldsymbol{p}_n)=(\boldsymbol{p}_1, \boldsymbol{p}_2, \cdots, \boldsymbol{p}_n)\begin{pmatrix}\lambda_1 & & & \\ & \lambda_2 & & \\ & & \ddots & \\ & & & \lambda_n\end{pmatrix}=(\lambda_1\boldsymbol{p}_1, \lambda_2\boldsymbol{p}_2, \cdots, \lambda_n\boldsymbol{p}_n),$$

于是有

$$\boldsymbol{A}\boldsymbol{p}_i=\lambda_i\boldsymbol{p}_i(i=1, 2, \cdots, n).$$

可见 λ_i 为 $\boldsymbol{A}$ 的特征值，而 $\boldsymbol{P}$ 的列向量 $\boldsymbol{p}_i$ 就是 $\boldsymbol{A}$ 对应于特征值 λ_i 的特征向量.

反之，如果 n 阶矩阵 $\boldsymbol{A}$ 恰好有 n 个特征向量(例如第二节例 1 和例 3)，则这 n 个特征向量即可构成矩阵 $\boldsymbol{P}$，使得 $\boldsymbol{A}\boldsymbol{P}=\boldsymbol{P}\boldsymbol{\Lambda}$. 并且由第二节性质 4 和性质 5 可知，这 n 个特征向量必定是线性无关的，从而 $\boldsymbol{P}$ 可逆，因此有 $\boldsymbol{P}^{-1}\boldsymbol{A}\boldsymbol{P}=\boldsymbol{\Lambda}$.

由上面的讨论即有下列定理.

定理 2　n 阶矩阵 $\boldsymbol{A}$ 与对角阵相似(即 $\boldsymbol{A}$ 能对角化)的充分必要条件是 $\boldsymbol{A}$ 有 n 个线性无

关的特征向量.

由定理 2 及第二节的性质 4 可得下列推论.

推论　如果 n 阶矩阵 $\boldsymbol{A}$ 的 n 个特征值互不相等，则 $\boldsymbol{A}$ 与对角阵相似.

当矩阵的特征方程有重根时，就不一定有 n 个线性无关的特征向量，从而不一定能对角化. 例如在第二节中，例 2 中矩阵 $\boldsymbol{B}$ 的特征方程有重根，但是找不到 3 个线性无关的特征向量，因此例 2 中矩阵 $\boldsymbol{B}$ 不能对角化；而例 3 中矩阵 $\boldsymbol{C}$ 的特征方程也有重根，但能找到 3 个线性无关的特征向量，因此例 3 中矩阵 $\boldsymbol{C}$ 能对角化.

例 1　设

$$\boldsymbol{A}=\begin{pmatrix}0&0&1\\x&1&y\\1&0&0\end{pmatrix}$$

有 3 个线性无关的特征向量，求 x 与 y 应满足的条件.

解　因为矩阵 $\boldsymbol{A}$ 是 3 阶矩阵，又有 3 个线性无关的特征向量，所以 $\boldsymbol{A}$ 可以相似对角化. 由

$$|\boldsymbol{A}-\lambda\boldsymbol{E}|=\begin{vmatrix}-\lambda&0&1\\x&1-\lambda&y\\1&0&-\lambda\end{vmatrix}=(1-\lambda)\begin{vmatrix}-\lambda&1\\1&-\lambda\end{vmatrix}=-(\lambda-1)^2(\lambda+1),$$

得到 $\boldsymbol{A}$ 的特征值为 $\lambda_1=\lambda_2=1$，$\lambda_3=-1$.

对应单根 $\lambda_3=-1$，可求得线性无关的特征向量恰好有 1 个，故对应重根 $\lambda_1=\lambda_2=1$ 应有 2 个线性无关的特征向量，即方程 $(\boldsymbol{A}-\boldsymbol{E})\boldsymbol{x}=0$ 有 2 个线性无关的解，亦即系数矩阵 $\boldsymbol{A}-\boldsymbol{E}$ 的秩 $R(\boldsymbol{A}-\boldsymbol{E})=1$.

由

$$\boldsymbol{A}-\boldsymbol{E}=\begin{pmatrix}-1&0&1\\x&0&y\\1&0&-1\end{pmatrix}\overset{r}{\sim}\begin{pmatrix}1&0&-1\\0&0&x+y\\0&0&0\end{pmatrix}$$

可知，要使系数矩阵 $\boldsymbol{A}-\boldsymbol{E}$ 的秩 $R(\boldsymbol{A}-\boldsymbol{E})=1$，必须 $x+y=0$.

习题 4-3

1. 若 n 阶矩阵 $\boldsymbol{A}$ 与 $\boldsymbol{B}$ 相似，证明 $R(\boldsymbol{A})=R(\boldsymbol{B})$ 且 $|\boldsymbol{A}|=|\boldsymbol{B}|$.

2. 设 $\boldsymbol{A}$，$\boldsymbol{B}$ 都是 n 阶矩阵，且 $\boldsymbol{A}$ 可逆，证明 $\boldsymbol{AB}$ 与 $\boldsymbol{BA}$ 相似.

3. 设矩阵 $\boldsymbol{A}=\begin{pmatrix}1&0&0&0\\a&1&0&0\\2&b&2&0\\2&3&c&2\end{pmatrix}$，问 a，b，c 取何值时，矩阵 $\boldsymbol{A}$ 可相似对角化.

4. 已知 $\boldsymbol{p}=\begin{pmatrix}1\\1\\-1\end{pmatrix}$ 是矩阵 $\boldsymbol{A}=\begin{pmatrix}2&-1&2\\5&a&3\\-1&b&-2\end{pmatrix}$ 的一个特征向量.

(1) 求参数 a，b 及特征向量 $\boldsymbol{p}$ 所对应的特征值；

(2)$\boldsymbol{A}$ 能不能相似对角化？并说明理由.

5. 设 $\boldsymbol{A}=\begin{pmatrix}1&0&1\\0&1&1\\0&1&1\end{pmatrix}$，求 $\boldsymbol{A}^{100}$.

6. 设 3 阶矩阵 $\boldsymbol{A}$ 的特征值为 $\lambda_1=2$，$\lambda_2=-2$，$\lambda_3=1$，对应的特征向量依次为 $\boldsymbol{p}_1=\begin{pmatrix}0\\1\\1\end{pmatrix}$，$\boldsymbol{p}_2=\begin{pmatrix}1\\1\\1\end{pmatrix}$，$\boldsymbol{p}_3=\begin{pmatrix}1\\1\\0\end{pmatrix}$，求矩阵 $\boldsymbol{A}$.

7. 若 n 阶非零方阵 $\boldsymbol{A}$ 满足 $\boldsymbol{A}^k=\boldsymbol{O}$（$k$ 为正整数），证明 $\boldsymbol{A}$ 不与对角阵相似.

8. 如果矩阵 $\boldsymbol{A}$ 与 $\boldsymbol{B}$ 相似，$\boldsymbol{C}$ 与 $\boldsymbol{D}$ 相似，证明 $\begin{pmatrix}\boldsymbol{A}&\boldsymbol{O}\\\boldsymbol{O}&\boldsymbol{C}\end{pmatrix}$ 与 $\begin{pmatrix}\boldsymbol{B}&\boldsymbol{O}\\\boldsymbol{O}&\boldsymbol{D}\end{pmatrix}$ 相似.

第四节　实对称矩阵的相似对角化

[课前导读]

根据第三节内容我们知道，要判断一个 n 阶矩阵 $\boldsymbol{A}$ 是否可对角化，关键在于判断这个矩阵是否有 n 个线性无关的特征向量. 但这不是一件容易的事情，我们对此不进行一般性的讨论，而仅讨论当 $\boldsymbol{A}$ 是实对称矩阵的情形. 这是因为，关于实对称矩阵的对角化问题有确定的结果：实对称矩阵总是可以对角化的. 下面我们就来具体讨论实对称矩阵的对角化.

一、实对称矩阵的特征值和特征向量的性质

性质 1　实对称矩阵的特征值为实数.

证明　先介绍一个记号. 设复数矩阵 $\boldsymbol{X}=(x_{ij})$，复数 x_{ij} 的共轭复数为 $\bar{x}_{ij}$，记 $\overline{\boldsymbol{X}}=(\bar{x}_{ij})$，则矩阵 $\overline{\boldsymbol{X}}$ 称为矩阵 $\boldsymbol{X}$ 的共轭矩阵.

设复数 λ 为对称阵 $\boldsymbol{A}$ 的特征值，复向量 $\boldsymbol{x}=(x_1, x_2, \cdots, x_n)^{\mathrm{T}}$ 为对应的特征向量，即 $\boldsymbol{Ax}=\lambda\boldsymbol{x}$. 用 $\bar{\lambda}$ 表示 λ 的共轭复数，$\bar{\boldsymbol{x}}=(\bar{x}_1, \bar{x}_2, \cdots, \bar{x}_n)^{\mathrm{T}}$ 表示 $\boldsymbol{x}$ 的共轭复向量，而 $\boldsymbol{A}$ 为实对称矩阵，有 $\overline{\boldsymbol{A}}=\boldsymbol{A}$ 及 $\boldsymbol{A}^{\mathrm{T}}=\boldsymbol{A}$，于是

$$\bar{\boldsymbol{x}}^{\mathrm{T}}\boldsymbol{A}\boldsymbol{x}=\bar{\boldsymbol{x}}^{\mathrm{T}}(\boldsymbol{A}\boldsymbol{x})=\bar{\boldsymbol{x}}^{\mathrm{T}}(\lambda\boldsymbol{x})=\lambda\bar{\boldsymbol{x}}^{\mathrm{T}}\boldsymbol{x},$$

且

$$\bar{\boldsymbol{x}}^{\mathrm{T}}\boldsymbol{A}\boldsymbol{x}=(\bar{\boldsymbol{x}}^{\mathrm{T}}\boldsymbol{A}^{\mathrm{T}})\boldsymbol{x}=(\boldsymbol{A}\,\bar{\boldsymbol{x}})^{\mathrm{T}}\boldsymbol{x}=(\overline{\boldsymbol{A}}\bar{\boldsymbol{x}})^{\mathrm{T}}\boldsymbol{x}=(\overline{\boldsymbol{A}\boldsymbol{x}})^{\mathrm{T}}\boldsymbol{x}=(\overline{\lambda\boldsymbol{x}})^{\mathrm{T}}\boldsymbol{x}=\bar{\lambda}\bar{\boldsymbol{x}}^{\mathrm{T}}\boldsymbol{x},$$

两式相减，得

$$(\bar{\lambda}-\lambda)\bar{\boldsymbol{x}}^{\mathrm{T}}\boldsymbol{x}=0.$$

由 $\boldsymbol{x}\neq\boldsymbol{0}$ 可知

$$\bar{\boldsymbol{x}}^{\mathrm{T}}\boldsymbol{x}=\sum_{i=1}^{n}\bar{x}_i x_i=\sum_{i=1}^{n}|x|^2\neq0,$$

故 $\bar{\lambda}-\lambda=0$，即 $\lambda=\bar{\lambda}$，这就说明 λ 为实数.

显然，当特征值 λ_i 为实数时，齐次线性方程组

$$(\boldsymbol{A}-\lambda_i\boldsymbol{E})\boldsymbol{x}=\boldsymbol{0}$$

是实系数方程组，由 $|\boldsymbol{A}-\lambda_i\boldsymbol{E}|=0$ 知必有实的基础解系，所以对应的特征向量可以取实向量.

性质 2　设 λ_1，λ_2 是对称阵 $\boldsymbol{A}$ 的两个特征值，$\boldsymbol{p}_1$，$\boldsymbol{p}_2$ 是对应的两个特征向量. 若 $\lambda_1\neq\lambda_2$，则 $\boldsymbol{p}_1$ 与 $\boldsymbol{p}_2$ 正交.

证明　已知 $\boldsymbol{A}\boldsymbol{p}_1=\lambda_1\boldsymbol{p}_1$，$\boldsymbol{A}\boldsymbol{p}_2=\lambda_2\boldsymbol{p}_2$，$\lambda_1\neq\lambda_2$，且 $\boldsymbol{A}$ 对称，于是

$$\lambda_1\boldsymbol{p}_1^{\mathrm{T}}\boldsymbol{p}_2=(\lambda_1\boldsymbol{p}_1^{\mathrm{T}})\boldsymbol{p}_2=(\lambda_1\boldsymbol{p}_1)^{\mathrm{T}}\boldsymbol{p}_2=(\boldsymbol{A}\boldsymbol{p}_1)^{\mathrm{T}}\boldsymbol{p}_2=\boldsymbol{p}_1^{\mathrm{T}}\boldsymbol{A}^{\mathrm{T}}\boldsymbol{p}_2=\boldsymbol{p}_1^{\mathrm{T}}(\boldsymbol{A}\boldsymbol{p}_2)=\boldsymbol{p}_1^{\mathrm{T}}(\lambda_2\boldsymbol{p}_2)=\lambda_2\boldsymbol{p}_1^{\mathrm{T}}\boldsymbol{p}_2,$$

即

$$(\lambda_1-\lambda_2)\boldsymbol{p}_1^{\mathrm{T}}\boldsymbol{p}_2=0.$$

但 $\lambda_1\neq\lambda_2$，故 $\boldsymbol{p}_1^{\mathrm{T}}\boldsymbol{p}_2=0$，即 $\boldsymbol{p}_1$ 与 $\boldsymbol{p}_2$ 正交.

二、实对称矩阵的相似对角化

定理　n 阶实对称阵 $\boldsymbol{A}$ 必定正交相似于实对角阵 $\boldsymbol{\Lambda}$，即存在正交阵 $\boldsymbol{P}$，使 $\boldsymbol{P}^{-1}\boldsymbol{A}\boldsymbol{P}=\boldsymbol{P}^{\mathrm{T}}\boldsymbol{A}\boldsymbol{P}=\boldsymbol{\Lambda}$，其中 $\boldsymbol{\Lambda}$ 的对角线上的元素是 $\boldsymbol{A}$ 的 n 个特征值.

此定理不予证明.

推论　设 $\boldsymbol{A}$ 为 n 阶实对称阵，λ 是 $\boldsymbol{A}$ 的特征方程的 k 重根，则矩阵 $\boldsymbol{A}-\lambda\boldsymbol{E}$ 的秩 $R(\boldsymbol{A}-\lambda\boldsymbol{E})=n-k$，从而对应特征值 λ 有 k 个线性无关的特征向量.

证明　按定理知对称阵 $\boldsymbol{A}$ 与对角阵 $\boldsymbol{\Lambda}=\boldsymbol{diag}(\lambda_1,\lambda_2,\cdots,\lambda_n)$ 相似，从而 $\boldsymbol{A}-\lambda\boldsymbol{E}$ 与 $\boldsymbol{\Lambda}-\lambda\boldsymbol{E}=\boldsymbol{diag}(\lambda_1-\lambda,\lambda_2-\lambda,\cdots,\lambda_n-\lambda)$ 相似. 当 λ 是 $\boldsymbol{A}$ 的 k 重特征根时，λ_1，λ_2，…，λ_n 这 n 个特征值中有 k 个等于 λ，有 $n-k$ 个不等于 λ，从而对角阵 $\boldsymbol{\Lambda}-\lambda\boldsymbol{E}$ 的对角元恰有 k 个等于 0，有 $n-k$ 个不等于 0，因此 $R(\boldsymbol{\Lambda}-\lambda\boldsymbol{E})=n-k$. 由习题 3-3 的第 3 题知，$R(\boldsymbol{A}-\lambda\boldsymbol{E})=R(\boldsymbol{\Lambda}-\lambda\boldsymbol{E})=n-k$.

依据定理及其推论，有如下将对称阵 $\boldsymbol{A}$ 对角化的步骤：

(1) 求出 $\boldsymbol{A}$ 的全部互不相等的特征值 λ_1，λ_2，…，λ_s，它们的重数依次为 k_1，k_2，…，k_s $(k_1+k_2+\cdots+k_s=n)$；

(2) 对于每个 k_i 重特征值 λ_i，求方程 $(\boldsymbol{A}-\lambda_i\boldsymbol{E})\boldsymbol{x}=\boldsymbol{0}$ 的基础解系，得 k_i 个线性无关的特征向量，再把它们正交化、单位化，得 k_i 个两两正交的单位特征向量. 因 $k_1+k_2+\cdots+k_s=n$，故总共可得 n 个两两正交的单位特征向量；

(3) 把这 n 个两两正交的单位特征向量构成正交阵 $\boldsymbol{P}$，便有 $\boldsymbol{P}^{-1}\boldsymbol{A}\boldsymbol{P}=\boldsymbol{P}^{\mathrm{T}}\boldsymbol{A}\boldsymbol{P}=\boldsymbol{\Lambda}$. 注意 $\boldsymbol{\Lambda}$ 中对角元的排列次序应与 $\boldsymbol{P}$ 中列向量的排列次序相对应.

例 1　设矩阵 $\boldsymbol{A}=\begin{pmatrix}-1&0&2\\0&-1&0\\2&0&2\end{pmatrix}$，求正交阵 $\boldsymbol{P}$，使得 $\boldsymbol{P}^{-1}\boldsymbol{A}\boldsymbol{P}=\boldsymbol{P}^{\mathrm{T}}\boldsymbol{A}\boldsymbol{P}$ 为对角阵.

解　由

$$|\boldsymbol{A}-\lambda\boldsymbol{E}|=\begin{vmatrix}-1-\lambda&0&2\\0&-1-\lambda&0\\2&0&2-\lambda\end{vmatrix}=-(\lambda+1)(\lambda+2)(\lambda-3)=0$$

得特征值为 $\lambda_1=-1$，$\lambda_2=-2$，$\lambda_3=3$.

对特征值 $\lambda_1=-1$，解齐次线性方程组 $(\boldsymbol{A}+\boldsymbol{E})\boldsymbol{x}=\boldsymbol{0}$，由

$$\boldsymbol{A}+\boldsymbol{E}=\begin{pmatrix}0&0&2\\0&0&0\\2&0&3\end{pmatrix}\overset{r}{\sim}\begin{pmatrix}1&0&0\\0&0&1\\0&0&0\end{pmatrix},$$

取特征向量为 $\boldsymbol{\alpha}_1=\begin{pmatrix}0\\1\\0\end{pmatrix}$，并记 $\boldsymbol{\eta}_1=\boldsymbol{\alpha}_1=\begin{pmatrix}0\\1\\0\end{pmatrix}$.

对特征值 $\lambda_2=-2$，解齐次线性方程组 $(\boldsymbol{A}+2\boldsymbol{E})\boldsymbol{x}=\boldsymbol{0}$，由

$$\boldsymbol{A}+2\boldsymbol{E}=\begin{pmatrix}1&0&2\\0&1&0\\2&0&4\end{pmatrix}\overset{r}{\sim}\begin{pmatrix}1&0&2\\0&1&0\\0&0&0\end{pmatrix},$$

取特征向量为 $\boldsymbol{\alpha}_2=\begin{pmatrix}-2\\0\\1\end{pmatrix}$，单位化，得 $\boldsymbol{\eta}_2=\dfrac{1}{\|\boldsymbol{\alpha}_2\|}\boldsymbol{\alpha}_2=\begin{pmatrix}\frac{-2}{\sqrt{5}}\\0\\\frac{1}{\sqrt{5}}\end{pmatrix}$.

对特征值 $\lambda_3=3$，解齐次线性方程组 $(\boldsymbol{A}-3\boldsymbol{E})\boldsymbol{x}=\boldsymbol{0}$，由

$$\boldsymbol{A}-3\boldsymbol{E}=\begin{pmatrix}-4&0&2\\0&-4&0\\2&0&-1\end{pmatrix}\overset{r}{\sim}\begin{pmatrix}1&0&-\frac{1}{2}\\0&1&0\\0&0&0\end{pmatrix},$$

取特征向量为 $\boldsymbol{\alpha}_3=\begin{pmatrix}1\\0\\2\end{pmatrix}$，单位化，得 $\boldsymbol{\eta}_3=\dfrac{1}{\|\boldsymbol{\alpha}_3\|}\boldsymbol{\alpha}_3=\begin{pmatrix}\frac{1}{\sqrt{5}}\\0\\\frac{2}{\sqrt{5}}\end{pmatrix}$.

令矩阵 $\boldsymbol{P}=(\boldsymbol{\eta}_1,\boldsymbol{\eta}_2,\boldsymbol{\eta}_3)=\begin{pmatrix}0&\frac{-2}{\sqrt{5}}&\frac{1}{\sqrt{5}}\\1&0&0\\0&\frac{1}{\sqrt{5}}&\frac{2}{\sqrt{5}}\end{pmatrix}$，则 $\boldsymbol{P}^{-1}\boldsymbol{A}\boldsymbol{P}=\boldsymbol{P}^{\mathrm{T}}\boldsymbol{A}\boldsymbol{P}=\begin{pmatrix}-1&&\\&-2&\\&&3\end{pmatrix}$.

例 2　设 $\boldsymbol{A}=\begin{pmatrix}2&1&1\\1&2&1\\1&1&2\end{pmatrix}$，求 $\boldsymbol{A}^{10}$.

解　因为 $\boldsymbol{A}$ 是实对称阵，从而可求一个正交阵 $\boldsymbol{P}$，使得 $\boldsymbol{P}^{-1}\boldsymbol{A}\boldsymbol{P}=\boldsymbol{\Lambda}=\begin{pmatrix}\lambda_1&&\\&\lambda_2&\\&&\lambda_3\end{pmatrix}$，

其中 λ_1，λ_2，λ_3 是 $\boldsymbol{A}$ 的全部特征值. 于是

$$\boldsymbol{A}^{10}=(\boldsymbol{P\Lambda P}^{-1})^{10}=\boldsymbol{P\Lambda}^{10}\boldsymbol{P}^{-1}=\boldsymbol{P\Lambda}^{10}\boldsymbol{P}^{\mathrm{T}}$$

由

$$|\boldsymbol{A}-\lambda\boldsymbol{E}|=\begin{vmatrix}2-\lambda & 1 & 1\\ 1 & 2-\lambda & 1\\ 1 & 1 & 2-\lambda\end{vmatrix}=-(\lambda-4)(\lambda-1)^2=0$$

得特征值为 $\lambda_1=4$，$\lambda_2=\lambda_3=1$.

对特征值 $\lambda_1=4$，解齐次线性方程组 $(\boldsymbol{A}-4\boldsymbol{E})\boldsymbol{x}=\boldsymbol{0}$，由

$$\boldsymbol{A}-4\boldsymbol{E}=\begin{pmatrix}-2 & 1 & 1\\ 1 & -2 & 1\\ 1 & 1 & -2\end{pmatrix}\overset{r}{\sim}\begin{pmatrix}1 & 0 & -1\\ 0 & 1 & -1\\ 0 & 0 & 0\end{pmatrix},$$

取特征向量为 $\boldsymbol{\alpha}_1=\begin{pmatrix}1\\1\\1\end{pmatrix}$，单位化，得 $\boldsymbol{p}_1=\dfrac{1}{\|\boldsymbol{\alpha}_1\|}\boldsymbol{\alpha}_1=\begin{pmatrix}\frac{\sqrt{3}}{3}\\ \frac{\sqrt{3}}{3}\\ \frac{\sqrt{3}}{3}\end{pmatrix}$.

对特征值 $\lambda_2=\lambda_3=1$，解齐次线性方程组 $(\boldsymbol{A}-\boldsymbol{E})\boldsymbol{x}=\boldsymbol{0}$，由

$$\boldsymbol{A}-\boldsymbol{E}=\begin{pmatrix}1 & 1 & 1\\ 1 & 1 & 1\\ 1 & 1 & 1\end{pmatrix}\overset{r}{\sim}\begin{pmatrix}1 & 1 & 1\\ 0 & 0 & 0\\ 0 & 0 & 0\end{pmatrix},$$

取特征向量为 $\boldsymbol{\alpha}_2=\begin{pmatrix}-1\\1\\0\end{pmatrix}$，$\boldsymbol{\alpha}_3=\begin{pmatrix}-1\\0\\1\end{pmatrix}$.

先将 $\boldsymbol{\alpha}_2$ 与 $\boldsymbol{\alpha}_3$ 正交化，令

$$\boldsymbol{\beta}_2=\boldsymbol{\alpha}_2=\begin{pmatrix}-1\\1\\0\end{pmatrix},\ \boldsymbol{\beta}_3=\boldsymbol{\alpha}_3-\frac{[\boldsymbol{\alpha}_3,\boldsymbol{\beta}_2]}{[\boldsymbol{\beta}_2,\boldsymbol{\beta}_2]}\boldsymbol{\beta}_2=\begin{pmatrix}-1\\0\\1\end{pmatrix}-\frac{1}{2}\begin{pmatrix}-1\\1\\0\end{pmatrix}=\frac{1}{2}\begin{pmatrix}-1\\-1\\2\end{pmatrix},$$

再将 $\boldsymbol{\beta}_2$，$\boldsymbol{\beta}_3$ 单位化，得

$$\boldsymbol{p}_2=\frac{1}{\|\boldsymbol{\beta}_2\|}\boldsymbol{\beta}_2=\begin{pmatrix}-\frac{\sqrt{2}}{2}\\ \frac{\sqrt{2}}{2}\\ 0\end{pmatrix},\ \boldsymbol{p}_3=\frac{1}{\|\boldsymbol{\beta}_3\|}\boldsymbol{\beta}_3=\begin{pmatrix}-\frac{\sqrt{6}}{6}\\ -\frac{\sqrt{6}}{6}\\ \frac{\sqrt{6}}{3}\end{pmatrix}.$$

令矩阵 $\boldsymbol{P}=(\boldsymbol{p}_1,\boldsymbol{p}_2,\boldsymbol{p}_3)=\begin{pmatrix}\frac{\sqrt{3}}{3} & -\frac{\sqrt{2}}{2} & -\frac{\sqrt{6}}{6}\\ \frac{\sqrt{3}}{3} & \frac{\sqrt{2}}{2} & -\frac{\sqrt{6}}{6}\\ \frac{\sqrt{3}}{3} & 0 & \frac{\sqrt{6}}{3}\end{pmatrix}$，则 $\boldsymbol{P}$ 为所求正交阵，且 $\boldsymbol{\Lambda}=\begin{pmatrix}4 & & \\ & 1 & \\ & & 1\end{pmatrix}$，

从而

$$A^{10}=P\begin{pmatrix}4 & & \\ & 1 & \\ & & 1\end{pmatrix}^{10}P^{\mathrm{T}}=P\begin{pmatrix}4^{10} & & \\ & 1 & \\ & & 1\end{pmatrix}P^{\mathrm{T}}=\frac{1}{3}\begin{pmatrix}4^{10}+2 & 4^{10}-1 & 4^{10}-1\\ 4^{10}-1 & 4^{10}+2 & 4^{10}-1\\ 4^{10}-1 & 4^{10}-1 & 4^{10}+2\end{pmatrix}.$$

习题 4-4

1. 试求正交阵 $\boldsymbol{P}$，将下列对称阵化为对角阵：

(1) $\begin{pmatrix}1 & 1 & 1\\ 1 & 2 & 0\\ 1 & 0 & 2\end{pmatrix}$；　　(2) $\begin{pmatrix}2 & 2 & -2\\ 2 & 5 & -4\\ -2 & -4 & 5\end{pmatrix}$.

2. 设 $\boldsymbol{A}=\begin{pmatrix}2 & 1 & 2\\ 1 & 2 & 2\\ 2 & 2 & 1\end{pmatrix}$，求 $\varphi(\boldsymbol{A})=\boldsymbol{A}^{10}-6\boldsymbol{A}^9+5\boldsymbol{A}^8$.

3. 设 3 阶实对称矩阵 $\boldsymbol{A}$ 的特征值为 $\lambda_1=3$，$\lambda_2=-3$，$\lambda_3=0$，对应 λ_1，λ_2 的特征向量依次为 $\boldsymbol{p}_1=\begin{pmatrix}1\\2\\2\end{pmatrix}$，$\boldsymbol{p}_2=\begin{pmatrix}2\\1\\-2\end{pmatrix}$，求矩阵 $\boldsymbol{A}$.

4. 设矩阵 $\boldsymbol{A}=\begin{pmatrix}0 & -1 & 4\\ -1 & 3 & a\\ 4 & a & 0\end{pmatrix}$，正交矩阵 $\boldsymbol{P}$ 使得 $\boldsymbol{P}^{\mathrm{T}}\boldsymbol{A}\boldsymbol{P}$ 为对角阵，如果 $\boldsymbol{P}$ 的第一列为 $\left(\frac{1}{\sqrt{6}},\frac{2}{\sqrt{6}},\frac{1}{\sqrt{6}}\right)^{\mathrm{T}}$，求 $\boldsymbol{a}$，$\boldsymbol{P}$.

5. 设 3 阶实对称矩阵 $\boldsymbol{A}$ 的秩 $R(\boldsymbol{A})=2$，且

$$\boldsymbol{A}\begin{pmatrix}1 & 1\\ 0 & 0\\ -1 & 1\end{pmatrix}=\begin{pmatrix}-1 & 1\\ 0 & 0\\ 1 & 1\end{pmatrix},$$

(1)求 $\boldsymbol{A}$ 的所有特征值与特征向量；(2)求矩阵 $\boldsymbol{A}$.

6. 设 $\boldsymbol{x}=(x_1,x_2,\cdots,x_n)^{\mathrm{T}}$，$x_1\neq0$，$\boldsymbol{A}=\boldsymbol{x}\boldsymbol{x}^{\mathrm{T}}$，

(1)证明 $\lambda=0$ 是矩阵 $\boldsymbol{A}$ 的 $n-1$ 重特征值；

(2)求 $\boldsymbol{A}$ 的非零特征值及 n 个线性无关的特征向量.

7. 设 3 阶实对称矩阵 $\boldsymbol{A}$ 满足 $R(\boldsymbol{A})=2$ 且 $\boldsymbol{A}^2=\boldsymbol{A}$，求 $\boldsymbol{A}$ 的特征值.

第五节　二次型及其标准形

[课前导读]

已知平面$\mathbb{R}^2$上一条曲线的方程为 $3x^2+3y^2+4xy=1$，为了求曲线上到原点的距离最长和

最短的点，可以先选择适当的坐标旋转变换

$$\begin{cases}x=x'\cos\theta-y'\sin\theta,\\ y=x'\sin\theta+y'\cos\theta,\end{cases}\quad \theta=\frac{\pi}{4},$$

即

$$\begin{cases}x=\dfrac{\sqrt{2}}{2}x'-\dfrac{\sqrt{2}}{2}y',\\ y=\dfrac{\sqrt{2}}{2}x'+\dfrac{\sqrt{2}}{2}y',\end{cases}$$

将曲线方程化为标准方程：$x'^2+5y'^2=1$. 显然，这是一条椭圆曲线，从而曲线上到原点的距离最长和最短的点分别可取$(\pm1,\ 0)$和$\left(0,\ \pm\dfrac{1}{\sqrt{5}}\right)$.

从代数学的观点来看，上述化曲线的一般方程为标准方程的过程，就是通过变量间非退化的线性替换把一个二次齐次多项式化简为只含有平方项的过程. 这样的问题在许多实际问题或理论问题中常常会遇到. 本节对含n个变量的二次齐次多项式进行一般的讨论，研究如何利用变量间非退化的线性替换将二次齐次多项式化简为只含有平方项的二次多项式.

一、二次型及其标准形的定义

定义 1　含有n个变量$x_1,\ x_2,\ \cdots,\ x_n$的二次齐次多项式

$$\begin{aligned}f(x_1,\ x_2,\ \cdots,\ x_n)=a_{11}x_1^2&+2a_{12}x_1x_2+2a_{13}x_1x_3+\cdots+2a_{1,n-1}x_1x_{n-1}+2a_{1n}x_1x_n+\\ &a_{22}x_2^2\ +2a_{23}x_2x_3+\cdots+2a_{2,n-1}x_1x_{n-1}+2a_{2n}x_2x_n+\\ &\cdots+\\ &a_{n-1,n-1}x_{n-1}^2+2a_{n-1,n}x_{n-1}x_n+\\ &a_{n,n}x_n^2\end{aligned}\tag{5-1}$$

称为**二次型**. 如果所有系数$a_{ij}(1\leqslant i,\ j\leqslant n)$均为实数，则称二次型为实二次型. 特别地，如果$n$元二次型$f(x_1,\ x_2,\ \cdots,\ x_n)$只含有平方项，即

$$f(x_1,\ x_2,\ \cdots,\ x_n)=k_1x_1^2+k_2x_2^2+\cdots+k_nx_n^2,$$

称这样的二次型为二次型的标准形. 如果标准形的系数$k_1,\ k_2,\ \cdots,\ k_n$只在1，-1，0三个数中取值，也就是

$$f(x_1,\ x_2,\ \cdots,\ x_n)=x_1^2+\cdots+x_p^2-x_{p+1}^2-\cdots-x_r^2,$$

就称其为二次型的规范形.

在式(5-1)中，对$j>i$取$a_{ji}=a_{ij}$，则$2a_{ij}x_ix_j=a_{ij}x_ix_j+a_{ji}x_jx_i$，于是式(5-1)可写成

$$\begin{aligned}f(x_1,\ x_2,\ \cdots,\ x_n)&=a_{11}x_1^2+a_{12}x_1x_2+\cdots+a_{1n}x_1x_n+\\ &a_{21}x_2x_1+a_{22}x_2^2+a_{23}x_2x_3+\cdots+a_{2n}x_2x_n+\\ &\cdots+\\ &a_{n1}x_nx_1+a_{n2}x_nx_2+\cdots+a_{nn}x_n^2\\ &=\sum_{i,\ j=1}^{n}a_{ij}x_ix_j.\end{aligned}\tag{5-2}$$

利用矩阵，二次型式(5-2)可以表示为

$$f=x_1(a_{11}x_1+a_{12}x_2+\cdots+a_{1n}x_n)+x_2(a_{21}x_1+a_{22}x_2+\cdots+a_{2n}x_n)+\cdots+x_n(a_{n1}x_1+a_{n2}x_2+\cdots+a_{nn}x_n)$$

$$=(x_1,x_2,\cdots,x_n)\begin{pmatrix}a_{11}x_1+a_{12}x_2+\cdots+a_{1n}x_n\\a_{21}x_1+a_{22}x_2+\cdots+a_{2n}x_n\\\cdots\cdots\cdots\\a_{n1}x_1+a_{n2}x_2+\cdots+a_{nn}x_n\end{pmatrix}$$

$$=(x_1,x_2,\cdots,x_n)\begin{pmatrix}a_{11}&a_{12}&\cdots&a_{1n}\\a_{21}&a_{22}&\cdots&a_{2n}\\\vdots&\vdots&\ddots&\vdots\\a_{n1}&a_{n2}&\cdots&a_{nn}\end{pmatrix}\begin{pmatrix}x_1\\x_2\\\vdots\\x_n\end{pmatrix}.$$

记

$$\boldsymbol{A}=\begin{pmatrix}a_{11}&a_{12}&\cdots&a_{1n}\\a_{21}&a_{22}&\cdots&a_{2n}\\\vdots&\vdots&\ddots&\vdots\\a_{n1}&a_{n2}&\cdots&a_{nn}\end{pmatrix},\quad \boldsymbol{x}=\begin{pmatrix}x_1\\x_2\\\vdots\\x_n\end{pmatrix},$$

则二次型可记作

$$f(\boldsymbol{x})=\boldsymbol{x}^{\mathrm{T}}\boldsymbol{A}\boldsymbol{x},$$

其中 $\boldsymbol{A}$ 为对称阵.

例如，二次型 $f=x_1^2-3x_3^2-4x_1x_2+x_2x_3$ 用矩阵记号写出来，就是

$$f(x_1,x_2,x_3)=(x_1,x_2,x_3)\begin{pmatrix}1&-2&0\\-2&0&\frac{1}{2}\\0&\frac{1}{2}&-3\end{pmatrix}\begin{pmatrix}x_1\\x_2\\x_3\end{pmatrix}.$$

任给一个二次型，就唯一地确定一个对称阵；反之，任给一个对称阵，也可唯一地确定一个二次型. 这样，二次型与对称阵之间存在一一对应的关系. 因此，我们把对称阵 $\boldsymbol{A}$ 叫做二次型 $f(\boldsymbol{x})=\boldsymbol{x}^{\mathrm{T}}\boldsymbol{A}\boldsymbol{x}$ 的矩阵，也把 $f(\boldsymbol{x})=\boldsymbol{x}^{\mathrm{T}}\boldsymbol{A}\boldsymbol{x}$ 叫做对称阵 $\boldsymbol{A}$ 的二次型. 对称阵 $\boldsymbol{A}$ 的秩就叫做二次型 $f(\boldsymbol{x})=\boldsymbol{x}^{\mathrm{T}}\boldsymbol{A}\boldsymbol{x}$ 的秩. 显然，标准形的矩阵是对角阵.

二、用正交变换化二次型为标准形

对于二次型，我们讨论的主要问题是：寻求可逆的线性变换

$$\begin{cases}x_1=c_{11}y_1+c_{12}y_2+\cdots+c_{1n}y_n,\\x_2=c_{21}y_1+c_{22}y_2+\cdots+c_{2n}y_n,\\\cdots\cdots\cdots\\x_n=c_{n1}y_1+c_{n2}y_2+\cdots+c_{nn}y_n,\end{cases}\qquad(5-3)$$

其中 $c_{ij}(1\leqslant i,j\leqslant n)$ 均为实数，将二次型 $f(\boldsymbol{x})=\boldsymbol{x}^{\mathrm{T}}\boldsymbol{A}\boldsymbol{x}$ 化为标准形.

记 $\boldsymbol{C}=(c_{ij})$，$\boldsymbol{y}=\begin{pmatrix}y_1\\y_2\\\vdots\\y_n\end{pmatrix}$，把可逆变换式(5-3)记作

$$\boldsymbol{x}=\boldsymbol{C}\boldsymbol{y},$$

代入 $f(\boldsymbol{x})=\boldsymbol{x}^{\mathrm{T}}\boldsymbol{A}\boldsymbol{x}$，有

$$f(\boldsymbol{x})=\boldsymbol{x}^{\mathrm{T}}\boldsymbol{A}\boldsymbol{x}=(\boldsymbol{C}\boldsymbol{y})^{\mathrm{T}}\boldsymbol{A}\boldsymbol{C}\boldsymbol{y}=\boldsymbol{y}^{\mathrm{T}}(\boldsymbol{C}^{\mathrm{T}}\boldsymbol{A}\boldsymbol{C})\boldsymbol{y}=\boldsymbol{y}^{\mathrm{T}}\boldsymbol{B}\boldsymbol{y}=g(\boldsymbol{y}).$$

如果二次型 $g(\boldsymbol{y})=\boldsymbol{y}^{\mathrm{T}}\boldsymbol{B}\boldsymbol{y}$ 是标准形，则矩阵 $\boldsymbol{B}=\boldsymbol{C}^{\mathrm{T}}\boldsymbol{A}\boldsymbol{C}$ 是对角阵.

定义 2 设 $\boldsymbol{A}$ 和 $\boldsymbol{B}$ 是 n 阶矩阵，若有可逆矩阵 $\boldsymbol{C}$，使 $\boldsymbol{B}=\boldsymbol{C}^{\mathrm{T}}\boldsymbol{A}\boldsymbol{C}$，则称矩阵 $\boldsymbol{A}$ 与 $\boldsymbol{B}$ 合同.

显然，矩阵间的合同关系是一个等价关系，满足

(1)反身性：每一个方阵都与它自身合同. 这是因为 $\boldsymbol{A}=\boldsymbol{E}^{\mathrm{T}}\boldsymbol{A}\boldsymbol{E}$.

(2)对称性：如果 $\boldsymbol{A}$ 与 $\boldsymbol{B}$ 合同，则 $\boldsymbol{B}$ 与 $\boldsymbol{A}$ 也合同. 这是因为由 $\boldsymbol{B}=\boldsymbol{C}^{\mathrm{T}}\boldsymbol{A}\boldsymbol{C}$ 及矩阵 $\boldsymbol{C}$ 可逆可得 $\boldsymbol{A}=\boldsymbol{P}^{\mathrm{T}}\boldsymbol{B}\boldsymbol{P}$，其中 $\boldsymbol{P}=\boldsymbol{C}^{-1}$.

(3)传递性：如果 $\boldsymbol{A}$ 与 $\boldsymbol{B}$ 合同，$\boldsymbol{B}$ 与 $\boldsymbol{C}$ 合同，则 $\boldsymbol{A}$ 与 $\boldsymbol{C}$ 也合同. 这是因为由 $\boldsymbol{B}=\boldsymbol{P}^{\mathrm{T}}\boldsymbol{A}\boldsymbol{P}$ 及 $\boldsymbol{C}=\boldsymbol{Q}^{\mathrm{T}}\boldsymbol{B}\boldsymbol{Q}$ 可得 $\boldsymbol{C}=(\boldsymbol{P}\boldsymbol{Q})^{\mathrm{T}}\boldsymbol{A}(\boldsymbol{P}\boldsymbol{Q})$.

容易证明，若 $\boldsymbol{A}$ 为对称阵，则 $\boldsymbol{B}=\boldsymbol{C}^{\mathrm{T}}\boldsymbol{A}\boldsymbol{C}$ 也为对称阵，且 $R(\boldsymbol{B})=R(\boldsymbol{A})$(证明留给读者作为练习). 由此可知，经可逆变换 $\boldsymbol{x}=\boldsymbol{C}\boldsymbol{y}$ 后，二次型 $f(\boldsymbol{x})=\boldsymbol{x}^{\mathrm{T}}\boldsymbol{A}\boldsymbol{x}$ 的矩阵由 $\boldsymbol{A}$ 变为与 $\boldsymbol{A}$ 合同的矩阵 $\boldsymbol{C}^{\mathrm{T}}\boldsymbol{A}\boldsymbol{C}$，且二次型的秩不变.

要使二次型 $f(\boldsymbol{x})=\boldsymbol{x}^{\mathrm{T}}\boldsymbol{A}\boldsymbol{x}$ 经可逆变换 $\boldsymbol{x}=\boldsymbol{C}\boldsymbol{y}$ 变成标准形，就是要使矩阵 $\boldsymbol{B}=\boldsymbol{C}^{\mathrm{T}}\boldsymbol{A}\boldsymbol{C}$ 是对角阵. 因此，我们的主要问题就转化为：对于对称阵 $\boldsymbol{A}$，寻求可逆矩阵 $\boldsymbol{C}$，使 $\boldsymbol{C}^{\mathrm{T}}\boldsymbol{A}\boldsymbol{C}$ 为对角阵. 这个问题称为把对称矩阵合同对角化.

由第四节的定理可知，任给对称阵 $\boldsymbol{A}$，总有正交阵 $\boldsymbol{P}$，使 $\boldsymbol{P}^{-1}\boldsymbol{A}\boldsymbol{P}=\boldsymbol{P}^{\mathrm{T}}\boldsymbol{A}\boldsymbol{P}=\boldsymbol{\Lambda}$. 把此结论应用于二次型，即有下列定理

定理 任给二次型 $f=\sum\limits_{i,\ j=1}^{n}a_{ij}x_ix_j(a_{ij}=a_{ji})$，总有正交变换 $\boldsymbol{x}=\boldsymbol{P}\boldsymbol{y}$，使 f 化为标准形

$$f=\lambda_1y_1^2+\lambda_2y_2^2+\cdots+\lambda_ny_n^2,$$

其中 λ_1，λ_2，…，λ_n 是 f 的矩阵 $\boldsymbol{A}=(a_{ij})$ 的特征值.

推论 任给 n 元二次型 $f(\boldsymbol{x})=\boldsymbol{x}^{\mathrm{T}}\boldsymbol{A}\boldsymbol{x}(\boldsymbol{A}^{\mathrm{T}}=\boldsymbol{A})$，总有可逆变换 $\boldsymbol{x}=\boldsymbol{C}\boldsymbol{z}$，使 $f(\boldsymbol{C}\boldsymbol{z})$ 为规范形.

证明 按定理，有

$$f(\boldsymbol{P}\boldsymbol{y})=\boldsymbol{y}^{\mathrm{T}}\boldsymbol{\Lambda}\boldsymbol{y}=\lambda_1y_1^2+\lambda_2y_2^2+\cdots+\lambda_ny_n^2,$$

设二次型 f 的秩为 r，则特征值中恰有 r 个不为 0，不妨设 $\lambda_1\neq0$，$\lambda_2\neq0$，…，$\lambda_r\neq0$，$\lambda_{r+1}=\cdots=\lambda_n=0$，令

$$\boldsymbol{K}=\begin{pmatrix}k_1&&&\\&k_2&&\\&&\ddots&\\&&&k_n\end{pmatrix}，其中\ k_i=\begin{cases}\dfrac{1}{\sqrt{|\lambda_i|}}, & i\leqslant r,\\ 1, & i>r,\end{cases}$$

则 $\boldsymbol{K}$ 可逆，变换 $\boldsymbol{y}=\boldsymbol{K}\boldsymbol{z}$ 把 $f(\boldsymbol{P}\boldsymbol{y})$ 化为

$$f(\boldsymbol{PKz})=(\boldsymbol{Kz})^{\mathrm{T}}\boldsymbol{\Lambda}(\boldsymbol{Kz})=\boldsymbol{z}^{\mathrm{T}}(\boldsymbol{K}^{\mathrm{T}}\boldsymbol{\Lambda}\boldsymbol{K})\boldsymbol{z},$$

而

$$\boldsymbol{K}^{\mathrm{T}}\boldsymbol{\Lambda}\boldsymbol{K}=\boldsymbol{diag}\left(\frac{\lambda_1}{|\lambda_1|},\ \frac{\lambda_2}{|\lambda_2|},\ \cdots,\ \frac{\lambda_r}{|\lambda_r|},\ 0,\ \cdots,\ 0\right),$$

记 $\boldsymbol{C}=\boldsymbol{PK}$，即知可逆变换 $\boldsymbol{x}=\boldsymbol{C}\boldsymbol{z}$ 把 f 化成规范形

$$f(\boldsymbol{Cz})=\frac{\lambda_1}{|\lambda_1|}z_1^2+\frac{\lambda_2}{|\lambda_2|}z_2^2+\cdots+\frac{\lambda_r}{|\lambda_r|}z_r^2.$$

例 1　求一个正交变换 $\boldsymbol{x}=\boldsymbol{P}\boldsymbol{y}$，把二次型

$$f=2x_1^2+2x_2^2+2x_3^2+2x_1x_2+2x_1x_3+2x_2x_3$$

化为标准形.

解　二次型的矩阵为

$$\boldsymbol{A}=\begin{pmatrix}2&1&1\\1&2&1\\1&1&2\end{pmatrix},$$

这与第四节例 2 所给的矩阵相同，按照例 2 的结果，有正交阵

$$\boldsymbol{P}=\begin{pmatrix}\frac{\sqrt{3}}{3}&-\frac{\sqrt{2}}{2}&-\frac{\sqrt{6}}{6}\\\frac{\sqrt{3}}{3}&\frac{\sqrt{2}}{2}&-\frac{\sqrt{6}}{6}\\\frac{\sqrt{3}}{3}&0&\frac{\sqrt{6}}{3}\end{pmatrix},$$

使

$$\boldsymbol{P}^{\mathrm{T}}\boldsymbol{A}\boldsymbol{P}=\boldsymbol{\Lambda}=\begin{pmatrix}4&&\\&1&\\&&1\end{pmatrix},$$

于是有正交变换

$$\begin{pmatrix}x_1\\x_2\\x_3\end{pmatrix}=\begin{pmatrix}\frac{\sqrt{3}}{3}&-\frac{\sqrt{2}}{2}&-\frac{\sqrt{6}}{6}\\\frac{\sqrt{3}}{3}&\frac{\sqrt{2}}{2}&-\frac{\sqrt{6}}{6}\\\frac{\sqrt{3}}{3}&0&\frac{\sqrt{6}}{3}\end{pmatrix}\begin{pmatrix}y_1\\y_2\\y_3\end{pmatrix}.$$

把二次型 f 化成标准形

$$f=4y_1^2+y_2^2+y_3^2.$$

如果要把二次型 f 化成规范形，只需令

$$\begin{cases}y_1=\frac{1}{2}z_1,\\y_2=z_2,\\y_3=z_3,\end{cases}$$

即得 f 的规范形

$$f=z_1^2+z_2^2+z_3^2.$$

三、用配方法化二次型为标准形

用正交变换化二次型成标准形，具有保持几何形状不变的优点. 而对于研究二次型的正定性来说，还可以不用正交变换，只用可逆的线性变换 $\boldsymbol{x}=\boldsymbol{P}\boldsymbol{y}$ 把二次型化成标准形. 下面举例来说明求可逆变换 $\boldsymbol{x}=\boldsymbol{P}\boldsymbol{y}$ 中矩阵 $\boldsymbol{P}$ 的具体方法，这种方法称为配方法.

例 2 化二次型

$$f=x_1^2+2x_2^2+3x_3^2+2x_1x_2+2x_1x_3+4x_2x_3$$

成标准形，并求所用的变换矩阵.

解 由于 f 中含变量 x_1 的平方项，故把含 x_1 的项归并起来，配方可得

$$\begin{aligned} f &=x_1^2+x_2^2+x_3^2+2x_1x_2+2x_1x_3+2x_2x_3+x_2^2+2x_3^2+2x_2x_3 \\ &=(x_1+x_2+x_3)^2+x_2^2+x_3^2+2x_2x_3+x_3^2, \end{aligned}$$

上式右端除第一项外已不再含 x_1. 继续配方可得

$$f=(x_1+x_2+x_3)^2+(x_2+x_3)^2+x_3^2.$$

令

$$\begin{cases} y_1=x_1+x_2+x_3, \\ y_2=x_2+x_3, \\ y_3=x_3, \end{cases}$$

即

$$\begin{cases} x_1=y_1-y_2, \\ x_2=y_2-y_3, \\ x_3=\quad y_3, \end{cases}$$

就把 f 化成标准形(规范形) $f=y_1^2+y_2^2+y_3^2$，所用变换矩阵为

$$\boldsymbol{C}=\begin{pmatrix} 1 & -1 & 0 \\ 0 & 1 & -1 \\ 0 & 0 & 1 \end{pmatrix}\quad (|\boldsymbol{C}|=1\neq 0).$$

例 3 化二次型

$$f=2x_1x_2+4x_1x_3-6x_2x_3$$

成规范形，并求所用的变换矩阵.

解 在 f 中不含平方项. 由于含有 x_1，x_2 乘积项，故令

$$\begin{cases} x_1=y_1+y_2, \\ x_2=y_1-y_2, \\ x_3=y_3, \end{cases} \text{即} \begin{pmatrix} x_1 \\ x_2 \\ x_3 \end{pmatrix}=\begin{pmatrix} 1 & 1 & 0 \\ 1 & -1 & 0 \\ 0 & 0 & 1 \end{pmatrix}\begin{pmatrix} y_1 \\ y_2 \\ y_3 \end{pmatrix},$$

代入可得

$$f=2y_1^2-2y_2^2-2y_1y_3+10y_2y_3.$$

再配方，得

$$f=2\left(y_1-\frac{1}{2}y_3\right)^2-2\left(y_2-\frac{5}{2}y_3\right)^2+12y_3^2.$$

令

$$\begin{cases}z_1=y_1-\dfrac{1}{2}y_3,\\z_2=y_2-\dfrac{5}{2}y_3,\\z_3=y_3,\end{cases}$$

于是

$$\begin{cases}y_1=z_1+\dfrac{1}{2}z_3,\\y_2=z_2+\dfrac{5}{2}z_3,\\y_3=z_3,\end{cases}\quad 即\begin{pmatrix}y_1\\y_2\\y_3\end{pmatrix}=\begin{pmatrix}1&0&\dfrac{1}{2}\\0&1&\dfrac{5}{2}\\0&0&1\end{pmatrix}\begin{pmatrix}z_1\\z_2\\z_3\end{pmatrix},$$

于是，二次型化为标准形

$$f=2z_1^2-2z_2^2+12z_3^2.$$

再令

$$\begin{cases}w_1=\sqrt{2}z_1,\\w_2=\sqrt{2}z_2,\\w_3=\sqrt{12}z_3,\end{cases}\quad 即\begin{pmatrix}z_1\\z_2\\z_3\end{pmatrix}=\begin{pmatrix}\dfrac{1}{\sqrt{2}}&0&0\\0&\dfrac{1}{\sqrt{2}}&0\\0&0&\dfrac{1}{\sqrt{12}}\end{pmatrix}\begin{pmatrix}w_1\\w_2\\w_3\end{pmatrix},$$

就把二次型化为了规范形

$$f=w_1^2-w_2^2+w_3^2,$$

所用变换矩阵为

$$\boldsymbol{C}=\begin{pmatrix}1&1&0\\1&-1&0\\0&0&1\end{pmatrix}\begin{pmatrix}1&0&\dfrac{1}{2}\\0&1&\dfrac{5}{2}\\0&0&1\end{pmatrix}\begin{pmatrix}\dfrac{1}{\sqrt{2}}&0&0\\0&\dfrac{1}{\sqrt{2}}&0\\0&0&\dfrac{1}{\sqrt{12}}\end{pmatrix}=\begin{pmatrix}\dfrac{1}{\sqrt{2}}&\dfrac{1}{\sqrt{2}}&\dfrac{3}{\sqrt{12}}\\\dfrac{1}{\sqrt{2}}&-\dfrac{1}{\sqrt{2}}&-\dfrac{2}{\sqrt{12}}\\0&0&\dfrac{1}{\sqrt{12}}\end{pmatrix}\left(|\boldsymbol{C}|=-\frac{1}{\sqrt{12}}\neq 0\right).$$

一般的，任何二次型都可用上面两例的方法找到可逆变换，把二次型化成标准形(或规范形).

习题 4-5

1. 试用矩阵记号表示下列二次型：

(1) $f=2x_1^2-2x_2^2+x_3^2-4x_1x_2+4x_1x_3+6x_2x_3$;

(2) $f=-x^2+2y^2-3z^2+2xy-6xz-4yz$；

(3) $f=x_1^2-3x_3^2-2x_1x_2+6x_2x_3$.

2. 求一个正交变换化下列二次型成标准形：

(1) $f=2x_1^2+2x_2^2+2x_3^2-2x_2x_3$；

(2) $f=2x_1x_2+2x_1x_3+2x_2x_3$；

(3) $f=2x_1^2+5x_2^2+5x_3^2+4x_1x_2-4x_1x_3-8x_2x_3$.

3. 证明：二次型 $f=\boldsymbol{x}^{\mathrm{T}}\boldsymbol{A}\boldsymbol{x}$ 在 $\|\boldsymbol{x}\|=1$ 时的最大值为矩阵 $\boldsymbol{A}$ 的最大特征值.

4. 用配方法化下列二次型成规范形，并写出所用的变换矩阵：

(1) $f(x_1, x_2, x_3)=x_1^2+2x_1x_2-2x_2x_3$；

(2) $f(x_1, x_2, x_3)=2x_1^2+x_2^2+4x_3^2+2x_1x_2-2x_2x_3$.

5. 已知二次型 $f=4x_1^2+\left(2+\dfrac{a}{2}\right)x_2^2+\left(2+\dfrac{a}{2}\right)x_3^2+(4-a)x_2x_3$，

(1) 求它所对应的矩阵 $\boldsymbol{A}$ 及其秩 $R(\boldsymbol{A})$；

(2) 当 $R(\boldsymbol{A})=2$ 时求正交变换 $\boldsymbol{x}=\boldsymbol{Q}\boldsymbol{y}$，使得二次型可化为标准形.

第六节　正定二次型与正定矩阵

[**课前导读**]

一个实二次型 $f=\boldsymbol{x}^{\mathrm{T}}\boldsymbol{A}\boldsymbol{x}$ 总可以经过可逆的变量替换化为标准形，但是标准形并不是唯一确定的. 例如第五节例 3 中的二次型

$$f=2x_1x_2+4x_1x_3-6x_2x_3,$$

如果令

$$\begin{pmatrix}x_1\\x_2\\x_3\end{pmatrix}=\begin{pmatrix}1&0&0\\\frac{2}{3}&1&1\\\frac{1}{3}&1&-1\end{pmatrix}\begin{pmatrix}y_1\\y_2\\y_3\end{pmatrix},$$

则有标准形 $f=\frac{4}{3}y_1^2-6y_2^2+6y_3^2$. 与第五节例 3 中得到的标准形作比较我们发现，虽然用不同的可逆变量替换，二次型的标准形不同，但在不同的标准形中，正系数的个数相同，负系数的个数也相同. 这并不是偶然现象，这一节我们将对此作一般的讨论.

一、惯性定理

定理 1　设有二次型 $f=\boldsymbol{x}^{\mathrm{T}}\boldsymbol{A}\boldsymbol{x}$，它的秩为 r，有两个可逆变换

$$\boldsymbol{x}=\boldsymbol{C}\boldsymbol{y} \text{ 及 } \boldsymbol{x}=\boldsymbol{P}\boldsymbol{z}$$

使

$$f=k_1y_1^2+k_2y_2^2+\cdots+k_ry_r^2\ (k_i\neq 0),$$

及

$$f=\lambda_1 z_1^2+\lambda_2 z_2^2+\cdots+\lambda_r z_r^2(\lambda_i\neq 0),$$

则 k_1，…，k_r 中正数的个数与 λ_1，…，λ_r 中正数的个数相等.

这个定理称为惯性定理，这里不予证明.

二、正定二次型与正定阵

二次型的标准形中正系数的个数称为二次型的正惯性指数，负系数的个数称为二次型的负惯性指数. 若二次型 f 的正惯性指数为 p，秩为 r，则 f 的规范形便可确定为

$$f=y_1^2+\cdots+y_p^2-y_{p+1}^2-\cdots-y_r^2.$$

科学技术上用得较多的二次型是正惯性指数为 n 或者负惯性指数为 n 的 n 元二次型，我们有下述定义.

定义　设有二次型 $f=\boldsymbol{x}^{\mathrm{T}}\boldsymbol{A}\boldsymbol{x}$，如果对于任何 $\boldsymbol{x}\neq\boldsymbol{0}$，都有 $f(\boldsymbol{x})>0$（显然 $f(0)=0$），则称二次型 f 为正定二次型，并称对称阵 $\boldsymbol{A}$ 是正定的；如果对任何 $\boldsymbol{x}\neq\boldsymbol{0}$ 都有 $f(\boldsymbol{x})<0$，则称二次型 f 为负定二次型，并称对称阵 $\boldsymbol{A}$ 是负定的.

定理 2　n 元二次型 $f=\boldsymbol{x}^{\mathrm{T}}\boldsymbol{A}\boldsymbol{x}$ 为正定的充分必要条件是它的正惯性指数等于 n，即它的规范形的 n 个系数全为 1.

证明　设可逆变换 $\boldsymbol{x}=\boldsymbol{C}\boldsymbol{y}$ 使

$$f(\boldsymbol{x})=f(\boldsymbol{C}\boldsymbol{y})=\sum_{i=1}^{n}k_i y_i^2.$$

先证充分性. 设 $k_i>0(i=1,2,\cdots,n)$，任给 $\boldsymbol{x}\neq\boldsymbol{0}$，则 $\boldsymbol{y}=\boldsymbol{C}^{-1}\boldsymbol{x}\neq\boldsymbol{0}$，故

$$f(\boldsymbol{x})=\sum_{i=1}^{n}k_i y_i^2>0.$$

再证必要性. 用反证法. 假设有 $k_i\leqslant 0$，则当 $\boldsymbol{y}=\boldsymbol{e}_s$（单位坐标向量）时，$f(\boldsymbol{C}\boldsymbol{e}_s)=k_s\leqslant 0$. 显然 $\boldsymbol{C}\boldsymbol{e}_s\neq 0$，这与 f 为正定相矛盾. 这就证明了 $k_i>0(i=1,2,\cdots,n)$.

由定理 2 立即可以得到下面两个推论.

推论 1　对称阵 $\boldsymbol{A}$ 为正定的充分必要条件是：$\boldsymbol{A}$ 与单位矩阵 $\boldsymbol{E}$ 合同.

推论 2　对称阵 $\boldsymbol{A}$ 为正定的充分必要条件是：$\boldsymbol{A}$ 的特征值全为正.

定理 3　对称阵 $\boldsymbol{A}$ 为正定的充分必要条件是：$\boldsymbol{A}$ 的各阶顺序主子式都为正，即

$$a_{11}>0,\quad \begin{vmatrix} a_{11} & a_{12} \\ a_{21} & a_{22} \end{vmatrix}>0,\cdots,\quad \begin{vmatrix} a_{11} & \cdots & a_{1n} \\ \vdots & \ddots & \vdots \\ a_{n1} & \cdots & a_{nn} \end{vmatrix}>0,$$

对称阵为负定的充分必要条件是：奇数阶顺序主子式为负，偶数阶顺序主子式为正，即

$$(-1)^r\begin{vmatrix} a_{11} & \cdots & a_{1r} \\ \vdots & \ddots & \vdots \\ a_{r1} & \cdots & a_{rr} \end{vmatrix}>0(r=1,2,\cdots,n).$$

这个定理称为赫尔维茨定理. 这里不予证明.

例 1 判别二次型 $f(x_1, x_2, x_3)=-x_1^2-x_2^2-x_3^2+x_1x_2$ 的正定性.

解 此二次型的矩阵为

$$\boldsymbol{A}=\begin{pmatrix}-1 & \frac{1}{2} & 0\\ \frac{1}{2} & -1 & 0\\ 0 & 0 & -1\end{pmatrix},$$

它的各阶顺序主子式为

$$a_{11}=-1<0,\quad \begin{vmatrix}-1 & \frac{1}{2}\\ \frac{1}{2} & -1\end{vmatrix}=\frac{3}{4}>0,\quad \begin{vmatrix}-1 & \frac{1}{2} & 0\\ \frac{1}{2} & -1 & 0\\ 0 & 0 & -1\end{vmatrix}=-\frac{3}{4}<0,$$

所以，该二次型是负定的.

例 2 设 $\boldsymbol{A}$ 为正定矩阵，证明 $\boldsymbol{A}^{-1}$ 也是正定矩阵.

证明 因为 $\boldsymbol{A}$ 正定，所以 $\boldsymbol{A}^{\mathrm{T}}=\boldsymbol{A}$，从而

$$(\boldsymbol{A}^{-1})^{\mathrm{T}}=(\boldsymbol{A}^{\mathrm{T}})^{-1}=\boldsymbol{A}^{-1},$$

即 $\boldsymbol{A}^{-1}$ 为实对称矩阵.

又由于 $\boldsymbol{A}$ 正定，存在可逆阵 $\boldsymbol{P}$，使得 $\boldsymbol{P}^{\mathrm{T}}\boldsymbol{A}\boldsymbol{P}=\boldsymbol{E}$. 等式两端求逆，得到

$$\boldsymbol{P}^{-1}\boldsymbol{A}^{-1}(\boldsymbol{P}^{\mathrm{T}})^{-1}=\boldsymbol{E}.$$

令 $(\boldsymbol{P}^{\mathrm{T}})^{-1}=\boldsymbol{Q}$，则 $\boldsymbol{Q}$ 为可逆矩阵，且满足

$$\boldsymbol{Q}^{\mathrm{T}}\boldsymbol{A}^{-1}\boldsymbol{Q}=\boldsymbol{E},$$

所以 $\boldsymbol{A}^{-1}$ 也是正定矩阵.

习题 4-6

1. 设 $f=x_1^2+x_2^2+2x_3^2+2ax_1x_2+2x_1x_3+2x_2x_3$ 为正定二次型，求 a.

2. 判定下列二次型的正定性：

(1) $f=-2x_1^2-6x_2^2-4x_3^2+2x_1x_2+2x_1x_3$;

(2) $f=5x_1^2+x_2^2+5x_3^2+4x_1x_2-8x_1x_3-4x_2x_3$;

(3) $f(x_1, x_2, x_3)=2x_1^2+3x_2^2+3x_3^2+4x_2x_3$.

3. 已知 $\boldsymbol{A}$ 为 n 阶正定阵，$\boldsymbol{D}$ 为 n 阶对角阵且对角元全非负，证明 $\boldsymbol{A}+\boldsymbol{D}$ 也为正定阵.

4. 证明对称阵 $\boldsymbol{A}$ 为正定的充分必要条件是存在可逆矩阵 $\boldsymbol{U}$，使 $\boldsymbol{A}=\boldsymbol{U}^{\mathrm{T}}\boldsymbol{U}$，即 $\boldsymbol{A}$ 与单位阵 $\boldsymbol{E}$ 合同.

5. 已知 $\boldsymbol{C}$ 是 n 阶可逆矩阵，$\boldsymbol{A}$ 是 n 阶正定矩阵，证明 $\boldsymbol{C}\boldsymbol{A}\boldsymbol{C}^{\mathrm{T}}$ 也是正定矩阵.

6. 设 $\boldsymbol{A}$ 是 n 阶正定矩阵，常数 $k>0$，证明 $k\boldsymbol{A}$ 也是正定矩阵.

7. 设 $\boldsymbol{A}$ 是 n 阶正定矩阵，$\boldsymbol{A}^*$ 是 $\boldsymbol{A}$ 的伴随矩阵，证明 $\boldsymbol{A}^*$ 也是正定矩阵.

8. 设 $\boldsymbol{A}$、$\boldsymbol{B}$ 分别为 m、n 阶正定矩阵，试判定分块矩阵 $\boldsymbol{C}=\begin{pmatrix}\boldsymbol{A} & \boldsymbol{O}\\ \boldsymbol{O} & \boldsymbol{B}\end{pmatrix}$ 是否为正定矩阵.

本章小结

本章小结

向量的内积、长度及正交性	了解 向量的内积、长度、正交、标准正交基、正交矩阵等概念 掌握 施密特正交化方法
方阵的特征值与特征向量	理解 方阵的特征值与特征向量的概念 理解 方阵的特征值与特征向量的性质 掌握 方阵的特征值与特征向量的求法
相似矩阵	理解 相似矩阵的概念和性质 理解 矩阵可相似对角化的充分必要条件
实对称矩阵的相似对角化	了解 实对称矩阵的特征值与特征向量的性质 掌握 利用正交矩阵将实对称矩阵化为对角阵的方法
二次型及其标准形	熟悉 二次型及其矩阵表示、二次型的秩 掌握 用正交变换化二次型为标准形的方法 会用 配方法化二次型为规范形
正定二次型与正定阵	会用 惯性定理 会用 二次型的正定性及其判别法

拓展阅读

Fibonacci 数列的通项

1202 年，Fibonacci 在一本书中提出一个问题：如果一对兔子出生一个月后开始繁殖，每个月生出一对后代，现有一对新生兔子，假定兔子只繁殖没有死亡，问第 k 月月初会有多少对兔子？

以“对”为单位，每月兔子的“对”数构成一个数列，这便是著名的 Fibonacci 数列 $\{F_k\}$：0，1，1，2，3，5，…，F_k，…，满足条件 $F_0=0$，$F_1=1$，$F_{k+2}=F_{k+1}+F_k(k=0,1,2,\cdots)$. 下面，我们借助于矩阵的特征值与特征向量来求 Fibonacci 数列的通项 F_k.

由 Fibonacci 数列满足的条件，我们给出这样一个关系式

$$\begin{cases}F_{k+2}=F_{k+1}+F_k,\\F_{k+1}=F_{k+1},\end{cases}\quad k=0,1,2,\cdots.$$

令
$$A=\begin{pmatrix}1&1\\1&0\end{pmatrix},\ \boldsymbol{\alpha}_k=\begin{pmatrix}F_{k+1}\\F_k\end{pmatrix}(k=1,2,3,\cdots),\ \boldsymbol{\alpha}_0=\begin{pmatrix}F_1\\F_0\end{pmatrix}=\begin{pmatrix}1\\0\end{pmatrix},$$

则上述关系可写成矩阵形式 $\boldsymbol{\alpha}_{k+1}=A\boldsymbol{\alpha}_k$，$k=1,2,3,\cdots$.

由上式递推可得 $\boldsymbol{\alpha}_k=A^k\boldsymbol{\alpha}_0$，$k=1,2,3,\cdots$.

于是求 Fibonacci 数列的通项 F_k 的问题就归结为求 A^k 的问题. 由

$$|A-\lambda E|=\begin{vmatrix}1-\lambda&1\\1&-\lambda\end{vmatrix}=\lambda^2-\lambda-1=0$$

得矩阵 A 的特征值为
$$\lambda_1=\frac{1+\sqrt{5}}{2},\ \lambda_2=\frac{1-\sqrt{5}}{2},$$

对应的特征向量分别为
$$\boldsymbol{\xi}_1=\begin{pmatrix}\lambda_1\\1\end{pmatrix},\ \boldsymbol{\xi}_2=\begin{pmatrix}\lambda_2\\1\end{pmatrix}.$$

令 $P=(\boldsymbol{\xi}_1\ \ \boldsymbol{\xi}_2)=\begin{pmatrix}\lambda_1&\lambda_2\\1&1\end{pmatrix}$，则有 $P^{-1}AP=\Lambda$，其中

$$\Lambda=\begin{pmatrix}\lambda_1&0\\0&\lambda_2\end{pmatrix},\ P^{-1}=\frac{1}{\lambda_1-\lambda_2}\begin{pmatrix}1&-\lambda_2\\-1&\lambda_1\end{pmatrix}.$$

从而有

$$A^k=P\Lambda^kP^{-1}=\frac{1}{\lambda_1-\lambda_2}\begin{pmatrix}\lambda_1&\lambda_2\\1&1\end{pmatrix}\begin{pmatrix}\lambda_1^k&0\\0&\lambda_2^k\end{pmatrix}\begin{pmatrix}1&-\lambda_2\\-1&\lambda_1\end{pmatrix}=\frac{1}{\lambda_1-\lambda_2}\begin{pmatrix}\lambda_1^{k+1}-\lambda_2^{k+1}&\lambda_1\lambda_2^{k+1}-\lambda_2\lambda_1^{k+1}\\\lambda_1^k-\lambda_2^k&\lambda_1\lambda_2^k-\lambda_2\lambda_1^k\end{pmatrix}.$$

于是由

$$\begin{pmatrix}F_{k+1}\\F_k\end{pmatrix}=\boldsymbol{\alpha}_k=A^k\boldsymbol{\alpha}_0=\frac{1}{\lambda_1-\lambda_2}\begin{pmatrix}\lambda_1^{k+1}-\lambda_2^{k+1}&\lambda_1\lambda_2^{k+1}-\lambda_2\lambda_1^{k+1}\\\lambda_1^k-\lambda_2^k&\lambda_1\lambda_2^k-\lambda_2\lambda_1^k\end{pmatrix}\begin{pmatrix}1\\0\end{pmatrix}=\frac{1}{\lambda_1-\lambda_2}\begin{pmatrix}\lambda_1^{k+1}-\lambda_2^{k+1}\\\lambda_1^k-\lambda_2^k\end{pmatrix}$$

得 Fibonacci 数列的通项为

$$F_k=\frac{1}{\lambda_1-\lambda_2}[\lambda_1^k-\lambda_2^k]=\frac{1}{\sqrt{5}}\left[\left(\frac{1+\sqrt{5}}{2}\right)^k-\left(\frac{1-\sqrt{5}}{2}\right)^k\right].$$

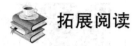

测试题四

一、填空题

1. 如果矩阵 $\boldsymbol{A}=\begin{pmatrix}1&2&3\\2&x&6\\3&6&x\end{pmatrix}$ 正定，则 x 的取值范围是____________.

2. 已知 $f=a(x_1^2+x_2^2+x_3^2)+4x_1x_2+4x_1x_3+4x_2x_3$ 经正交变换 $X=PY$ 可化成标准形 $f=6y_1^2$，则 $a=$____________.

3. 已知实二次型 $f(x_1,x_2,x_3)=\boldsymbol{x}^{\mathrm{T}}\boldsymbol{A}\boldsymbol{x}$ 经正交变换 $\boldsymbol{X}=\boldsymbol{P}\boldsymbol{Y}$ 可化为标准形 $-y_1^2-y_2^2+2y_3^2$，则矩阵 $\boldsymbol{A}^3-3\boldsymbol{A}=$____________.

4. 已知 3 阶矩阵 $\boldsymbol{A}$ 的特征值为 1，2，3，则 $|\boldsymbol{A}^3-5\boldsymbol{A}^2+7\boldsymbol{A}|=$____________.

5. 设 3 阶矩阵 $\boldsymbol{A}$ 的特征值为 2，3，λ. 若行列式 $|2\boldsymbol{A}|=-48$，则 $\lambda=$____________.

二、选择题

1. 设 λ_1，λ_2 是矩阵 $\boldsymbol{A}$ 的两个不同的特征值，对应的特征向量分别为 $\boldsymbol{\alpha}_1$，$\boldsymbol{\alpha}_2$，则 $\boldsymbol{\alpha}_1$，$\boldsymbol{A}(\boldsymbol{\alpha}_1+\boldsymbol{\alpha}_2)$ 线性无关的充分必要条件是(　　).

A. $\lambda_1\neq 0$　　B. $\lambda_2\neq 0$　　C. $\lambda_1=0$　　D. $\lambda_2=0$

2. 设 $\lambda=2$ 是可逆矩阵 $\boldsymbol{A}$ 的一个特征值，则矩阵 $\left(\frac{1}{3}\boldsymbol{A}^2\right)^{-1}$ 有一个特征值等于(　　).

A. $\frac{4}{3}$　　B. $\frac{3}{4}$　　C. $\frac{1}{2}$　　D. $\frac{1}{4}$

3. 矩阵 $\begin{pmatrix}1&a&1\\a&b&a\\1&a&1\end{pmatrix}$ 与 $\begin{pmatrix}2&0&0\\0&b&0\\0&0&0\end{pmatrix}$ 相似的充分必要条件是(　　).

A. $a=0$，$b=2$　　B. $a=0$，b 为任意常数

C. $a=2$，$b=0$　　D. $a=2$，b 为任意常数

4. 设 $\boldsymbol{A}$ 为 4 阶实对称矩阵，$\boldsymbol{A}^2+\boldsymbol{A}=0$，若 $\boldsymbol{A}$ 的秩为 3，则 $\boldsymbol{A}$ 相似于(　　).

A. $\begin{bmatrix}1&&&\\&1&&\\&&1&\\&&&0\end{bmatrix}$　　B. $\begin{bmatrix}1&&&\\&1&&\\&&-1&\\&&&0\end{bmatrix}$

C. $\begin{bmatrix}1&&&\\&-1&&\\&&-1&\\&&&0\end{bmatrix}$　　D. $\begin{bmatrix}-1&&&\\&-1&&\\&&-1&\\&&&0\end{bmatrix}$

5. 设矩阵 $\boldsymbol{A}=\begin{bmatrix}2&-1&-1\\-1&2&-1\\-1&-1&2\end{bmatrix}$，$\boldsymbol{B}=\begin{bmatrix}1&0&0\\0&1&0\\0&0&0\end{bmatrix}$，则 $\boldsymbol{A}$ 与 $\boldsymbol{B}$(　　).

A. 合同，且相似　　　　B. 合同，但不相似

C. 不合同，但相似　　　　D. 既不合同，也不相似

三、解答题

1. 设 n 阶矩阵 $\boldsymbol{A}$，$\boldsymbol{B}$ 满足 $R(\boldsymbol{A})+R(\boldsymbol{B})<n$，证明 $\boldsymbol{A}$ 与 $\boldsymbol{B}$ 有公共的特征值，有公共的特征向量.

2. 设 $\boldsymbol{A}$ 为正交阵，且 $|\boldsymbol{A}|=-1$，证明 $\lambda=-1$ 是 $\boldsymbol{A}$ 的特征值.

3. 设 $\boldsymbol{A}$、$\boldsymbol{B}$ 为两个 n 阶矩阵，且 $\boldsymbol{A}$ 的 n 个特征值两两互异，如果 $\boldsymbol{A}$ 的特征向量恒为 $\boldsymbol{B}$ 的特征向量，证明：$\boldsymbol{AB}=\boldsymbol{BA}$.

4. 设 n 阶方阵 $\boldsymbol{A}$ 可逆，且与 n 阶方阵 $\boldsymbol{B}$ 相似，$\boldsymbol{A}^*$、$\boldsymbol{B}^*$ 分别是矩阵 $\boldsymbol{A}$ 与矩阵 $\boldsymbol{B}$ 的伴随矩阵，证明 $\boldsymbol{A}^*$ 与 $\boldsymbol{B}^*$ 相似.

5. 设矩阵 $\boldsymbol{A}=\begin{pmatrix}1 & -1 & 1\\ x & 4 & y\\ -3 & -3 & 5\end{pmatrix}$，已知 $\boldsymbol{A}$ 有 3 个线性无关的特征向量，$\lambda=2$ 是 $\boldsymbol{A}$ 的二重特征值，试求一个可逆阵 $\boldsymbol{P}$，使 $\boldsymbol{P}^{-1}\boldsymbol{AP}$ 为对角阵.

6. 已知实二次型 $f(x_1, x_2, x_3)=\boldsymbol{x}^{\mathrm{T}}\boldsymbol{Ax}$ 经正交变换 $\boldsymbol{X}=\boldsymbol{PY}$ 化为标准形 $f(y_1, y_2, y_3)=-y_1^2-y_2^2+2y_3^2$，其中 $\boldsymbol{X}=(x_1, x_2, x_3)^{\mathrm{T}}$，$\boldsymbol{A}$ 为实对称矩阵，相应于特征值 2 的特征向量为 $\boldsymbol{\alpha}=(1, 1, -1)^{\mathrm{T}}$，求矩阵 $\boldsymbol{A}$ 及所用的正交变换 $\boldsymbol{x}=\boldsymbol{Py}$.

7. 求一个正交变换 $\begin{pmatrix}x\\ y\\ z\end{pmatrix}=\boldsymbol{P}\begin{pmatrix}u\\ v\\ w\end{pmatrix}$，将二次曲面方程 $x^2+3y^2+z^2+2xy+2xz+2yz=4$ 化为标准形方程，并问该二次曲面是什么类型的曲面.

第五章　线性空间与线性变换

第一节　线性空间的定义与性质

［课前导读］

线性空间，又称向量空间，是线性代数中的一个基本概念，是线性代数研究的基本对象. 在第三章中，我们把有序数组叫做向量，并介绍过向量空间的概念. 在这一节中，我们要把这些概念推广，使向量及向量空间的概念更具一般性.

一、线性空间的定义

线性空间的定义

定义 1　设 V 是一个非空集合，$\mathbb{R}$ 为实数域. 对于任意两个元素 $\boldsymbol{\alpha}$，$\boldsymbol{\beta}\in V$，在 V 中总有唯一确定的一个元素 $\boldsymbol{\gamma}$ 与之对应，称为 $\boldsymbol{\alpha}$ 与 $\boldsymbol{\beta}$ 的和，记作 $\boldsymbol{\gamma}=\boldsymbol{\alpha}+\boldsymbol{\beta}$. 对于$\mathbb{R}$ 中任一数 λ 与 V 中任一元素 $\boldsymbol{\alpha}$，在 V 中总有唯一确定的一个元素 $\boldsymbol{\delta}$ 与之对应，称为 λ 与 $\boldsymbol{\alpha}$ 的数量乘积，记作 $\boldsymbol{\delta}=\lambda\boldsymbol{\alpha}$. 如果这两种运算满足以下八条运算规律（设 $\boldsymbol{\alpha}$，$\boldsymbol{\beta}$，$\boldsymbol{\gamma}\in V$；λ，$\mu\in R$）：

(1) 加法交换律 $\boldsymbol{\alpha}+\boldsymbol{\beta}=\boldsymbol{\beta}+\boldsymbol{\alpha}$；

(2) 加法结合律 $(\boldsymbol{\alpha}+\boldsymbol{\beta})+\boldsymbol{\gamma}=\boldsymbol{\alpha}+(\boldsymbol{\beta}+\boldsymbol{\gamma})$；

(3) 在 V 中存在零元素 $\mathbf{0}$，对于任何 $\boldsymbol{\alpha}\in V$，都有 $\boldsymbol{\alpha}+\mathbf{0}=\boldsymbol{\alpha}$；

(4) 对于任何 $\boldsymbol{\alpha}\in V$，都有 $\boldsymbol{\alpha}$ 的负元素 $\boldsymbol{\beta}\in V$，使 $\boldsymbol{\alpha}+\boldsymbol{\beta}=\mathbf{0}$；

(5) $1\boldsymbol{\alpha}=\boldsymbol{\alpha}$；

(6) $\lambda(\mu\boldsymbol{\alpha})=(\lambda\mu)\alpha$；

(7) $(\lambda+\mu)\boldsymbol{\alpha}=\lambda\boldsymbol{\alpha}+\mu\boldsymbol{\alpha}$；

(8) $\lambda(\boldsymbol{\alpha}+\boldsymbol{\beta})=\lambda\boldsymbol{\alpha}+\lambda\boldsymbol{\beta}$.

那么，V 就称为实数域$\mathbb{R}$ 上的线性空间.

线性空间中满足上述 8 条规律的加法及数乘运算，统称为线性运算. 线性空间有时也被称为向量空间，但是与第三章中的向量空间不同，前者中的元素形式多样（见下文的例题），而后者中的元素只是 n 元数组向量. 容易验证，对 n 元数组向量定义的加法和乘数运算满足上述 8 条规律，因此，第三章中的向量空间对数组向量的加法和乘数运算构成线性空间. 可见，第三章中的向量空间是如今线性空间的特殊情形. 线性空间中的元素不论其本来的性质如何，统称为向量.

例 1　次数不超过 n 的多项式的全体，记作 $P[x]_n$，即

$$P[x]_n=\{p(x)=a_nx^n+\cdots+a_1x+a_0\mid a_n,\ \cdots,\ a_1,\ a_0\in\mathbb{R}\},$$

关于通常的多项式加法、数乘多项式的乘法构成线性空间. 这是因为：通常的多项式加法、数乘多项式的乘法两种运算显然满足线性运算规律，故只要验证 $P[x]_n$ 对多项式的加

法和数乘封闭.

对 $P[x]_n$ 中任意两个多项式 $p(x)=a_nx^n+\cdots+a_1x+a_0$，$q(x)=b_nx^n+\cdots+b_1x+b_0$，及任意的实数 λ，有

$$\begin{aligned}p(x)+q(x)&=(a_nx^n+\cdots+a_1x+a_0)+(b_nx^n+\cdots+b_1x+b_0)\\&=(a_n+b_n)x^n+\cdots+(a_1+b_1)x+(a_0+b_0)\in P[x]_n,\end{aligned}$$

$$\lambda p(x)=\lambda(a_nx^n+\cdots+a_1x+a_0)=(\lambda a_n)x^n+\cdots+(\lambda a_1)x+(\lambda a_0)\in P[x]_n,$$

所以 $P[x]_n$ 是一个线性空间.

例 2　设集合

$$C[a,\ b]=\{f(x)\mid f(x)\text{为}[a,\ b]\text{上的连续函数}\}$$

是由定义在区间 $[a,\ b]$ 上的连续实函数全体所组成的集合，关于通常的函数加法和数乘函数的乘法构成线性空间. 这是因为：通常的函数加法及数乘运算显然满足线性运算规律，并且根据连续函数的运算性质可知，$C[a,\ b]$ 对通常的函数加法和数乘函数的乘法封闭.

例 3　设

$$\boldsymbol{M}_{m\times n}(\mathbb{R})=\left\{\boldsymbol{A}=\begin{pmatrix}a_{11}&a_{12}&\cdots&a_{1n}\\a_{21}&a_{22}&\cdots&a_{2n}\\\vdots&\vdots&\ddots&\vdots\\a_{m1}&a_{m2}&\cdots&a_{mn}\end{pmatrix}\middle|\, a_{ij}(1\leqslant i\leqslant m;\ 1\leqslant j\leqslant n)\in\mathbb{R}\right\}$$

是实数域上的矩阵全体所成的集合. 显然 $\boldsymbol{M}_{m\times n}(\mathbb{R})$ 是非空的，$\boldsymbol{M}_{m\times n}(\mathbb{R})$ 对通常的矩阵加法和数乘构成线性空间. 这是因为：通常的矩阵加法和数乘运算显然满足线性运算规律，并且 $\boldsymbol{M}_{m\times n}(\mathbb{R})$ 对通常的矩阵加法和数乘运算封闭. 特别地，当 $m=n$ 时，n 阶方阵的全体所成的集合

$$\boldsymbol{M}_{n}(\mathbb{R})=\left\{\boldsymbol{A}=\begin{pmatrix}a_{11}&a_{12}&\cdots&a_{1n}\\a_{21}&a_{22}&\cdots&a_{2n}\\\vdots&\vdots&\ddots&\vdots\\a_{n1}&a_{n2}&\cdots&a_{nn}\end{pmatrix}\middle|\, a_{ij}(1\leqslant i,\ j\leqslant n)\in\mathbb{R}\right\}$$

也是实数域上的线性空间.

例 4　n 次多项式的全体

$$Q[x]_n=\{p=a_nx^n+\cdots+a_1x+a_0\mid a_n,\ \cdots,\ a_1,\ a_0\in\mathbb{R},\ \text{且}\ a_n\neq 0\},$$

对于通常的多项式加法和数乘运算不构成线性空间. 这是因为

$$0p=0x^n+\cdots+0x+0\notin Q[x]_n,$$

即 $Q[x]_n$ 对运算不封闭.

从上面几例可见，如果一个集合定义的加法和数乘运算是线性运算的话，要检验这个集合是否是线性空间，只要检验这个集合对所定义的运算是否封闭即可. 如果一个集合所定义的加法和数乘运算不是通常所给的运算（即：不是通常的实数的加、乘运算），要检验这个集合是否是线性空间，除了要检验这个集合对所定义的运算是否封闭，还要逐一验证是否满足八条运算规律，也就是要验证所定义的运算是否是线性运算.

例 5　n 个有序实数组成的数组的全体

$$S^n=\{\boldsymbol{x}=(x_1,\ x_2,\ \cdots,\ x_n)^{\mathrm{T}}\mid x_1,\ x_2,\ \cdots,\ x_n\in\mathbb{R}\},$$

对于通常的有序数组的加法及如下定义的乘法

$$\lambda \circ (x_1, \cdots, x_n)^T = (0, \cdots, 0)^T$$

不构成线性空间.

可以验证 S^n 对运算封闭，但是 $1\circ x=0$，不满足第五条运算规律，即所定义的运算不是线性运算，所以不是线性空间.

为了更好地理解对线性运算的一般性，我们给出下面的例子.

例 6 正实数的全体，记作$\mathbb{R}^+$，在其中定义加法及乘数运算为

$$a\oplus b=ab(a, b\in\mathbb{R}^+),$$

$$\lambda\circ a=a^{\lambda}(\lambda\in R, a\in\mathbb{R}^+),$$

验证对上述加法与数乘运算构成线性空间.

证明 首先验证对定义的加法和数乘运算封闭.

对加法封闭：对任意的 a，$b\in\mathbb{R}^+$，有 $a\oplus b=ab\in\mathbb{R}^+$.

对数乘封闭：对任意的 $\lambda\in\mathbb{R}$，$a\in\mathbb{R}^+$，有 $\lambda\circ a=a^{\lambda}\in\mathbb{R}^+$.

下面验证定义的运算是线性运算.

(1) $a\oplus b=ab=ba=b\oplus a$；

(2) $(a\oplus b)\oplus c=(ab)\oplus c=(ab)c=a(bc)=a\oplus(b\oplus c)$；

(3) 在$\mathbb{R}^+$中存在零元素 1，对于任何 $a\in\mathbb{R}^+$，都有 $a\oplus 1=a\cdot 1=a$；

(4) 对于任何 $a\in\mathbb{R}^+$，都有 a 的负元素 $a^{-1}\in\mathbb{R}^+$，使 $a\oplus a^{-1}=a\cdot a^{-1}=1$；

(5) $1\circ a=a^1=a$；

(6) $\lambda\circ(\mu\circ a)=\lambda\circ a^{\mu}=(a^{\mu})^{\lambda}=a^{\lambda\mu}=(\lambda\mu)\circ a$；

(7) $(\lambda+\mu)\circ a=a^{\lambda+\mu}=a^{\lambda}a^{\mu}=a^{\lambda}\oplus a^{\mu}=\lambda\circ a+\mu\circ a$；

(8) $\lambda\circ(a\oplus b)=\lambda\circ(ab)=(ab)^{\lambda}=a^{\lambda}b^{\lambda}=a^{\lambda}\oplus b^{\lambda}=\lambda\circ a\oplus\lambda\circ b$.

因此，$\mathbb{R}^+$对于所定义的运算构成线性空间.

二、线性空间的性质

性质 1 零元素是唯一的.

证明 设 $\mathbf{0}_1$，$\mathbf{0}_2$ 是线性空间 V 中的两个零元素，即对任何 $\boldsymbol{\alpha}\in V$，有 $\boldsymbol{\alpha}+\mathbf{0}_1=\boldsymbol{\alpha}$，$\boldsymbol{\alpha}+\mathbf{0}_2=\boldsymbol{\alpha}$，于是有

$$\mathbf{0}_2+\mathbf{0}_1=\mathbf{0}_2, \quad \mathbf{0}_1+\mathbf{0}_2=\mathbf{0}_1,$$

所以

$$\mathbf{0}_1=\mathbf{0}_1+\mathbf{0}_2=\mathbf{0}_2+\mathbf{0}_1=\mathbf{0}_2.$$

性质 2 任一元素的负元素是唯一的(将 $\boldsymbol{\alpha}$ 的负元素记作$-\boldsymbol{\alpha}$).

证明 设 $\boldsymbol{\alpha}$ 有两个负元素 $\boldsymbol{\beta}$，$\boldsymbol{\gamma}$，即 $\boldsymbol{\alpha}+\boldsymbol{\beta}=\mathbf{0}$，$\boldsymbol{\alpha}+\boldsymbol{\gamma}=\mathbf{0}$. 于是

$$\boldsymbol{\beta}=\boldsymbol{\beta}+\mathbf{0}=\boldsymbol{\beta}+(\boldsymbol{\alpha}+\boldsymbol{\gamma})=(\boldsymbol{\beta}+\boldsymbol{\alpha})+\boldsymbol{\gamma}=\mathbf{0}+\boldsymbol{\gamma}=\boldsymbol{\gamma}.$$

性质 3 $0\boldsymbol{\alpha}=\mathbf{0}$；$(-1)\boldsymbol{\alpha}=-\boldsymbol{\alpha}$；$\lambda\mathbf{0}=\mathbf{0}$.

证明 $\boldsymbol{\alpha}+0\boldsymbol{\alpha}=1\boldsymbol{\alpha}+0\boldsymbol{\alpha}=(1+0)\boldsymbol{\alpha}=1\boldsymbol{\alpha}=\boldsymbol{\alpha}$，所以 $0\boldsymbol{\alpha}=\mathbf{0}$，

$$\boldsymbol{\alpha}+(-1)\boldsymbol{\alpha}=1\boldsymbol{\alpha}+(-1)\boldsymbol{\alpha}=[1+(-1)]\boldsymbol{\alpha}=0\boldsymbol{\alpha}=\mathbf{0},$$

所以

$$(-1)\boldsymbol{\alpha}=-\boldsymbol{\alpha},$$

$$\lambda\mathbf{0}=\lambda[\boldsymbol{\alpha}+(-1)\boldsymbol{\alpha}]=\lambda\boldsymbol{\alpha}+(-\lambda)\boldsymbol{\alpha}=[\lambda+(-\lambda)]\boldsymbol{\alpha}=0\boldsymbol{\alpha}=\mathbf{0}.$$

性质 4　如果 $\lambda\boldsymbol{\alpha}=\mathbf{0}$，则 $\lambda=0$ 或 $\boldsymbol{\alpha}=\mathbf{0}$.

证明　若 $\lambda\neq0$，在 $\lambda\boldsymbol{\alpha}=\mathbf{0}$ 两边乘 $\frac{1}{\lambda}$，得

$$\frac{1}{\lambda}(\lambda\boldsymbol{\alpha})=\frac{1}{\lambda}\mathbf{0}=\mathbf{0},$$

而

$$\frac{1}{\lambda}(\lambda\boldsymbol{\alpha})=\left(\frac{1}{\lambda}\lambda\right)\boldsymbol{\alpha}=1\boldsymbol{\alpha}=\boldsymbol{\alpha},$$

所以 $\boldsymbol{\alpha}=\mathbf{0}$.

三、线性空间的子空间

定义 2　设 V 是实数域 $\mathbb{R}$ 上的线性空间，W 是 V 的一个非空子集. 如果 W 关于 V 的加法和数乘运算也构成线性空间，则称 W 是 V 的一个子空间.

例如，n 元齐次线性方程组 $\boldsymbol{Ax}=\mathbf{0}$ 的解空间

$$S=\{\boldsymbol{x}\in\mathbb{R}^n \mid \boldsymbol{Ax}=\mathbf{0}\}$$

就是线性空间 $\mathbb{R}^n$ 的子空间.

一般说来，W 作为线性空间 V 的非空子集，W 中向量关于 V 的线性运算自然满足运算规律(1)、(2)、(5)、(6)、(7)、(8). 我们只需验证 W 关于 V 的加法和数乘是封闭的，并且满足运算规律(3)、(4)，就可断言 W 是 V 的一个子空间. 实际上，如果 W 关于 V 的加法和数乘是封闭的，则对任意 $\boldsymbol{\alpha}\in W$，根据运算性质以及零向量和负向量的唯一性，必有

$$0\boldsymbol{\alpha}=\mathbf{0}\in W,\ (-1)\boldsymbol{\alpha}=-\boldsymbol{\alpha}\in W,$$

亦即 W 中向量关于 V 的线性运算必满足运算规律(3)、(4). 于是，我们有下面的定理.

定理　实数域 $\mathbb{R}$ 上线性空间 V 的非空子集 W 成为 V 的一个子空间的充分必要条件是 W 关于 V 的加法和数乘是封闭的.

例 7　在实数域 $\mathbb{R}$ 上线性空间

$$\boldsymbol{M}_n(\mathbb{R})=\left\{\boldsymbol{A}=\begin{pmatrix}a_{11}&a_{12}&\cdots&a_{1n}\\a_{21}&a_{22}&\cdots&a_{2n}\\\vdots&\vdots&\ddots&\vdots\\a_{n1}&a_{n2}&\cdots&a_{nn}\end{pmatrix}\middle|\ a_{ij}(1\leqslant i,\ j\leqslant n)\in\mathbb{R}\right\}$$

中，对角矩阵所成的集合

$$\boldsymbol{D}_n(\mathbb{R})=\left\{\boldsymbol{A}=\begin{pmatrix}a_{11}&&&\\&a_{22}&&\\&&\ddots&\\&&&a_{nn}\end{pmatrix}\middle|\ a_{ii}(1\leqslant i\leqslant n)\in\mathbb{R}\right\}$$

是 $\boldsymbol{M}_n(\mathbb{R})$ 的非空子集，且 $\boldsymbol{D}_n(\mathbb{R})$ 关于 $\boldsymbol{M}_n(\mathbb{R})$ 的加法和数乘是封闭的，所以 $\boldsymbol{D}_n(\mathbb{R})$ 是 $\boldsymbol{M}_n(\mathbb{R})$ 的一个子空间.

习题 5-1

1. 验证下列集合对于矩阵的加法和数乘运算构成线性空间：

(1) 主对角线上的元素之和等于 0 的 2 阶矩阵的全体 S_1；

(2) 3 阶对称矩阵的全体 S_2；

(3) 3 阶反对称矩阵的全体 S_3.

2. 验证正弦函数的集合

$$S[x]=\{s=A\sin(x+B)\mid A, B\in\mathbb{R}\}$$

对于通常的函数加法及数乘函数的乘法构成线性空间.

3. 验证：与向量 $(1, 0, 0)^{\mathrm{T}}$ 不平行的全体 3 维数组向量，对于数组向量的加法和数乘运算不构成线性空间.

4. 设集合 $V=\{(a, b)\mid a, b\in\mathbb{R}\}$，在 V 上定义加法和数乘运算为

$$(a_1, b_1)\oplus(a_2, b_2)=(a_1+a_2, b_1+b_2+a_1a_2), \quad k\cdot(a, b)=\left(ka, kb+\frac{k(k-1)}{2}a^2\right),$$

则集合 V 关于规定的运算是否能构成实数域上的线性空间？

5. 设 V 是实数域上的线性空间，$\boldsymbol{\alpha}_1, \boldsymbol{\alpha}_2, \cdots, \boldsymbol{\alpha}_t$ 是 V 中一组向量，集合

$$W=\{k_1\boldsymbol{\alpha}_1+k_2\boldsymbol{\alpha}_2+\cdots+k_t\boldsymbol{\alpha}_t\mid k_1, k_2, \cdots, k_t\in\mathbb{R}\},$$

证明 W 是 V 的一个子空间.

第二节　维数、基与坐标

[课前导读]

我们已经在有序 n 元数组组成的向量空间中详细讨论了向量组的线性相关性、向量组的线性表示、向量组的等价等重要概念. 这些概念以及有关的性质只涉及线性运算，因此，对于一般的线性空间中的元素仍然适用. 以后我们将直接引用这些概念和性质. 当然，第三章中向量空间的基、维数、向量在基下的坐标、基变换与坐标变换等概念也适用于一般的线性空间，本节我们就在一般的线性空间中叙述这些概念.

一、线性空间的基、维数与坐标

定义 1　在线性空间 V 中，如果存在 n 个元素 $\boldsymbol{\alpha}_1, \boldsymbol{\alpha}_2, \cdots, \boldsymbol{\alpha}_n$，满足

(1) $\boldsymbol{\alpha}_1, \boldsymbol{\alpha}_2, \cdots, \boldsymbol{\alpha}_n$ 线性无关；

(2) V 中任一元素 $\boldsymbol{\alpha}$ 总可由 $\boldsymbol{\alpha}_1, \boldsymbol{\alpha}_2, \cdots, \boldsymbol{\alpha}_n$ 线性表示.

那么，$\boldsymbol{\alpha}_1, \boldsymbol{\alpha}_2, \cdots, \boldsymbol{\alpha}_n$ 就称为线性空间 V 的一个基，n 称为线性空间 V 的维数，记作 $\dim V=n$. 只含一个零元素的线性空间称为零空间，零空间没有基，规定它的维数为 0. n 维线性空间 V 也记作 V_n.

对于 n 维线性空间 V_n，如果已知 $\boldsymbol{\alpha}_1$，$\boldsymbol{\alpha}_2$，…，$\boldsymbol{\alpha}_n$ 是 V_n 的一个基，则 V_n 是由 $\boldsymbol{\alpha}_1$，$\boldsymbol{\alpha}_2$，…，$\boldsymbol{\alpha}_n$ 所生成的线性空间，即

$$V_n=\{\boldsymbol{\alpha}=x_1\boldsymbol{\alpha}_1+x_2\boldsymbol{\alpha}_2+\cdots+x_n\boldsymbol{\alpha}_n \mid x_1, x_2, \cdots, x_n\in\mathbb{R}\},$$

这就较清楚地显示出线性空间 V_n 的构造.

如果 $\boldsymbol{\alpha}_1$，$\boldsymbol{\alpha}_2$，…，$\boldsymbol{\alpha}_n$ 为 V_n 的一个基，则对任何 $\boldsymbol{\alpha}\in V_n$，都有唯一的一组有序数组 x_1，x_2，…，x_n，使

$$\boldsymbol{\alpha}=x_1\boldsymbol{\alpha}_1+x_2\boldsymbol{\alpha}_2+\cdots+x_n\boldsymbol{\alpha}_n;$$

反之，任给一组有序数组 x_1，x_2，…，x_n，总有唯一的元素

$$\boldsymbol{\alpha}=x_1\boldsymbol{\alpha}_1+x_2\boldsymbol{\alpha}_2+\cdots+x_n\boldsymbol{\alpha}_n\in V_n.$$

这样 V_n 的元素 α 与有序数组$(x_1, x_2, \cdots, x_n)^{\mathrm{T}}$之间存在着一种一一对应的关系，因此可以用这组有序数组来表示元素 $\boldsymbol{\alpha}$.

定义 2 设 $\boldsymbol{\alpha}_1$，$\boldsymbol{\alpha}_2$，…，$\boldsymbol{\alpha}_n$ 是线性空间 V_n 的一个基，对于任一元素 $\boldsymbol{\alpha}\in V_n$，总有且仅有一组有序数组 x_1，x_2，…，x_n，使

$$\boldsymbol{\alpha}=x_1\boldsymbol{\alpha}_1+x_2\boldsymbol{\alpha}_2+\cdots+x_n\boldsymbol{\alpha}_n,$$

x_1，x_2，…，x_n 这组有序数就称为元素 $\boldsymbol{\alpha}$ 在基 $\boldsymbol{\alpha}_1$，$\boldsymbol{\alpha}_2$，…，$\boldsymbol{\alpha}_n$ 下的坐标，并记作

$$\boldsymbol{\alpha}=(x_1, x_2, \cdots, x_n)^{\mathrm{T}}.$$

例 1 在线性空间 $P[x]_4$ 中，$p_0=1$，$p_1=x$，$p_2=x^2$，$p_3=x^3$，$p_4=x^4$ 就是它的一个基，任一不超过 4 次的多项式

$$p=a_0+a_1x+a_2x^2+a_3x^3+a_4x^4$$

都可表示为

$$p=a_0p_0+a_1p_1+a_2p_2+a_3p_3+a_4p_4,$$

因此 p 在这个基下的坐标为$(a_0, a_1, a_2, a_3, a_4)^{\mathrm{T}}$.

例 2 在线性空间

$$\boldsymbol{M}_2(\mathbb{R})=\left\{\boldsymbol{A}=\begin{pmatrix}a_{11}&a_{12}\\a_{21}&a_{22}\end{pmatrix}\middle| a_{ij}(1\leqslant i, j\leqslant 2)\in\mathbb{R}\right\}$$

中，由于对任一向量 $\boldsymbol{A}=\begin{pmatrix}a_{11}&a_{12}\\a_{21}&a_{22}\end{pmatrix}\in\boldsymbol{M}_2(\mathbb{R})$有

$$\boldsymbol{A}=\begin{pmatrix}a_{11}&a_{12}\\a_{21}&a_{22}\end{pmatrix}=a_{11}\begin{pmatrix}1&0\\0&0\end{pmatrix}+a_{12}\begin{pmatrix}0&1\\0&0\end{pmatrix}+a_{21}\begin{pmatrix}0&0\\1&0\end{pmatrix}+a_{22}\begin{pmatrix}0&0\\0&1\end{pmatrix},$$

且容易证明

$$\boldsymbol{E}_{11}=\begin{pmatrix}1&0\\0&0\end{pmatrix}, \boldsymbol{E}_{12}=\begin{pmatrix}0&1\\0&0\end{pmatrix}, \boldsymbol{E}_{21}=\begin{pmatrix}0&0\\1&0\end{pmatrix}, \boldsymbol{E}_{22}=\begin{pmatrix}0&0\\0&1\end{pmatrix}$$

线性无关，所以 $\boldsymbol{E}_{11}$，$\boldsymbol{E}_{12}$，$\boldsymbol{E}_{21}$，$\boldsymbol{E}_{22}$是 $\boldsymbol{M}_2(\mathbb{R})$的一个基，向量 $\boldsymbol{A}=\begin{pmatrix}a_{11}&a_{12}\\a_{21}&a_{22}\end{pmatrix}$在这个基下的坐标就是$(a_{11}, a_{12}, a_{21}, a_{22})^{\mathrm{T}}$.

建立了坐标以后，就把抽象的向量 $\boldsymbol{\alpha}$ 与具体的数组向量$(x_1, x_2, \cdots, x_n)^{\mathrm{T}}$联系起来，并且还可把 V_n 中抽象的线性运算与数组向量的线性运算联系起来.

二、基变换与坐标变换

设 $\boldsymbol{\alpha}_1$，$\boldsymbol{\alpha}_2$，…，$\boldsymbol{\alpha}_n$ 与 $\boldsymbol{\beta}_1$，$\boldsymbol{\beta}_2$，…，$\boldsymbol{\beta}_n$ 是线性空间 V_n 中的两个基，且

$$\begin{cases}\boldsymbol{\beta}_1=p_{11}\boldsymbol{\alpha}_1+p_{12}\boldsymbol{\alpha}_2+\cdots+p_{1n}\boldsymbol{\alpha}_n,\\ \boldsymbol{\beta}_2=p_{21}\boldsymbol{\alpha}_1+p_{22}\boldsymbol{\alpha}_2+\cdots+p_{2n}\boldsymbol{\alpha}_n,\\ \cdots\cdots\cdots\\ \boldsymbol{\beta}_n=p_{n1}\boldsymbol{\alpha}_1+p_{n2}\boldsymbol{\alpha}_2+\cdots+p_{nn}\boldsymbol{\alpha}_n,\end{cases} \tag{2-1}$$

将式(2-1)写成矩阵形式为

$$(\boldsymbol{\beta}_1,\ \boldsymbol{\beta}_2,\ \cdots,\ \boldsymbol{\beta}_n)=(\boldsymbol{\alpha}_1,\ \boldsymbol{\alpha}_2,\ \cdots,\ \boldsymbol{\alpha}_n)\boldsymbol{P}. \tag{2-2}$$

式(2-1)和式(2-2)称为从基 $\boldsymbol{\alpha}_1$，$\boldsymbol{\alpha}_2$，…，$\boldsymbol{\alpha}_n$ 到基 $\boldsymbol{\beta}_1$，$\boldsymbol{\beta}_2$，…，$\boldsymbol{\beta}_n$ 的基变换公式，矩阵 $\boldsymbol{P}$ 称为由基 $\boldsymbol{\alpha}_1$，$\boldsymbol{\alpha}_2$，…，$\boldsymbol{\alpha}_n$ 到基 $\boldsymbol{\beta}_1$，$\boldsymbol{\beta}_2$，…，$\boldsymbol{\beta}_n$ 的过渡矩阵，由于 $\boldsymbol{\beta}_1$，$\boldsymbol{\beta}_2$，…，$\boldsymbol{\beta}_n$ 线性无关，故过渡矩阵 $\boldsymbol{P}$ 可逆.

设 V_n 中的元素 $\boldsymbol{\alpha}$ 在基 $\boldsymbol{\alpha}_1$，$\boldsymbol{\alpha}_2$，…，$\boldsymbol{\alpha}_n$ 下的坐标为 $(x_1,\ x_2,\ \cdots,\ x_n)^{\mathrm{T}}$，在基 $\boldsymbol{\beta}_1$，$\boldsymbol{\beta}_2$，…，$\boldsymbol{\beta}_n$ 下的坐标为 $(y_1,\ y_2,\ \cdots,\ y_n)^{\mathrm{T}}$. 若两个基满足关系式(2-2)，于是有

$$(\boldsymbol{\alpha}_1,\ \boldsymbol{\alpha}_2,\ \cdots,\ \boldsymbol{\alpha}_n)\begin{pmatrix}x_1\\x_2\\ \vdots\\x_n\end{pmatrix}=\boldsymbol{\alpha}=(\boldsymbol{\beta}_1,\ \boldsymbol{\beta}_2,\ \cdots,\ \boldsymbol{\beta}_n)\begin{pmatrix}y_1\\y_2\\ \vdots\\y_n\end{pmatrix}=(\boldsymbol{\alpha}_1,\ \boldsymbol{\alpha}_2,\ \cdots,\ \boldsymbol{\alpha}_n)\boldsymbol{P}\begin{pmatrix}y_1\\y_2\\ \vdots\\y_n\end{pmatrix},$$

由于 $\boldsymbol{\alpha}_1$，$\boldsymbol{\alpha}_2$，…，$\boldsymbol{\alpha}_n$ 线性无关，而且过渡矩阵 $\boldsymbol{P}$ 可逆，所以有坐标变换公式

$$\begin{pmatrix}x_1\\x_2\\ \vdots\\x_n\end{pmatrix}=\boldsymbol{P}\begin{pmatrix}y_1\\y_2\\ \vdots\\y_n\end{pmatrix}\quad 或\quad \begin{pmatrix}y_1\\y_2\\ \vdots\\y_n\end{pmatrix}=\boldsymbol{P}^{-1}\begin{pmatrix}x_1\\x_2\\ \vdots\\x_n\end{pmatrix}. \tag{2-3}$$

例 3　在 $P[x]_4$ 中取两个基为

$$p_0=1,\ p_1=x,\ p_2=x^2,\ p_3=x^3,\ p_4=x^4,$$

及

$$q_0=1,\ q_1=1+x,\ q_2=(1+x)^2,\ q_3=(1+x)^3,\ q_4=(1+x)^4,$$

求从基 p_0，p_1，p_2，p_3，p_4 到基 q_0，q_1，q_2，q_3，q_4 的过渡矩阵，以及任一不超过 4 次的多项式 $p=a_0+a_1x+a_2x^2+a_3x^3+a_4x^4$ 在这两组基下的坐标和坐标变换公式.

解　将 q_0，q_1，q_2，q_3，q_4 用 p_0，p_1，p_2，p_3，p_4 表示，有

$$(1,\ 1+x,\ (1+x)^2,\ (1+x)^3,\ (1+x)^4)=(1,\ x,\ x^2,\ x^3,\ x^4)\begin{pmatrix}1&1&1&1&1\\0&1&2&3&4\\0&0&1&3&6\\0&0&0&1&4\\0&0&0&0&1\end{pmatrix},$$

因此，从基 p_0，p_1，p_2，p_3，p_4 到基 q_0，q_1，q_2，q_3，q_4 的过渡矩阵为

$$P=\begin{pmatrix}1&1&1&1&1\\0&1&2&3&4\\0&0&1&3&6\\0&0&0&1&4\\0&0&0&0&1\end{pmatrix}.$$

设任一不超过 4 次的多项式 $p=a_0+a_1x+a_2x^2+a_3x^3+a_4x^4$ 在基 q_0，q_1，q_2，q_3，q_4 下的坐标为$(y_1，y_2，y_3，y_4，y_5)^{\mathrm{T}}$，由例 1 知，这个多项式在基 p_0，p_1，p_2，p_3，p_4 下的坐标是$(a_0，a_1，a_2，a_3，a_4)^{\mathrm{T}}$，从而有坐标变换公式

$$\begin{pmatrix}a_0\\a_1\\a_2\\a_3\\a_4\end{pmatrix}=P\begin{pmatrix}y_1\\y_2\\y_3\\y_4\\y_5\end{pmatrix}\text{ 或 }\begin{pmatrix}y_1\\y_2\\y_3\\y_4\\y_5\end{pmatrix}=P^{-1}\begin{pmatrix}a_0\\a_1\\a_2\\a_3\\a_4\end{pmatrix}.$$

用矩阵的初等行变换求 P^{-1}，把矩阵$(P，E)$中的 P 变成 E，则 E 即变成 P^{-1}. 计算如下

$$(P|E)=\left(\begin{array}{ccccc|ccccc}1&1&1&1&1&1&0&0&0&0\\0&1&2&3&4&0&1&0&0&0\\0&0&1&3&6&0&0&1&0&0\\0&0&0&1&4&0&0&0&1&0\\0&0&0&0&1&0&0&0&0&1\end{array}\right)\to\left(\begin{array}{ccccc|ccccc}1&1&1&1&0&1&0&0&0&-1\\0&1&2&3&0&0&1&0&0&-4\\0&0&1&3&0&0&0&1&0&-6\\0&0&0&1&0&0&0&0&1&-4\\0&0&0&0&1&0&0&0&0&1\end{array}\right)$$

$$\to\left(\begin{array}{ccccc|ccccc}1&1&1&0&0&1&0&0&-1&3\\0&1&2&0&0&0&1&0&-3&8\\0&0&1&0&0&0&0&1&-3&6\\0&0&0&1&0&0&0&0&1&-4\\0&0&0&0&1&0&0&0&0&1\end{array}\right)\to\left(\begin{array}{ccccc|ccccc}1&0&0&0&0&1&-1&1&-1&1\\0&1&0&0&0&0&1&-2&3&-4\\0&0&1&0&0&0&0&1&-3&6\\0&0&0&1&0&0&0&0&1&-4\\0&0&0&0&1&0&0&0&0&1\end{array}\right),$$

多项式 $p=a_0+a_1x+a_2x^2+a_3x^3+a_4x^4$ 在基 q_0，q_1，q_2，q_3，q_4 下的坐标为

$$\begin{pmatrix}y_1\\y_2\\y_3\\y_4\\y_5\end{pmatrix}=\begin{pmatrix}1&-1&1&-1&1\\0&1&-2&3&-4\\0&0&1&-3&6\\0&0&0&1&-4\\0&0&0&0&1\end{pmatrix}\begin{pmatrix}a_0\\a_1\\a_2\\a_3\\a_4\end{pmatrix}=\begin{pmatrix}a_0-a_1+a_2-a_3+a_4\\a_1-2a_2+3a_3-4a_4\\a_2-3a_3+6a_4\\a_3-4a_4\\a_4\end{pmatrix}.$$

习题 5-2

1. 在$\mathbb{R}^3$中求向量 $\boldsymbol{\alpha}=(3，7，1)^{\mathrm{T}}$ 在基

$$\boldsymbol{\alpha}_1=(1，3，5)^{\mathrm{T}}，\boldsymbol{\alpha}_2=(6，3，2)^{\mathrm{T}}，\boldsymbol{\alpha}_3=(3，1，0)^{\mathrm{T}}$$

下的坐标.

2. 求习题5-1第1题中三个线性空间 S_1、S_2、S_3 的基.

3. 在$\mathbb{R}^4$中取两个基

Ⅰ：$\boldsymbol{\alpha}_1=(1, -1, 1, 1)^T$，$\boldsymbol{\alpha}_2=(-1, -1, 0, 1)^T$，$\boldsymbol{\alpha}_3=(1, 2, -1, 0)^T$，$\boldsymbol{\alpha}_4=(-1, 2, 1, 1)^T$，

Ⅱ：$\boldsymbol{\beta}_1=(2, -1, -1, 2)^T$，$\boldsymbol{\beta}_2=(2, 1, 0, 1)^T$，$\boldsymbol{\beta}_3=(0, 1, 2, 2)^T$，$\boldsymbol{\beta}_4=(1, 3, 1, 2)^T$，

(1)求由基Ⅰ到基Ⅱ的过渡矩阵$\boldsymbol{P}$；

(2)向量在基Ⅰ下的坐标为$\begin{pmatrix}1\\19\\0\\1\end{pmatrix}$，求该向量在基Ⅱ下的坐标.

4. 在线性空间$P[x]_3$中取两个基

$$\text{Ⅰ}: 1,\ x,\ x^2,\ x^3 \text{ 和 Ⅱ}: 1,\ 1+x,\ 1+x+x^2,\ 1+x+x^2+x^3,$$

(1)求从基Ⅰ到基Ⅱ的过渡矩阵$\boldsymbol{P}$；

(2)已知$f(x)\in P[x]_3$在基Ⅰ下的坐标为$(1, 0, -2, 5)^T$，$g(x)\in P[x]_3$在基Ⅱ下的坐标为$(7, 0, 8, 2)^T$，求$f(x)+g(x)$分别在基Ⅰ和基Ⅱ下的坐标.

5. 设$\boldsymbol{\alpha}_1$，$\boldsymbol{\alpha}_2$，…，$\boldsymbol{\alpha}_n$是线性空间V_n的一个基，证明$2\boldsymbol{\alpha}_2$，$3\boldsymbol{\alpha}_3$，…，$n\boldsymbol{\alpha}_n$，$\boldsymbol{\alpha}_1$也是V_n的一个基，并求由基$\boldsymbol{\alpha}_1$，$\boldsymbol{\alpha}_2$，…，$\boldsymbol{\alpha}_n$到基$2\boldsymbol{\alpha}_2$，$3\boldsymbol{\alpha}_3$，…，$n\boldsymbol{\alpha}_n$，$\boldsymbol{\alpha}_1$的过渡矩阵$\boldsymbol{P}$.

第三节　线性变换

[课前导读]

线性变换是线性空间到其自身的一类映射，它能保持线性空间中向量之间的线性关系不变，是线性代数中的一个重要概念. 作为这一节的预备知识，需要读者了解“映射”的概念.

映射：设有两个非空集合A，B，如果对于A中任一元素α，按照一定的规则，总有B中一个确定的元素β和它对应，那么这个对应规则称为从集合A到集合B的映射，常记作T：$A\to B$，并记$\beta=T(\alpha)$或$\beta=T\alpha(\alpha\in A)$. β称为α在映射T下的像，α称为β在映射T下的源. A称为映射T的源集. 像的全体所构成的集合称为像集，记作$T(A)$，即

$$T(A)=\{\beta=T(\alpha)\mid\alpha\in A\},$$

显然$T(A)\subset B$.

一、线性变换的定义

定义1　设V_n，U_m分别是n维和m维线性空间，如果映射T：$V_n\to U_m$满足

(1)任给$\boldsymbol{\alpha}_1$，$\boldsymbol{\alpha}_2\in V_n$，有

$$T(\boldsymbol{\alpha}_1+\boldsymbol{\alpha}_2)=T(\boldsymbol{\alpha}_1)+T(\boldsymbol{\alpha}_2);$$

(2)任给 $\boldsymbol{\alpha}\in V_n$，$\lambda\in\mathbb{R}$（从而 $\lambda\boldsymbol{\alpha}\in V_n$），有

$$T(\lambda\boldsymbol{\alpha})=\lambda T(\boldsymbol{\alpha}).$$

那么，T 就称为从 V_n 到 U_m 的线性映射，或称为线性变换.

简言之，线性映射就是保持线性组合的对应的映射.

例如，

$$T:\ \mathbb{R}^n\to\mathbb{R}^m,\quad \begin{pmatrix}x_1\\x_2\\\vdots\\x_n\end{pmatrix}\to\begin{pmatrix}y_1\\y_2\\\vdots\\y_m\end{pmatrix},$$

其中

$$\begin{pmatrix}y_1\\y_2\\\vdots\\y_m\end{pmatrix}=T\begin{pmatrix}x_1\\x_2\\\vdots\\x_n\end{pmatrix}=\begin{pmatrix}a_{11}&a_{12}&\cdots&a_{1n}\\a_{21}&a_{22}&\cdots&a_{2n}\\\vdots&\vdots&\ddots&\vdots\\a_{m1}&a_{m2}&\cdots&a_{mn}\end{pmatrix}\begin{pmatrix}x_1\\x_2\\\vdots\\x_n\end{pmatrix}$$

就确定了一个从$\mathbb{R}^n$ 到$\mathbb{R}^m$ 的映射，并且是个线性映射.

特别地，如果在定义 1 中取 $V_n=U_m$，那么 T 是一个从线性空间 V_n 到其自身的线性映射，称为线性空间 V_n 中的线性变换.

下面我们只讨论线性空间 V_n 中的线性变换.

例 1　设 V 是实数域$\mathbb{R}$ 上的一个线性空间，对任意的 $\boldsymbol{\alpha}\in V$，分别定义如下三个 $V\to V$ 的映射：

(1)$I(\boldsymbol{\alpha})=\boldsymbol{\alpha}$；

(2)$O(\boldsymbol{\alpha})=\mathbf{0}$，其中 $\mathbf{0}$ 是 V 中的零向量；

(3)$T(\boldsymbol{\alpha})=k\boldsymbol{\alpha}$，其中 $k\in\mathbb{R}$ 是固定的数.

则这三个映射都是线性空间 V 上的线性变换，分别称为 V 的恒等变换、零变换和数乘变换.

例 2　在线性空间 $P[x]_3$ 中

(1)微分运算 D 是一个线性变换. 这是因为任取

$$p=a_3x^3+a_2x^2+a_1x+a_0\in P[x]_3,\quad q=b_3x^3+b_2x^2+b_1x+b_0\in P[x]_3,$$

则有

$$Dp=3a_3x^2+2a_2x+a_1,\quad Dq=3b_3x^2+2b_2x+b_1.$$

于是

$$\begin{aligned}D(p+q)&=D[(a_3+b_3)x^3+(a_2+b_2)x^2+(a_1+b_1)x+(a_0+b_0)]\\&=3(a_3+b_3)x^2+2(a_2+b_2)x+(a_1+b_1)\\&=3a_3x^2+2a_2x+a_1+3b_3x^2+2b_2x+b_1\\&=Dp+Dq,\end{aligned}$$

$$\begin{aligned}D(\lambda p)&=D(\lambda a_3x^3+\lambda a_2x^2+\lambda a_1x+\lambda a_0)=\lambda 3a_3x^2+\lambda 2a_2x+\lambda a_1\\&=\lambda(3a_3x^2+2a_2x+a_1)=\lambda Dp.\end{aligned}$$

（2）如果 $T(p)=1$，那么 T 是个变换，但不是线性变换．这是因为

$$T(p+q)=1,\ T(p)+T(q)=1+1=2,$$

故

$$T(p+q)\neq T(p)+T(q).$$

例 3　在$\mathbb{R}^2=\left\{\boldsymbol{\alpha}=\begin{pmatrix}x\\y\end{pmatrix}\middle|\,x,\ y\in\mathbb{R}\right\}$中定义映射 T：$\mathbb{R}^2\to\mathbb{R}^2$ 为

$$T\begin{pmatrix}x\\y\end{pmatrix}=\begin{pmatrix}\cos\varphi & -\sin\varphi\\ \sin\varphi & \cos\varphi\end{pmatrix}\begin{pmatrix}x\\y\end{pmatrix},$$

对任意的 $\boldsymbol{\alpha}=\begin{pmatrix}x_1\\y_1\end{pmatrix}$，$\boldsymbol{\beta}=\begin{pmatrix}x_2\\y_2\end{pmatrix}\in\mathbb{R}^2$ 及任意实数 $\lambda\in\mathbb{R}$，有

$$T(\boldsymbol{\alpha}+\boldsymbol{\beta})=T\begin{pmatrix}x_1+x_2\\y_1+y_2\end{pmatrix}=\begin{pmatrix}\cos\varphi & -\sin\varphi\\ \sin\varphi & \cos\varphi\end{pmatrix}\begin{pmatrix}x_1+x_2\\y_1+y_2\end{pmatrix}$$

$$=\begin{pmatrix}\cos\varphi & -\sin\varphi\\ \sin\varphi & \cos\varphi\end{pmatrix}\begin{pmatrix}x_1\\y_1\end{pmatrix}+\begin{pmatrix}\cos\varphi & -\sin\varphi\\ \sin\varphi & \cos\varphi\end{pmatrix}\begin{pmatrix}x_2\\y_2\end{pmatrix}=T(\boldsymbol{\alpha})+T(\boldsymbol{\beta}),$$

$$T(\lambda\boldsymbol{\alpha})=T\begin{pmatrix}\lambda x_1\\\lambda y_1\end{pmatrix}=\begin{pmatrix}\cos\varphi & -\sin\varphi\\ \sin\varphi & \cos\varphi\end{pmatrix}\begin{pmatrix}\lambda x_1\\\lambda y_1\end{pmatrix}$$

$$=\lambda\begin{pmatrix}\cos\varphi & -\sin\varphi\\ \sin\varphi & \cos\varphi\end{pmatrix}\begin{pmatrix}x_1\\y_1\end{pmatrix}=\lambda T(\boldsymbol{\alpha}),$$

所以 T 是$\mathbb{R}^2$ 上的线性变换．这个线性变换的几何意义是：T 将 xoy 平面上任一向量绕原点按逆时针方向旋转 φ 角．

例 4　设有 n 阶矩阵

$$\boldsymbol{A}=(a_{ij})=(\boldsymbol{\alpha}_1,\ \boldsymbol{\alpha}_2,\ \cdots,\ \boldsymbol{\alpha}_n),$$

其中

$$\boldsymbol{\alpha}_i=\begin{pmatrix}a_{1i}\\a_{2i}\\\vdots\\a_{ni}\end{pmatrix}.$$

定义$\mathbb{R}^n$中的变换 $\boldsymbol{y}=T(\boldsymbol{x})$为

$$T(\boldsymbol{x})=\boldsymbol{A}\boldsymbol{x}\ (\boldsymbol{x}\in\mathbb{R}^n),$$

对任意的 $\boldsymbol{\alpha}$，$\boldsymbol{\beta}\in\mathbb{R}^n$ 及任意常数 $\lambda\in\mathbb{R}$，有

$$T(\boldsymbol{\alpha}+\boldsymbol{\beta})=\boldsymbol{A}(\boldsymbol{\alpha}+\boldsymbol{\beta})=\boldsymbol{A}\boldsymbol{\alpha}+\boldsymbol{A}\boldsymbol{\beta}=T(\boldsymbol{\alpha})+T(\boldsymbol{\beta}),$$

$$T(\lambda\boldsymbol{\alpha})=\boldsymbol{A}(\lambda\boldsymbol{\alpha})=\lambda\boldsymbol{A}\boldsymbol{\alpha}=\lambda T(\boldsymbol{\alpha}),$$

因此 T 为$\mathbb{R}^n$ 上的线性变换．

二、线性变换的性质

线性变换具有下述基本性质：

性质 1 $T\mathbf{0}=\mathbf{0}$，$T(-\boldsymbol{\alpha})=-T\boldsymbol{\alpha}$；

性质 2 若 $\boldsymbol{\beta}=k_1\boldsymbol{\alpha}_1+k_2\boldsymbol{\alpha}_2+\cdots+k_m\boldsymbol{\alpha}_m$，则

$$T\boldsymbol{\beta}=k_1T\boldsymbol{\alpha}_1+k_2T\boldsymbol{\alpha}_2+\cdots+k_mT\boldsymbol{\alpha}_m;$$

性质 3 若 $\boldsymbol{\alpha}_1$，$\boldsymbol{\alpha}_2$，…，$\boldsymbol{\alpha}_m$ 线性相关，则 $T\boldsymbol{\alpha}_1$，$T\boldsymbol{\alpha}_2$，…，$T\boldsymbol{\alpha}_m$ 也线性相关.

性质 1~3 的证明请读者作为练习.

需要注意的是，性质 3 的逆命题是不成立的，即若 $\boldsymbol{\alpha}_1$，$\boldsymbol{\alpha}_2$，…，$\boldsymbol{\alpha}_m$ 线性无关，则 $T\boldsymbol{\alpha}_1$，$T\boldsymbol{\alpha}_2$，…，$T\boldsymbol{\alpha}_m$ 不一定线性无关. 例如，当线性变换是零变换时，$T\boldsymbol{\alpha}_i=\mathbf{0}$（$i=1$，2，…，$m$），从而尽管 $\boldsymbol{\alpha}_1$，$\boldsymbol{\alpha}_2$，…，$\boldsymbol{\alpha}_m$ 线性无关，但是 $T\boldsymbol{\alpha}_1$，$T\boldsymbol{\alpha}_2$，…，$T\boldsymbol{\alpha}_m$ 却线性相关.

性质 4 线性变换 T 的像集 $T(V_n)$ 是一个线性空间，称为线性变换 T 的像空间.

证明 设 $\boldsymbol{\beta}_1$，$\boldsymbol{\beta}_2\in T(V_n)$，则有 $\boldsymbol{\alpha}_1$，$\boldsymbol{\alpha}_2\in V_n$，使 $T\boldsymbol{\alpha}_1=\boldsymbol{\beta}_1$，$T\boldsymbol{\alpha}_2=\boldsymbol{\beta}_2$，从而

$$\boldsymbol{\beta}_1+\boldsymbol{\beta}_2=T\boldsymbol{\alpha}_1+T\boldsymbol{\alpha}_2=T(\boldsymbol{\alpha}_1+\boldsymbol{\alpha}_2)\in T(V_n)\,(\text{因 }\boldsymbol{\alpha}_1+\boldsymbol{\alpha}_2\in V_n),$$

$$\lambda\boldsymbol{\beta}_1=\lambda T\boldsymbol{\alpha}_1=T(\lambda\boldsymbol{\alpha}_1)\in T(V_n)\,(\text{因 }\lambda\boldsymbol{\alpha}_1\in V_n),$$

由上述证明知 $T(V_n)$ 对 V_n 中的线性运算封闭，故它是 V_n 的一个线性子空间.

性质 5 使 $T\boldsymbol{\alpha}=\mathbf{0}$ 的 $\boldsymbol{\alpha}$ 的全体

$$S_T=\{\boldsymbol{\alpha}\mid\boldsymbol{\alpha}\in V_n,\ T\boldsymbol{\alpha}=\mathbf{0}\}$$

也是 V_n 的一个线性子空间，称 S_T 为线性变换 T 的核.

证明 $S_T\subset V_n$，且对任意 $\boldsymbol{\alpha}_1$，$\boldsymbol{\alpha}_2\in S_T$，有 $T\boldsymbol{\alpha}_1=\mathbf{0}$，$T\boldsymbol{\alpha}_2=\mathbf{0}$，于是

$$T(\boldsymbol{\alpha}_1+\boldsymbol{\alpha}_2)=T\boldsymbol{\alpha}_1+T\boldsymbol{\alpha}_2=\mathbf{0},$$

$$T(\lambda\boldsymbol{\alpha}_1)=\lambda T\boldsymbol{\alpha}_1=\lambda\mathbf{0}=\mathbf{0},$$

所以 $\boldsymbol{\alpha}_1+\boldsymbol{\alpha}_2\in S_T$，$\lambda\boldsymbol{\alpha}_1\in S_T$. 这说明 S_T 对 V_n 中的线性运算封闭，所以 S_T 是 V_n 的一个线性子空间.

例如，例 4 中所给的线性变换 T 的像空间就是 $\boldsymbol{\alpha}_1$，$\boldsymbol{\alpha}_2$，…，$\boldsymbol{\alpha}_n$ 所生成的线性空间

$$T(\mathbb{R}^n)=\{y=x_1\boldsymbol{\alpha}_1+x_2\boldsymbol{\alpha}_2+\cdots+x_n\boldsymbol{\alpha}_n\mid x_1,\ x_2,\ \cdots,\ x_n\in\mathbb{R}\},$$

而 T 的核 S_T 就是齐次线性方程组 $\boldsymbol{A}\boldsymbol{x}=\mathbf{0}$ 的解空间.

三、线性变换的矩阵表示式

线性变换的矩阵

线性变换是一个很抽象的概念，如何将它具体化呢？我们发现，如果给定线性空间 V_n 的一个基 $\boldsymbol{\alpha}_1$，$\boldsymbol{\alpha}_2$，…，$\boldsymbol{\alpha}_n$，则对 V_n 中任意向量 $\boldsymbol{\alpha}$，有

$$\boldsymbol{\alpha}=k_1\boldsymbol{\alpha}_1+k_2\boldsymbol{\alpha}_2+\cdots+k_n\boldsymbol{\alpha}_n,$$

由线性变换的性质得

$$T(\boldsymbol{\alpha})=k_1T(\boldsymbol{\alpha}_1)+k_2T(\boldsymbol{\alpha}_2)+\cdots+k_nT(\boldsymbol{\alpha}_n).$$

于是 $\boldsymbol{\alpha}$ 在 T 下的像就由基的像 $T(\boldsymbol{\alpha}_1)$，$T(\boldsymbol{\alpha}_2)$，…，$T(\boldsymbol{\alpha}_n)$ 所唯一确定. 而 $T(\boldsymbol{\alpha}_i)\in V$（$i=1$，2，…，$n$），所以 $T(\boldsymbol{\alpha}_i)\in V(i=1$，2，…，$n)$ 也可由基 $\boldsymbol{\alpha}_1$，$\boldsymbol{\alpha}_2$，…，$\boldsymbol{\alpha}_n$ 来线性表示，即有

$$\begin{cases}T(\boldsymbol{\alpha}_1)=a_{11}\boldsymbol{\alpha}_1+a_{21}\boldsymbol{\alpha}_2+\cdots+a_{n1}\boldsymbol{\alpha}_n,\\T(\boldsymbol{\alpha}_2)=a_{12}\boldsymbol{\alpha}_1+a_{22}\boldsymbol{\alpha}_2+\cdots+a_{n2}\boldsymbol{\alpha}_n,\\\cdots\cdots\cdots\\T(\boldsymbol{\alpha}_n)=a_{1n}\boldsymbol{\alpha}_1+a_{2n}\boldsymbol{\alpha}_2+\cdots+a_{nn}\boldsymbol{\alpha}_n.\end{cases}$$

由上式得

$$T(\boldsymbol{\alpha}_1,\boldsymbol{\alpha}_2,\cdots,\boldsymbol{\alpha}_n)=(T(\boldsymbol{\alpha}_1),T(\boldsymbol{\alpha}_2),\cdots,T(\boldsymbol{\alpha}_n))=(\boldsymbol{\alpha}_1,\boldsymbol{\alpha}_2,\cdots,\boldsymbol{\alpha}_n)\boldsymbol{A},$$

其中

$$\boldsymbol{A}=\begin{pmatrix}a_{11}&a_{12}&\cdots&a_{1n}\\a_{21}&a_{22}&\cdots&a_{2n}\\\vdots&\vdots&\ddots&\vdots\\a_{n1}&a_{n2}&\cdots&a_{nn}\end{pmatrix}.$$

矩阵 $\boldsymbol{A}$ 称为线性变换 T 在基 $\boldsymbol{\alpha}_1$，$\boldsymbol{\alpha}_2$，$\cdots$，$\boldsymbol{\alpha}_n$ 下的矩阵.

显然，矩阵 $\boldsymbol{A}$ 由基的像 $T(\boldsymbol{\alpha}_1)$，$T(\boldsymbol{\alpha}_2)$，$\cdots$，$T(\boldsymbol{\alpha}_n)$唯一确定.

由此可见，若给定线性空间 V_n 的一个基，则 V_n 中任一线性变换 T 都对应一个 n 阶方阵 $\boldsymbol{A}$，方阵 $\boldsymbol{A}$ 由基在线性变换 T 下的像唯一确定.

反之，如果给定一个矩阵 $\boldsymbol{A}$ 作为某个线性变换 T 在基 $\boldsymbol{\alpha}_1$，$\boldsymbol{\alpha}_2$，$\cdots$，$\boldsymbol{\alpha}_n$ 下的矩阵，也就是给出了这个基在变换下的像，根据变换 T 保持线性关系的特性，我们来推导变换 T 必须满足的关系式.

V_n 中的任意向量记为 $\boldsymbol{\alpha}=\sum\limits_{i=1}^{n}x_i\boldsymbol{\alpha}_i$，有

$$\begin{aligned}T\boldsymbol{\alpha}&=T\left(\sum_{i=1}^{n}x_i\boldsymbol{\alpha}_i\right)=\sum_{i=1}^{n}x_iT(\boldsymbol{\alpha}_i)\\&=(T(\boldsymbol{\alpha}_1),T(\boldsymbol{\alpha}_2),\cdots,T(\boldsymbol{\alpha}_n))\begin{pmatrix}x_1\\x_2\\\vdots\\x_n\end{pmatrix}=(\boldsymbol{\alpha}_1,\boldsymbol{\alpha}_2,\cdots,\boldsymbol{\alpha}_n)\boldsymbol{A}\begin{pmatrix}x_1\\x_2\\\vdots\\x_n\end{pmatrix},\end{aligned}$$

即

$$T\left((\boldsymbol{\alpha}_1,\boldsymbol{\alpha}_2,\cdots,\boldsymbol{\alpha}_n)\begin{pmatrix}x_1\\x_2\\\vdots\\x_n\end{pmatrix}\right)=(\boldsymbol{\alpha}_1,\boldsymbol{\alpha}_2,\cdots,\boldsymbol{\alpha}_n)\boldsymbol{A}\begin{pmatrix}x_1\\x_2\\\vdots\\x_n\end{pmatrix}.\tag{3-1}$$

式(3-1)唯一的确定一个以 $\boldsymbol{A}$ 为矩阵的线性变换 T. 这样，抽象的线性变换与具体的矩阵之间就有了一一对应的关系，从而线性变换的运算就可转化为矩阵的运算.

由关系式(3-1)，立即有下面的定理.

定理 1　设线性变换 T 在基 $\boldsymbol{\alpha}_1$，$\boldsymbol{\alpha}_2$，$\cdots$，$\boldsymbol{\alpha}_n$ 下的矩阵是 $\boldsymbol{A}$，向量 $\boldsymbol{\alpha}$ 与 $T(\boldsymbol{\alpha})$在基 $\boldsymbol{\alpha}_1$，

$\boldsymbol{\alpha}_2$，…，$\boldsymbol{\alpha}_n$ 下的坐标分别为$\begin{pmatrix}x_1\\x_2\\\vdots\\x_n\end{pmatrix}$和$\begin{pmatrix}y_1\\y_2\\\vdots\\y_n\end{pmatrix}$，则有

$$\begin{pmatrix}y_1\\y_2\\\vdots\\y_n\end{pmatrix}=\boldsymbol{A}\begin{pmatrix}x_1\\x_2\\\vdots\\x_n\end{pmatrix}.$$

按坐标表示，有

$$T(\boldsymbol{\alpha})=\boldsymbol{A}\boldsymbol{\alpha}.$$

例 5　在 $P[x]_3$ 中取基

$$p_1=1,\ p_2=x,\ p_3=x^2,\ p_4=x^3$$

求微分运算 D 的矩阵.

解
$$\begin{cases}Dp_1=0=0p_1+0p_2+0p_3+0p_4,\\Dp_2=1=1p_1+0p_2+0p_3+0p_4,\\Dp_3=2x=0p_1+2p_2+0p_3+0p_4,\\Dp_4=3x^2=0p_1+0p_2+3p_3+0p_4,\end{cases}$$

所以 D 在这组基下的矩阵为

$$\boldsymbol{A}=\begin{pmatrix}0&1&0&0\\0&0&2&0\\0&0&0&3\\0&0&0&0\end{pmatrix}.$$

例 6　设$\mathbb{R}^3$上线性变换 T 定义为

$$T\begin{pmatrix}x_1\\x_2\\x_3\end{pmatrix}=\begin{pmatrix}2x_1-x_2\\x_2+x_3\\2x_1\end{pmatrix},$$

分别求 T 在基 $\boldsymbol{e}_1=\begin{pmatrix}1\\0\\0\end{pmatrix}$，$\boldsymbol{e}_2=\begin{pmatrix}0\\1\\0\end{pmatrix}$，$\boldsymbol{e}_3=\begin{pmatrix}0\\0\\1\end{pmatrix}$与基 $\boldsymbol{\alpha}_1=\begin{pmatrix}1\\0\\0\end{pmatrix}$，$\boldsymbol{\alpha}_2=\begin{pmatrix}1\\1\\0\end{pmatrix}$，$\boldsymbol{\alpha}_3=\begin{pmatrix}1\\1\\1\end{pmatrix}$下的矩阵.

解　由

$$T\begin{pmatrix}1\\0\\0\end{pmatrix}=\begin{pmatrix}2\\0\\2\end{pmatrix}=2\boldsymbol{e}_1+0\boldsymbol{e}_2+2\boldsymbol{e}_3=(\boldsymbol{e}_1,\ \boldsymbol{e}_2,\ \boldsymbol{e}_3)\begin{pmatrix}2\\0\\2\end{pmatrix},$$

$$T\begin{pmatrix}0\\1\\0\end{pmatrix}=\begin{pmatrix}-1\\1\\0\end{pmatrix}=-\boldsymbol{e}_1+\boldsymbol{e}_2+0\boldsymbol{e}_3=(\boldsymbol{e}_1,\ \boldsymbol{e}_2,\ \boldsymbol{e}_3)\begin{pmatrix}-1\\1\\0\end{pmatrix},$$

$$T\begin{pmatrix}0\\0\\1\end{pmatrix}=\begin{pmatrix}0\\1\\0\end{pmatrix}=0\boldsymbol{e}_1+\boldsymbol{e}_2+0\boldsymbol{e}_3=(\boldsymbol{e}_1,\ \boldsymbol{e}_2,\ \boldsymbol{e}_3)\begin{pmatrix}0\\1\\0\end{pmatrix},$$

可得

$$T(\boldsymbol{e}_1,\ \boldsymbol{e}_2,\ \boldsymbol{e}_3)=(\boldsymbol{e}_1,\ \boldsymbol{e}_2,\ \boldsymbol{e}_3)\begin{pmatrix}2&-1&0\\0&1&1\\2&0&0\end{pmatrix},$$

T 在基 $\boldsymbol{e}_1$，$\boldsymbol{e}_2$，$\boldsymbol{e}_3$ 下的矩阵为

$$\boldsymbol{A}=\begin{pmatrix}2&-1&0\\0&1&1\\2&0&0\end{pmatrix}.$$

由

$$T\begin{pmatrix}1\\0\\0\end{pmatrix}=\begin{pmatrix}2\\0\\2\end{pmatrix}=2\boldsymbol{\alpha}_1-2\boldsymbol{\alpha}_2+2\boldsymbol{\alpha}_3=(\boldsymbol{\alpha}_1,\ \boldsymbol{\alpha}_2,\ \boldsymbol{\alpha}_3)\begin{pmatrix}2\\-2\\2\end{pmatrix},$$

$$T\begin{pmatrix}1\\1\\0\end{pmatrix}=\begin{pmatrix}1\\1\\2\end{pmatrix}=0\boldsymbol{\alpha}_1-\boldsymbol{\alpha}_2+2\boldsymbol{\alpha}_3=(\boldsymbol{\alpha}_1,\ \boldsymbol{\alpha}_2,\ \boldsymbol{\alpha}_3)\begin{pmatrix}0\\-1\\2\end{pmatrix},$$

$$T\begin{pmatrix}1\\1\\1\end{pmatrix}=\begin{pmatrix}1\\2\\2\end{pmatrix}=-\boldsymbol{\alpha}_1+0\boldsymbol{\alpha}_2+2\boldsymbol{\alpha}_3=(\boldsymbol{\alpha}_1,\ \boldsymbol{\alpha}_2,\ \boldsymbol{\alpha}_3)\begin{pmatrix}-1\\0\\2\end{pmatrix},$$

可得

$$T(\boldsymbol{\alpha}_1,\ \boldsymbol{\alpha}_2,\ \boldsymbol{\alpha}_3)=(\boldsymbol{\alpha}_1,\ \boldsymbol{\alpha}_2,\ \boldsymbol{\alpha}_3)\begin{pmatrix}2&0&-1\\-2&-1&0\\2&2&2\end{pmatrix},$$

T 在基 $\boldsymbol{\alpha}_1$，$\boldsymbol{\alpha}_2$，$\boldsymbol{\alpha}_3$ 下的矩阵为

$$\boldsymbol{B}=\begin{pmatrix}2&0&-1\\-2&-1&0\\2&2&2\end{pmatrix}.$$

由此可见，同一个线性变换在不同的基下有不同的矩阵. 一般的，我们有如下定理.

定理 2　在线性空间 V_n 中取定两个基 $\boldsymbol{\alpha}_1$，$\boldsymbol{\alpha}_2$，…，$\boldsymbol{\alpha}_n$ 与 $\boldsymbol{\beta}_1$，$\boldsymbol{\beta}_2$，…，$\boldsymbol{\beta}_n$，由基 $\boldsymbol{\alpha}_1$，$\boldsymbol{\alpha}_2$，…，$\boldsymbol{\alpha}_n$ 到基 $\boldsymbol{\beta}_1$，$\boldsymbol{\beta}_2$，…，$\boldsymbol{\beta}_n$ 的过渡矩阵为 $\boldsymbol{P}$，V_n 中的线性变换 T 在这两个基下的矩阵依次为 $\boldsymbol{A}$ 和 $\boldsymbol{B}$，那么 $\boldsymbol{B}=\boldsymbol{P}^{-1}\boldsymbol{AP}$.

证明　按定理的假设，有

$$(\boldsymbol{\beta}_1,\ \boldsymbol{\beta}_2,\ \cdots,\ \boldsymbol{\beta}_n)=(\boldsymbol{\alpha}_1,\ \boldsymbol{\alpha}_2,\ \cdots,\ \boldsymbol{\alpha}_n)\boldsymbol{P},$$

$\boldsymbol{P}$ 可逆，且

$$T(\boldsymbol{\alpha}_1,\ \boldsymbol{\alpha}_2,\ \cdots,\ \boldsymbol{\alpha}_n)=(\boldsymbol{\alpha}_1,\ \boldsymbol{\alpha}_2,\ \cdots,\ \boldsymbol{\alpha}_n)\boldsymbol{A},$$

$$T(\boldsymbol{\beta}_1,\ \boldsymbol{\beta}_2,\ \cdots,\ \boldsymbol{\beta}_n)=(\boldsymbol{\beta}_1,\ \boldsymbol{\beta}_2,\ \cdots,\ \boldsymbol{\beta}_n)\boldsymbol{B},$$

于是

$$\begin{aligned}(\boldsymbol{\beta}_1, \boldsymbol{\beta}_2, \cdots, \boldsymbol{\beta}_n)\boldsymbol{B} &= T(\boldsymbol{\beta}_1, \boldsymbol{\beta}_2, \cdots, \boldsymbol{\beta}_n) = T[(\boldsymbol{\alpha}_1, \boldsymbol{\alpha}_2, \cdots, \boldsymbol{\alpha}_n)\boldsymbol{P}]\\ &= [T(\boldsymbol{\alpha}_1, \boldsymbol{\alpha}_2, \cdots, \boldsymbol{\alpha}_n)]\boldsymbol{P}\\ &= (\boldsymbol{\alpha}_1, \boldsymbol{\alpha}_2, \cdots, \boldsymbol{\alpha}_n)\boldsymbol{AP} = (\boldsymbol{\beta}_1, \boldsymbol{\beta}_2, \cdots, \boldsymbol{\beta}_n)\boldsymbol{P}^{-1}\boldsymbol{AP}.\end{aligned}$$

因为 $\boldsymbol{\beta}_1, \boldsymbol{\beta}_2, \cdots, \boldsymbol{\beta}_n$ 线性无关，所以

$$\boldsymbol{B} = \boldsymbol{P}^{-1}\boldsymbol{AP}.$$

这定理表明 $\boldsymbol{B}$ 与 $\boldsymbol{A}$ 相似，且两个基之间的过渡矩阵 $\boldsymbol{P}$ 就是相似变换矩阵.

例 7　设 $\mathbb{R}^3$ 上线性变换 T 在基 $\boldsymbol{e}_1 = \begin{pmatrix}1\\0\\0\end{pmatrix}$，$\boldsymbol{e}_2 = \begin{pmatrix}0\\1\\0\end{pmatrix}$，$\boldsymbol{e}_3 = \begin{pmatrix}0\\0\\1\end{pmatrix}$ 下的矩阵为 $\boldsymbol{A} = \begin{pmatrix}1&2&2\\2&1&2\\2&2&1\end{pmatrix}$，求 T 在基 $\boldsymbol{\alpha}_1 = \begin{pmatrix}1\\1\\0\end{pmatrix}$，$\boldsymbol{\alpha}_2 = \begin{pmatrix}0\\1\\1\end{pmatrix}$，$\boldsymbol{\alpha}_3 = \begin{pmatrix}1\\0\\-2\end{pmatrix}$ 下的矩阵.

解　为了求出 T 在基 $\boldsymbol{\alpha}_1, \boldsymbol{\alpha}_2, \boldsymbol{\alpha}_3$ 下的矩阵，必须先求出从基 $\boldsymbol{e}_1, \boldsymbol{e}_2, \boldsymbol{e}_3$ 到基 $\boldsymbol{\alpha}_1, \boldsymbol{\alpha}_2, \boldsymbol{\alpha}_3$ 的过渡矩阵 $\boldsymbol{P}$. 由 $(\boldsymbol{\alpha}_1, \boldsymbol{\alpha}_2, \boldsymbol{\alpha}_3) = (\boldsymbol{e}_1, \boldsymbol{e}_2, \boldsymbol{e}_3)\boldsymbol{P}$ 易知

$$\boldsymbol{P} = \begin{pmatrix}1&0&1\\1&1&0\\0&1&-2\end{pmatrix},\quad \boldsymbol{P}^{-1} = \begin{pmatrix}2&-1&1\\-2&2&-1\\-1&1&-1\end{pmatrix}.$$

于是 T 在基 $\boldsymbol{\alpha}_1, \boldsymbol{\alpha}_2, \boldsymbol{\alpha}_3$ 下的矩阵为

$$\boldsymbol{B} = \boldsymbol{P}^{-1}\boldsymbol{AP} = \begin{pmatrix}2&-1&1\\-2&2&-1\\-1&1&-1\end{pmatrix}\begin{pmatrix}1&2&2\\2&1&2\\2&2&1\end{pmatrix}\begin{pmatrix}1&0&1\\1&1&0\\0&1&-2\end{pmatrix} = \begin{pmatrix}7&8&-4\\-4&-5&2\\-4&-4&1\end{pmatrix}.$$

最后，我们给出线性变换的秩的概念.

定义 2　线性变换的像空间 $T(V_n)$ 的维数，称为线性变换 T 的秩.

显然，若 $\boldsymbol{A}$ 是 T 的矩阵，则 T 的秩就是 $R(\boldsymbol{A})$. 若 T 的秩为 r，则 T 的核 S_T 的维数为 $n-r$.

习题 5-3

1. 说明 xOy 平面上变换 $T\begin{pmatrix}x\\y\end{pmatrix} = \boldsymbol{A}\begin{pmatrix}x\\y\end{pmatrix}$ 的几何意义，其中

(1) $\boldsymbol{A} = \begin{pmatrix}-1&0\\0&1\end{pmatrix}$；　(2) $\boldsymbol{A} = \begin{pmatrix}0&0\\0&1\end{pmatrix}$；

(3) $\boldsymbol{A} = \begin{pmatrix}0&1\\1&0\end{pmatrix}$；　(4) $\boldsymbol{A} = \begin{pmatrix}0&-1\\-1&0\end{pmatrix}$.

2. 设 $\boldsymbol{M}_n(\mathbb{R})$ 是实数域 $\mathbb{R}$ 上全体 n 阶方阵所成的线性空间，$\boldsymbol{A} \in \boldsymbol{M}_n(\mathbb{R})$ 是一个固定的矩阵. 对任意 $\boldsymbol{X} \in \boldsymbol{M}_n(\mathbb{R})$，定义 $\boldsymbol{M}_n(\mathbb{R})$ 上的映射 T 为

$$T(\boldsymbol{X}) = \boldsymbol{AX} - \boldsymbol{XA},$$

验证 T 是 $\boldsymbol{M}_n(\mathbb{R})$上的线性变换.

3. 函数集合

$$V_3=\{\boldsymbol{\alpha}=(a_0+a_1x+a_2x^2)\mathrm{e}^x \mid a_0,\ a_1,\ a_2\in\mathbb{R}\}$$

对于函数的线性运算构成 3 维线性空间. 在 V_3 中取一个基 $\boldsymbol{\alpha}_1=\mathrm{e}^x$，$\boldsymbol{\alpha}_2=x\mathrm{e}^x$，$\boldsymbol{\alpha}_3=x^2\mathrm{e}^x$，求微分运算 D 在这个基下的矩阵.

4. 已知$\mathbb{R}^3$ 的两个基分别为

$$\boldsymbol{\alpha}_1=\begin{pmatrix}1\\0\\1\end{pmatrix},\ \boldsymbol{\alpha}_2=\begin{pmatrix}1\\0\\-1\end{pmatrix},\ \boldsymbol{\alpha}_3=\begin{pmatrix}1\\1\\1\end{pmatrix}$$

和

$$\boldsymbol{\beta}_1=\begin{pmatrix}1\\2\\1\end{pmatrix},\ \boldsymbol{\beta}_2=\begin{pmatrix}2\\3\\4\end{pmatrix},\ \boldsymbol{\beta}_3=\begin{pmatrix}3\\4\\3\end{pmatrix},$$

求由基 $\boldsymbol{\alpha}_1$，$\boldsymbol{\alpha}_2$，$\boldsymbol{\alpha}_3$ 到基 $\boldsymbol{\beta}_1$，$\boldsymbol{\beta}_2$，$\boldsymbol{\beta}_3$ 的过渡矩阵 $\boldsymbol{P}$.

5. 已知$\mathbb{R}^3$ 的两个基分别为

$$\boldsymbol{e}_1=\begin{pmatrix}1\\0\\0\end{pmatrix},\ \boldsymbol{e}_2=\begin{pmatrix}0\\1\\0\end{pmatrix},\ \boldsymbol{e}_3=\begin{pmatrix}0\\0\\1\end{pmatrix}$$

和

$$\boldsymbol{\beta}_1=\begin{pmatrix}-1\\1\\1\end{pmatrix},\ \boldsymbol{\beta}_2=\begin{pmatrix}1\\0\\-1\end{pmatrix},\ \boldsymbol{\beta}_3=\begin{pmatrix}0\\1\\1\end{pmatrix},$$

$\mathbb{R}^3$ 上线性变换 T 在基 $\boldsymbol{\beta}_1$，$\boldsymbol{\beta}_2$，$\boldsymbol{\beta}_3$ 下的矩阵是$\begin{pmatrix}1&0&1\\1&1&0\\-1&2&1\end{pmatrix}$，求线性变换 T 在基 $\boldsymbol{e}_1$，$\boldsymbol{e}_2$，$\boldsymbol{e}_3$ 下的矩阵.

本章小结

本章小结

线性空间的定义与性质	了解 线性空间的概念 了解 线性空间的性质
维数、基与坐标	了解 线性空间的基、维数、坐标的概念 了解 基变换与坐标变换 会求 向量再给定基下的坐标
线性变换	了解 线性变换的概念 会求 线性变换的矩阵 了解 线性变换的像空间、核和秩

拓展阅读

工程学中的向量空间

航天飞机的控制系统对飞行而言是绝对关键的部件之一. 由于航天飞机是一个不稳定的空中机体，它在大气层飞行时需要不间断地用计算机进行监控. 飞行控制系统不断地向空气动力控制表面和飞机的小推进器喷口发送命令，各种各样的传感器的信号被添加到计算机信号中. 从数学的角度看，一个工程学系统的输入和输出信号都是函数，这些函数的加法和数量乘法在应用中是非常重要的. 函数的这两种运算具有与$\mathbb{R}^n$中向量的加法和数量乘法完全类似的代数性质. 由于这个原因，所有可能的输入(函数)的集合称为一个向量空间. 系统工程学的数学基础依赖于函数的向量空间，因此我们需要把$\mathbb{R}^n$中向量的理论推广到包括这些函数.

设 $\boldsymbol{S}$ 是数的双向无穷序列空间(通常写成行)：

$$\{y_k\}=(\cdots,\ y_{-2},\ y_{-1},\ y_0,\ y_1,\ y_2,\ \cdots),$$

若$\{z_k\}$是 $\boldsymbol{S}$ 中的另一个元素，则它们的和$\{y_k\}+\{z_k\}$是序列$\{y_k+z_k\}$，它由$(y_k\}$与$\{z_k\}$对应项之和构成，数乘$k\{y_k\}$是序列$\{ky_k\}$，可以证明 $\boldsymbol{S}$ 满足向量空间的定义.

$\boldsymbol{S}$ 中的元素来源于工程学，例如，每当一个信号在离散时间上被测量(或被简化)时，它就可被看作 $\boldsymbol{S}$ 中的一个元素，这样的信号可以是电的、机械的、光的等. 为了方便，我们将 $\boldsymbol{S}$ 称为(离散时间)信号空间.

测试题五

一、选择题

设$\boldsymbol{f}$为有限维线性空间 V 上的线性变换，$\boldsymbol{A}$，$\boldsymbol{B}$ 为$\boldsymbol{f}$在 V 的不同基下的矩阵，则下列说法不正确的是(　　).

A. $\boldsymbol{A}$，$\boldsymbol{B}$ 有相同的特征值　　B. $\boldsymbol{A}$，$\boldsymbol{B}$ 有相同的行列式

C. $\boldsymbol{A}$，$\boldsymbol{B}$ 有相同的特征向量　　D. $\boldsymbol{A}$，$\boldsymbol{B}$ 相似

二、填空题

1. 已知 b 为常数，且向量组 $\boldsymbol{V}=\left\{\boldsymbol{x}\ \middle|\ \boldsymbol{x}=\begin{pmatrix} a_1 \\ a_2 \\ a_1+a_2+b \end{pmatrix}，其中\ a_1，a_2，b\in\mathbb{R}\right\}$可以构成一个向量空间，则参数 $b=$__________.

2. 设向量 $\boldsymbol{\eta}$ 在基 $\boldsymbol{\alpha}_1=\begin{pmatrix}1\\0\\0\end{pmatrix}$，$\boldsymbol{\alpha}_2=\begin{pmatrix}0\\1\\0\end{pmatrix}$，$\boldsymbol{\alpha}_3=\begin{pmatrix}0\\0\\1\end{pmatrix}$与基$\boldsymbol{\beta}_1=\begin{pmatrix}1\\1\\1\end{pmatrix}$，$\boldsymbol{\beta}_2=\begin{pmatrix}1\\0\\-1\end{pmatrix}$，$\boldsymbol{\beta}_3=\begin{pmatrix}1\\0\\1\end{pmatrix}$下有相同的坐标，则 $\boldsymbol{\eta}=$__________.

三、解答题

1. 在次数不超过 3 的实系数多项式所成的线性空间 $V=P[x]_3$ 中定义线性变换 T 为：对任意的$f(x)\in V$，$T(f(x))=f(x)-f(x+1)$，求线性变换 T 在基 $P_1=1$，$P_2=x$，$P_3=x^2$，$P_4=x^3$ 下的矩阵.

2. 设非空集合

$$V=\{\boldsymbol{A}=(a_{ij})_{n\times n}\mid a_{ij}\in\mathbf{R}，\boldsymbol{A}^{\mathrm{T}}=\boldsymbol{A}\}$$

对于矩阵的加法和数乘运算构成线性空间，$\boldsymbol{P}$ 为可逆矩阵. 在 V 中定义映射 T 如下：对任意 $\boldsymbol{A}=(a_{ij})\in V$，$T(\boldsymbol{A})=\boldsymbol{P}^{\mathrm{T}}\boldsymbol{A}\boldsymbol{P}$，其中 $\boldsymbol{P}^{\mathrm{T}}$ 为 $\boldsymbol{P}$ 的转置矩阵.

(1)验证 T 是 V 上的线性变换；

(2)当 $n=2$，求 T 在 V 的基 $\boldsymbol{A}_1=\begin{pmatrix}1&0\\0&0\end{pmatrix}$，$\boldsymbol{A}_2=\begin{pmatrix}0&0\\0&1\end{pmatrix}$，$\boldsymbol{A}_3=\begin{pmatrix}0&1\\1&0\end{pmatrix}$下的矩阵，其中$\boldsymbol{P}=\begin{pmatrix}1&1\\-1&1\end{pmatrix}$.

3. 设由 $\boldsymbol{\alpha}_1=\begin{pmatrix}1\\1\\2\\3\end{pmatrix}$，$\boldsymbol{\alpha}_2=\begin{pmatrix}1\\-1\\1\\1\end{pmatrix}$，$\boldsymbol{\alpha}_3=\begin{pmatrix}1\\3\\3\\5\end{pmatrix}$，$\boldsymbol{\alpha}_4=\begin{pmatrix}4\\-2\\5\\6\end{pmatrix}$，$\boldsymbol{\alpha}_5=\begin{pmatrix}-3\\-1\\-5\\-7\end{pmatrix}$生成的向量空间为 V，求空间 V 的维数及它的一组基，并用基表示出其余向量.

4. 设 V 为由全部 2 阶实方阵所构成的线性空间. 对于任意 $\boldsymbol{A} \in V$, 定义: $P(\boldsymbol{A}) = \frac{1}{2}(\boldsymbol{A}-\boldsymbol{A}^{\mathrm{T}})$, 其中 $\boldsymbol{A}^{\mathrm{T}}$ 表示转置矩阵.

(1) 证明: P 为线性变换.

(2) 求 P 在基 $\boldsymbol{E}_{11} = \begin{pmatrix} 1 & 0 \\ 0 & 0 \end{pmatrix}$, $\boldsymbol{E}_{12} = \begin{pmatrix} 0 & 1 \\ 0 & 0 \end{pmatrix}$, $\boldsymbol{E}_{21} = \begin{pmatrix} 0 & 0 \\ 1 & 0 \end{pmatrix}$, $\boldsymbol{B} = \begin{pmatrix} 0 & 0 \\ 1 & 1 \end{pmatrix}$ 下的矩阵.

部分习题答案

第 一 章

习题 1-1

1. $\begin{cases}x_1+x_2+2x_3+2x_4=1,\\2x_1+x_2+3x_3-x_4=3,\\x_1-x_2+x_3+4x_4=5.\end{cases}$

2. $a=4$，$b=-3$，$x=2$，$y=-6$.

3. （1）$\boldsymbol{A}+2\boldsymbol{B}=\begin{pmatrix}5&9&4\\-2&-1&-2\end{pmatrix}$，$3\boldsymbol{A}-\boldsymbol{B}=\begin{pmatrix}8&-8&5\\8&4&-6\end{pmatrix}$；

   （2）$\boldsymbol{A}\boldsymbol{B}^{\mathrm{T}}=\begin{pmatrix}0&-5\\5&-5\end{pmatrix}$，$\boldsymbol{A}^{\mathrm{T}}\boldsymbol{B}=\begin{pmatrix}-1&13&3\\-3&-6&-1\\6&12&2\end{pmatrix}$.

4. $\begin{pmatrix}3&-18\\-6&-9\end{pmatrix}$.

5. $\begin{pmatrix}2&0&0\\0&4&0\\0&0&4\end{pmatrix}$.

6. （1）$\begin{pmatrix}3&-2&1\\6&-4&2\\9&-6&3\end{pmatrix}$；（2）1；（3）$x^2+2y^2+2xy-2xz+2yz$；（4）$\begin{pmatrix}1&n&\frac{n(n-1)}{2}\\0&1&n\\0&0&1\end{pmatrix}$.

7. $\begin{pmatrix}a&b\\0&a\end{pmatrix}$，$a$，$b\in R$.

9. $\begin{pmatrix}\lambda_1^n&&&\\&\lambda_2^n&&\\&&\ddots&\\&&&\lambda_n^n\end{pmatrix}$.

习题 1-2

1. $\boldsymbol{AC}=\begin{pmatrix}7&15&0&0\\5&11&0&0\\0&0&3&9\\0&0&6&12\end{pmatrix}$，$\boldsymbol{AB}-\boldsymbol{B}^{\mathrm{T}}\boldsymbol{A}=\begin{pmatrix}0&0&-2&-16\\0&0&4&6\\4&-5&2&-4\\9&-6&4&-2\end{pmatrix}$.

2. $\boldsymbol{AB}=\begin{pmatrix}\lambda_1 a_{11} & \lambda_2 a_{12} & \lambda_3 a_{13}\\ \lambda_1 a_{21} & \lambda_2 a_{22} & \lambda_3 a_{23}\\ \lambda_1 a_{31} & \lambda_2 a_{32} & \lambda_3 a_{33}\end{pmatrix}$.

4. $\boldsymbol{D}^k=\begin{pmatrix}A_1^k & \boldsymbol{O} & \cdots & \boldsymbol{O}\\ \boldsymbol{O} & A_2^k & \cdots & \boldsymbol{O}\\ \vdots & \vdots & \ddots & \vdots\\ \boldsymbol{O} & \boldsymbol{O} & \cdots & A_s^k\end{pmatrix}$.

习题 1-3

1. （1）$\begin{pmatrix}1 & 0 & -1 & 2\\ 0 & 1 & 1 & -1\\ 0 & 0 & 0 & 0\\ 0 & 0 & 0 & 0\end{pmatrix}$；（2）$\begin{pmatrix}0 & 1 & 0 & 0\\ 0 & 0 & 1 & 0\\ 0 & 0 & 0 & 1\\ 0 & 0 & 0 & 0\end{pmatrix}$；（3）$\begin{pmatrix}1 & 0 & 1\\ 0 & 1 & -2\\ 0 & 0 & 0\\ 0 & 0 & 0\end{pmatrix}$.

2. （1）$\begin{cases}x_1=0,\\ x_2=0,\\ x_3=0;\end{cases}$（2）$\begin{cases}x_1=-\dfrac{9}{7}C_1+\dfrac{1}{2}C_2,\\ x_2=\dfrac{1}{7}C_1-\dfrac{1}{2}C_2,\\ x_3=C_1,\\ x_4=C_2,\end{cases}$ C_1，C_2 为任意常数；

（3）$\begin{cases}x_1=-2C_1+\dfrac{1}{2}C_2,\\ x_2=C_1,\\ x_3=-\dfrac{1}{2}C_2,\\ x_4=C_2,\end{cases}$ C_1，C_2 为任意常数.

3. （1）$\begin{cases}x_1=-1-2C,\\ x_2=2+C,\\ x_3=C,\end{cases}$ C 为任意常数；（2）无解；（3）$\begin{cases}x_1=1,\\ x_2=-2,\\ x_3=-3;\end{cases}$（4）$\begin{cases}x_1=1,\\ x_2=1,\\ x_3=1,\\ x_4=1.\end{cases}$

4. 当 $\lambda\neq-2$ 且 $\lambda\neq1$ 时只有零解，当 $\lambda=-2$ 或 $\lambda=1$ 时有非零解；

当 $\lambda=-2$ 时，解为$\begin{cases}x_1=c,\\ x_2=c,\\ x_3=c,\end{cases}$ c 为任意常数；

当 $\lambda=1$ 时，解为$\begin{cases}x_1=-c_1-c_2,\\ x_2=c_1,\\ x_3=c_2,\end{cases}$ c_1，c_2 为任意常数.

5. 当 $t\neq -2$ 时该方程组无解；

当 $t=-2$ 时该方程组有无穷多解，并且

当 $t=-2$，$p\neq -8$ 时，解为$\begin{cases} x_1=-1-c, \\ x_2=1-2c, \\ x_3=0, \\ x_4=c, \end{cases}$ c 为任意常数；

当 $t=-2$，$p=-8$ 时，解为$\begin{cases} x_1=-1+4c_1-c_2, \\ x_2=1-2c_1-2c_2, \\ x_3=c_1, \\ x_4=c_2, \end{cases}$ c_1，c_2 为任意常数.

习题 1–4

1. $\boldsymbol{Q}=\begin{pmatrix} 0 & 0 & 1 \\ 0 & 1 & 0 \\ 1 & k & 0 \end{pmatrix}$.

2. (1) $\boldsymbol{P}^{-1}=\begin{pmatrix} 3 & -2 \\ -1 & 1 \end{pmatrix}$；(2) $\boldsymbol{P}^{-1}\boldsymbol{AP}=\begin{pmatrix} 3 & 0 \\ 0 & 2 \end{pmatrix}$；

(3) $\boldsymbol{A}^{10}=\begin{pmatrix} 3^{11}-2^{11} & 2^{11}-2\cdot 3^{10} \\ 3^{11}-3\cdot 2^{10} & 3\cdot 2^{10}-2\cdot 3^{10} \end{pmatrix}$.

3. (1) $\begin{pmatrix} \frac{1}{2} & \frac{1}{2} & 0 \\ \frac{1}{2} & 0 & \frac{1}{2} \\ 0 & \frac{1}{2} & \frac{1}{2} \end{pmatrix}$；(2) $\begin{pmatrix} 3 & -2 & 1 \\ -3 & \frac{5}{2} & -\frac{3}{2} \\ 1 & -1 & 1 \end{pmatrix}$；(3) $\begin{pmatrix} -4 & -3 & 1 \\ -5 & -3 & 1 \\ 6 & 4 & -1 \end{pmatrix}$；(4) $\begin{pmatrix} 0 & 2 & -1 & 0 \\ 0 & -3 & 2 & 0 \\ 4 & -5 & 7 & -3 \\ -\frac{1}{2} & 2 & -2 & \frac{1}{2} \end{pmatrix}$.

4. (1) $\boldsymbol{X}=\begin{pmatrix} -1 & 2 \\ 2 & 0 \\ 1 & -1 \end{pmatrix}$；(2) $\boldsymbol{X}=\begin{pmatrix} 1 & 2 & -2 \\ 0 & 5 & -4 \end{pmatrix}$；(3) $\boldsymbol{X}=\begin{pmatrix} -5 & 2 \\ -10 & 4 \\ -2 & 1 \end{pmatrix}$.

测试题一

一、填空题

1. $\boldsymbol{AB}=\boldsymbol{BA}$.

2. $\begin{pmatrix} 3 & 6 \\ 4 & 5 \end{pmatrix}$.

3. $4^7\begin{pmatrix} 1 & 1 & 1 \\ 2 & 2 & 2 \\ 1 & 1 & 1 \end{pmatrix}$.

4. $\begin{pmatrix} \frac{1}{2} & 0 & 0 \\ -\frac{1}{2} & 1 & 0 \\ 0 & 0 & \frac{1}{2} \end{pmatrix}$.

5. $\begin{pmatrix} 1 & 0 & 0 \\ 0 & 1 & -2 \\ 0 & 0 & 1 \end{pmatrix}$.

二、选择题

1. D.　2. D.　3. B.　4. D.　5. A.

三、解答题

1. $\boldsymbol{X}=\begin{pmatrix} -\frac{1}{2} & \frac{3}{2} & 0 \\ \frac{9}{2} & \frac{7}{2} & 2 \\ -1 & -3 & -1 \end{pmatrix}$.

2. $\lambda \neq 0$ 且 $\lambda \neq -3$ 时只有零解；

$\lambda=0$ 时有非零解，$\begin{cases} x_1=-C_1-C_2, \\ x_2=C_1, \\ x_3=C_2, \end{cases}$　C_1，C_2 为任意常数；

$\lambda=-3$ 时有非零解，$\begin{cases} x_1=C, \\ x_2=C, \\ x_3=C, \end{cases}$　C 为任意常数.

3. $\boldsymbol{A}^n-2\boldsymbol{A}^{n-1}=\boldsymbol{O}$.

第　二　章

习题 2-1

1. (1) $\tau(634521)=12$；(2) $\tau(53142)=7$；(3) $\tau(123454321)=16$；
(4) $\tau(135\cdots(2n-1)(2n)(2n-2)\cdots42)=n(n-1)$.

2. $a_{13}a_{24}a_{35}a_{41}a_{52}$.

3. x^3 的系数是 3，x^4 的系数是-6.

4. (1) -3；(2) 6；(3) $3abc-a^3-b^3-c^3$；(4) $(b-a)^3$.

习题 2-2

1. (1) -3；(2) 15；(3) $(a+b)(a-b)^3$；(4) $[2+(n-1)a](2-a)^{n-1}$；
(5) $a^{n-1}\left[\frac{n(n+1)}{2}+a\right]$.

3. 972.

4. $M^{-1}=\begin{pmatrix} O & B^{-1} \\ A^{-1} & O \end{pmatrix}$，$D^{-1}=\begin{pmatrix} A^{-1} & O \\ -B^{-1}CA^{-1} & B^{-1} \end{pmatrix}$，$N^{-1}=\begin{pmatrix} -B^{-1}CA^{-1} & B^{-1} \\ A^{-1} & O \end{pmatrix}$.

5. $A^{-1}=\frac{1}{2}(A-E)$，$(A+2E)^{-1}=\frac{1}{4}(3E-A)$.

习题 2-3

1. $x=a$ 或 $x=b$ 或 $x=c$.

2. (1)12；(2)9；(3)$a_3x^3-a_2x^2+a_1x-a_0$；(4)x^4.

3. (1)$x^n+(-1)^{n+1}y^n$；(2)$[a+(n-1)b](a-b)^{n-1}$；(3)$b^{n-1}(b+\sum\limits_{i=1}^{n}a_i)$；

(4)$n!\ x\left(1+\frac{1}{2}+\cdots+\frac{1}{n}\right)+n!$；(5)$(-1)^{n-1}(n-1)$；(6)$n!$.

习题 2-4

1. (1)$\begin{cases} x_1=-43, \\ x_2=-24, \\ x_3=-3; \end{cases}$ (2)$\begin{cases} x_1=5, \\ x_2=5, \\ x_3=3. \end{cases}$

2. $f(x)=-5+10x-3x^2$.

3. $\begin{pmatrix} 1 & 2 & -1 \\ -1 & -1 & 1 \\ -1 & -3 & 2 \end{pmatrix}$.

4. $\lambda\neq4$ 且 $\lambda\neq-1$ 时有唯一解；

$\lambda=-1$ 时无解；

$\lambda=4$ 时有无穷多解，$\begin{cases} x_1=-3C, \\ x_2=4-C, \\ x_3=C, \end{cases}$ C 为任意常数.

6. $(A^*)^{-1}=\frac{1}{|A|}\cdot A$.

测试题二

一、填空题

1. 10.

2. a^3.

3. 22.

4. $1-a+a^2-a^3+a^4-a^5$.

5. 2.

二、选择题

1. D.　2. B.　3. B.　4. C.　5. A.

三、解答题

1. $a^2(a-2^n)$.

3. $\begin{pmatrix} \boldsymbol{O} & 3\boldsymbol{B}^* \\ 2\boldsymbol{A}^* & \boldsymbol{O} \end{pmatrix}$.

4. $\boldsymbol{A}(\boldsymbol{A}+\boldsymbol{B})^{-1}\boldsymbol{B}$.

5. $\boldsymbol{X}=\begin{pmatrix} \frac{1}{4} & \frac{1}{4} & 0 \\ 0 & \frac{1}{4} & \frac{1}{4} \\ \frac{1}{4} & 0 & \frac{1}{4} \end{pmatrix}$.

6. $\lambda\neq1$ 且 $\lambda\neq-2$ 时有唯一解；

$\lambda=-2$ 时无解；

$\lambda=1$ 时有无穷多解，$\begin{cases} x_1=-2-C_1-C_2, \\ x_2=C_1, \\ x_3=C_2, \end{cases}$ C_1，C_2 为任意常数.

第　三　章

习题 3-1

1. $2\boldsymbol{\alpha}-\boldsymbol{\beta}=\begin{pmatrix} 1 \\ -3 \\ -1 \end{pmatrix}$，$\boldsymbol{\alpha}-\boldsymbol{\beta}+2\boldsymbol{\gamma}=\begin{pmatrix} -5 \\ 4 \\ -2 \end{pmatrix}$.

2. 能，$\boldsymbol{\alpha}=2\boldsymbol{\beta}_1-\boldsymbol{\beta}_2-\boldsymbol{\beta}_3$.

4. $a=1$.

习题 3-2

2. (1)线性无关；(2)线性相关；(3)线性相关.

4. 当 $a=-2$ 或 $a=3$ 时，$\boldsymbol{\alpha}_1$，$\boldsymbol{\alpha}_2$，$\boldsymbol{\alpha}_3$ 线性相关；

当 $a\neq-2$ 且 $a\neq3$ 时，$\boldsymbol{\alpha}_1$，$\boldsymbol{\alpha}_2$，$\boldsymbol{\alpha}_3$ 线性无关.

习题 3-3

1. (1)秩是 2，极大无关组为 $\boldsymbol{\alpha}_1$，$\boldsymbol{\alpha}_2$，且 $\boldsymbol{\alpha}_3=3\boldsymbol{\alpha}_1-6\boldsymbol{\alpha}_2$，$\boldsymbol{\alpha}_4=6\boldsymbol{\alpha}_1-7\boldsymbol{\alpha}_2$，$\boldsymbol{\alpha}_5=3\boldsymbol{\alpha}_1-2\boldsymbol{\alpha}_2$；

(2)秩是 3，极大无关组为 $\boldsymbol{\alpha}_1$，$\boldsymbol{\alpha}_2$，$\boldsymbol{\alpha}_3$，且 $\boldsymbol{\alpha}_4=-2\boldsymbol{\alpha}_1+\boldsymbol{\alpha}_2+\boldsymbol{\alpha}_3$，$\boldsymbol{\alpha}_5=\boldsymbol{\alpha}_1+\boldsymbol{\alpha}_2$.

2. (1)秩是 3；(2)秩是 3.

习题 3-4

1. (1)$\boldsymbol{\eta}_1=\begin{pmatrix} -3 \\ -1 \\ 1 \\ 0 \end{pmatrix}$，$\boldsymbol{\eta}_2=\begin{pmatrix} 0 \\ -2 \\ 0 \\ 1 \end{pmatrix}$，$\boldsymbol{x}=k_1\boldsymbol{\eta}_1+k_2\boldsymbol{\eta}_2$，($k_1$，$k_2\in\mathbb{R}$)；

(2) $\boldsymbol{\eta}_1=\begin{pmatrix}2\\1\\1\\0\end{pmatrix}$，$\boldsymbol{\eta}_2=\begin{pmatrix}-1\\0\\0\\1\end{pmatrix}$，$\boldsymbol{x}=k_1\boldsymbol{\eta}_1+k_2\boldsymbol{\eta}_2(k_1,\ k_2\in\mathbb{R})$.

2. (1) $\begin{pmatrix}x_1\\x_2\\x_3\\x_4\end{pmatrix}=\begin{pmatrix}2\\-1\\0\\0\end{pmatrix}+k_1\begin{pmatrix}-1\\1\\1\\0\end{pmatrix}+k_2\begin{pmatrix}0\\-1\\0\\1\end{pmatrix}$ $(k_1,\ k_2\in\mathbb{R})$；

(2) $\begin{pmatrix}x_1\\x_2\\x_3\\x_4\end{pmatrix}=\begin{pmatrix}1\\0\\0\\0\end{pmatrix}+k_1\begin{pmatrix}0\\3\\1\\0\end{pmatrix}+k_2\begin{pmatrix}-2\\3\\0\\1\end{pmatrix}$ $(k_1,\ k_2\in\mathbb{R})$.

4. $\begin{pmatrix}x_1\\x_2\\x_3\\x_4\end{pmatrix}=\begin{pmatrix}1\\2\\3\\4\end{pmatrix}+k\begin{pmatrix}0\\1\\2\\3\end{pmatrix}$ $(k\in\mathbb{R})$.

习题 3-5

3. 维数是 3，一个基为 $\boldsymbol{\alpha}_1$，$\boldsymbol{\alpha}_2$，$\boldsymbol{\alpha}_3$.

4. (1) $(0\quad -1\quad 1\quad 1)^{\mathrm{T}}$；

(2) $\boldsymbol{P}=\begin{pmatrix}1&0&0&-1\\-1&1&0&0\\0&-1&1&0\\1&1&0&1\end{pmatrix}$，坐标为$\left(\frac{2}{3},\ -\frac{1}{3},\ \frac{2}{3},\ \frac{2}{3}\right)^{\mathrm{T}}$.

测试题三

一、填空题

1. $\begin{pmatrix}-\frac{1}{3}&\frac{5}{3}\\ \frac{2}{3}&-\frac{1}{3}\end{pmatrix}$.

2. $a=5$.

3. $a=-1$.

4. $\lambda=-1$，$a=-2$.

二、选择题

1. A.　2. D.　3. A.　4. A.　5. A.

三、解答题

1. 当 $a=0$ 时，$\boldsymbol{\alpha}_1$，$\boldsymbol{\alpha}_2$，$\boldsymbol{\alpha}_3$，$\boldsymbol{\alpha}_4$ 线性相关，极大无关组为 $\boldsymbol{\alpha}_1$，且 $\boldsymbol{\alpha}_2=2\boldsymbol{\alpha}_1$，$\boldsymbol{\alpha}_3=3\boldsymbol{\alpha}_1$，$\boldsymbol{\alpha}_4=4\boldsymbol{\alpha}_1$；

当 $a=-10$ 时，$\boldsymbol{\alpha}_1$，$\boldsymbol{\alpha}_2$，$\boldsymbol{\alpha}_3$，$\boldsymbol{\alpha}_4$ 线性相关，$\boldsymbol{\alpha}_1$，$\boldsymbol{\alpha}_2$，$\boldsymbol{\alpha}_3$ 为一个极大无关组，$\boldsymbol{\alpha}_4=-\boldsymbol{\alpha}_1-\boldsymbol{\alpha}_2-\boldsymbol{\alpha}_3$.

2. 若 $R(\boldsymbol{A})=2$，通解为 $t\begin{pmatrix}1\\2\\3\end{pmatrix}(t\in\mathbb{R})$；

若 $R(\boldsymbol{A})=1$，当 $c\neq0$ 时，通解为 $k_1\begin{pmatrix}c\\0\\-a\end{pmatrix}+k_2\begin{pmatrix}0\\c\\-b\end{pmatrix}(k_1, k_2\in\mathbb{R})$；

当 $c=0$ 时，通解为 $k_1\begin{pmatrix}1\\2\\3\end{pmatrix}+k_2\begin{pmatrix}0\\0\\1\end{pmatrix}(k_1, k_2\in\mathbb{R})$.

3. (1) $\boldsymbol{\xi}_2=\begin{pmatrix}t\\-t\\1+2t\end{pmatrix}(t\in\mathbb{R})$，$\boldsymbol{\xi}_3=\begin{pmatrix}-\frac{1}{2}-c_1\\c_1\\c_2\end{pmatrix}(c_1, c_2\in\mathbb{R})$；(2) 证明略.

4. (1) 略；

(2) $a=2$，$b=-3$；$\begin{pmatrix}x_1\\x_2\\x_3\\x_4\end{pmatrix}=\begin{pmatrix}2\\-3\\0\\0\end{pmatrix}+k_1\begin{pmatrix}-2\\1\\1\\0\end{pmatrix}+k_2\begin{pmatrix}4\\-5\\0\\1\end{pmatrix}(k_1, k_2\in\mathbb{R})$.

5. (2) 当 $a\neq0$ 时有唯一解，$x_1=\dfrac{n}{(n+1)a}$；

(3) 当 $a=0$ 时有无穷多解，通解为 $(0, 1, 0, \cdots, 0)^{\mathrm{T}}+k(1, 0, 0, \cdots, 0)^{\mathrm{T}}(k\in\mathbb{R})$.

6. $\boldsymbol{\alpha}_2$，$\boldsymbol{\alpha}_3$，$\boldsymbol{\alpha}_4$ 或 $\boldsymbol{\alpha}_1$，$\boldsymbol{\alpha}_2$，$\boldsymbol{\alpha}_4$.

第 四 章

习题 4-1

1. $\boldsymbol{\gamma}=\begin{pmatrix}-1\\-5\\3\end{pmatrix}$.

2. (1) $\boldsymbol{\beta}_1=\begin{pmatrix}1\\1\\2\end{pmatrix}$，$\boldsymbol{\beta}_2=\begin{pmatrix}-\frac{1}{2}\\\frac{1}{2}\\0\end{pmatrix}$，$\boldsymbol{\beta}_3=\begin{pmatrix}-1\\-1\\1\end{pmatrix}$；

(2) $\boldsymbol{\beta}_1=\begin{pmatrix}1\\-1\\0\\0\end{pmatrix}$，$\boldsymbol{\beta}_2=\begin{pmatrix}\frac{1}{2}\\\frac{1}{2}\\-1\\0\end{pmatrix}$，$\boldsymbol{\beta}_3=\begin{pmatrix}-\frac{1}{3}\\-\frac{1}{3}\\-\frac{1}{3}\\1\end{pmatrix}$.

3. (1)不是；(2)是.

习题 4-2

1. (1) $\lambda_1=\lambda_2=-1$，$\boldsymbol{\alpha}_1=(-1,\ 1,\ 0)^{\mathrm{T}}$，$\boldsymbol{\alpha}_2=(-1,\ 0,\ 1)^{\mathrm{T}}$；$\lambda_3=2$，$\boldsymbol{\alpha}_3=(1,\ 1,\ 1)^{\mathrm{T}}$；

   (2) $\lambda_1=\lambda_2=1$，$\boldsymbol{\alpha}_1=(1,\ 1,\ 0)^{\mathrm{T}}$；$\lambda_3=2$，$\boldsymbol{\alpha}_2=(0,\ 1,\ 1)^{\mathrm{T}}$；

   (3) $\lambda_1=\lambda_2=2$，$\boldsymbol{\alpha}_1=(2,\ 1,\ 0,\ 0)^{\mathrm{T}}$；$\lambda_3=1$，$\boldsymbol{\alpha}_2=(1,\ 0,\ 0,\ 0)^{\mathrm{T}}$；$\lambda_4=3$，$\boldsymbol{\alpha}_3=(2,\ 0,\ 1,\ 0)^{\mathrm{T}}$.

4. 1404.

5. -2.

习题 4-3

3. $a=0$，$c=0$，b 可取任意值.

4. (1) $a=-3$，$b=0$，$\lambda=-1$；

   (2)不能对角化.

5. $\boldsymbol{A}^{100}=\begin{pmatrix}1 & 2^{99}-1 & 2^{99}\\0 & 2^{99} & 2^{99}\\0 & 2^{99} & 2^{99}\end{pmatrix}$.

6. $\boldsymbol{A}=\begin{pmatrix}-2 & 3 & -3\\-4 & 5 & -3\\-4 & 4 & -2\end{pmatrix}$.

习题 4-4

1. (1) $\boldsymbol{P}=\begin{pmatrix}-\frac{\sqrt{6}}{3} & 0 & \frac{\sqrt{3}}{3}\\\frac{\sqrt{6}}{6} & -\frac{\sqrt{2}}{2} & \frac{\sqrt{3}}{3}\\\frac{\sqrt{6}}{6} & \frac{\sqrt{2}}{2} & \frac{\sqrt{3}}{3}\end{pmatrix}$，$\boldsymbol{P}^{-1}\boldsymbol{AP}=\begin{pmatrix}0 & & \\ & 2 & \\ & & 3\end{pmatrix}$；

   (2) $\boldsymbol{P}=\begin{pmatrix}-\frac{2\sqrt{5}}{5} & \frac{2\sqrt{5}}{15} & \frac{-1}{3}\\\frac{\sqrt{5}}{5} & \frac{4\sqrt{5}}{15} & \frac{-2}{3}\\0 & \frac{\sqrt{5}}{3} & \frac{2}{3}\end{pmatrix}$，$\boldsymbol{P}^{-1}\boldsymbol{AP}=\begin{pmatrix}1 & & \\ & 1 & \\ & & 10\end{pmatrix}$.

2. $\begin{pmatrix} 2 & 2 & -4 \\ 2 & 2 & -4 \\ -4 & -4 & 8 \end{pmatrix}$.

3. $\begin{pmatrix} -1 & 0 & 2 \\ 0 & 1 & 2 \\ 2 & 2 & 0 \end{pmatrix}$.

4. $a=-1$，$\boldsymbol{P}=\begin{pmatrix} \frac{1}{\sqrt{6}} & \frac{-1}{\sqrt{2}} & \frac{1}{\sqrt{3}} \\ \frac{2}{\sqrt{6}} & 0 & \frac{-1}{\sqrt{3}} \\ \frac{1}{\sqrt{6}} & \frac{1}{\sqrt{2}} & \frac{1}{\sqrt{3}} \end{pmatrix}$.

5. (1) $\lambda_1=-1$，$\boldsymbol{\alpha}_1=(1, 0, -1)^{\mathrm{T}}$；$\lambda_2=1$，$\boldsymbol{\alpha}_2=(1, 0, 1)^{\mathrm{T}}$；

$\lambda_3=0$，$\boldsymbol{\alpha}_3=(0, 1, 0)^{\mathrm{T}}$；

(2) $\boldsymbol{A}=\begin{pmatrix} 0 & 0 & 1 \\ 0 & 0 & 0 \\ 1 & 0 & 0 \end{pmatrix}$.

6. (2) 非零特征值是 $\boldsymbol{x}^{\mathrm{T}}\boldsymbol{x}=x_1^2+x_2^2+\cdots+x_n^2$，对应的特征向量为 $\boldsymbol{x}=(x_1, x_2, \cdots, x_n)^{\mathrm{T}}$；特征值 $\lambda=0$ 对应的特征向量为：$(-x_2, x_1, 0, \cdots, 0)^{\mathrm{T}}$，$(-x_3, 0, x_1, \cdots, 0)^{\mathrm{T}}$，$\cdots$，$(-x_n, 0, 0, \cdots, x_1)^{\mathrm{T}}$.

7. $\lambda_1=0$，$\lambda_2=\lambda_3=1$.

习题 4-5

1. (1) $f=(x_1, x_2, x_3)\begin{pmatrix} 2 & -2 & 2 \\ -2 & -2 & 3 \\ 2 & 3 & 1 \end{pmatrix}\begin{pmatrix} x_1 \\ x_2 \\ x_3 \end{pmatrix}$；

(2) $f=(x, y, z)\begin{pmatrix} -1 & 1 & -3 \\ 1 & 2 & -2 \\ -3 & -2 & -3 \end{pmatrix}\begin{pmatrix} x \\ y \\ z \end{pmatrix}$；

(3) $f=(x_1, x_2, x_3)\begin{pmatrix} 1 & -1 & 0 \\ -1 & 0 & 3 \\ 0 & 3 & -3 \end{pmatrix}\begin{pmatrix} x_1 \\ x_2 \\ x_3 \end{pmatrix}$.

2. (1) $\begin{pmatrix} x_1 \\ x_2 \\ x_3 \end{pmatrix}=\begin{pmatrix} 0 & 1 & 0 \\ \frac{1}{\sqrt{2}} & 0 & -\frac{1}{\sqrt{2}} \\ \frac{1}{\sqrt{2}} & 0 & \frac{1}{\sqrt{2}} \end{pmatrix}\begin{pmatrix} y_1 \\ y_2 \\ y_3 \end{pmatrix}$，$f=y_1^2+2y_2^2+3y_3^2$；

（2）$\begin{pmatrix} x_1 \\ x_2 \\ x_3 \end{pmatrix} = \begin{pmatrix} -\frac{1}{\sqrt{2}} & -\frac{1}{\sqrt{6}} & \frac{1}{\sqrt{3}} \\ \frac{1}{\sqrt{2}} & -\frac{1}{\sqrt{6}} & \frac{1}{\sqrt{3}} \\ 0 & \frac{2}{\sqrt{6}} & \frac{1}{\sqrt{3}} \end{pmatrix} \begin{pmatrix} y_1 \\ y_2 \\ y_3 \end{pmatrix}$，$f=-y_1^2-y_2^2+2y_3^2$；

（3）$\begin{pmatrix} x_1 \\ x_2 \\ x_3 \end{pmatrix} = \begin{pmatrix} -\frac{2}{\sqrt{5}} & \frac{2}{3\sqrt{5}} & -\frac{1}{3} \\ \frac{\sqrt{5}}{5} & \frac{4\sqrt{5}}{15} & -\frac{2}{3} \\ 0 & \frac{\sqrt{5}}{3} & \frac{2}{3} \end{pmatrix} \begin{pmatrix} y_1 \\ y_2 \\ y_3 \end{pmatrix}$，$f=y_1^2+y_2^2+10y_3^2$.

4. （1）$f=y_1^2-y_2^2+y_3^2$，$\begin{pmatrix} x_1 \\ x_2 \\ x_3 \end{pmatrix} = \begin{pmatrix} 1 & -1 & 1 \\ 0 & 1 & -1 \\ 0 & 0 & 1 \end{pmatrix} \begin{pmatrix} y_1 \\ y_2 \\ y_3 \end{pmatrix}$；

（2）$f=y_1^2+y_2^2+y_3^2$，$\begin{pmatrix} x_1 \\ x_2 \\ x_3 \end{pmatrix} = \begin{pmatrix} \frac{1}{\sqrt{2}} & -\frac{1}{\sqrt{2}} & -\frac{1}{\sqrt{2}} \\ 0 & \frac{2}{\sqrt{2}} & \frac{2}{\sqrt{2}} \\ 0 & 0 & \frac{1}{\sqrt{2}} \end{pmatrix} \begin{pmatrix} y_1 \\ y_2 \\ y_3 \end{pmatrix}$.

5. （1）$\boldsymbol{A} = \begin{pmatrix} 4 & 0 & 0 \\ 0 & 2+\frac{a}{2} & 2-\frac{a}{2} \\ 0 & 2-\frac{a}{2} & 2+\frac{a}{2} \end{pmatrix}$，$a=0$ 时，$R(\boldsymbol{A})=2$；$a\neq 0$ 时，$R(\boldsymbol{A})=3$；

（2）$\boldsymbol{Q} = \begin{pmatrix} 1 & 0 & 0 \\ 0 & \frac{1}{\sqrt{2}} & -\frac{1}{\sqrt{2}} \\ 0 & \frac{1}{\sqrt{2}} & \frac{1}{\sqrt{2}} \end{pmatrix}$.

习题 4−6

1. $0<a<1$.

2. （1）负定；（2）正定；（3）正定.

测试题四

一、填空题

1. $x>9$.

2. $a=2$.

3. $\begin{pmatrix} 2 & 0 & 0 \\ 0 & 2 & 0 \\ 0 & 0 & 2 \end{pmatrix}$.

4. 18.

5. -1.

二、选择题

1. B.　2. B.　3. B.　4. D.　5. B.

三、解答题

5. $\boldsymbol{P}=\begin{pmatrix} -1 & 1 & 1 \\ 1 & 0 & -2 \\ 0 & 1 & 3 \end{pmatrix}$.

6. $\boldsymbol{A}=\begin{pmatrix} 0 & 1 & -1 \\ 1 & 0 & -1 \\ -1 & -1 & 0 \end{pmatrix}$，$\boldsymbol{P}=\begin{pmatrix} -\frac{1}{\sqrt{2}} & \frac{1}{\sqrt{6}} & \frac{1}{\sqrt{3}} \\ \frac{1}{\sqrt{2}} & \frac{1}{\sqrt{6}} & \frac{1}{\sqrt{3}} \\ 0 & \frac{2}{\sqrt{6}} & -\frac{1}{\sqrt{3}} \end{pmatrix}$.

7. $\boldsymbol{P}=\begin{pmatrix} -\frac{1}{\sqrt{2}} & \frac{1}{\sqrt{3}} & \frac{1}{\sqrt{6}} \\ 0 & -\frac{1}{\sqrt{3}} & \frac{2}{\sqrt{6}} \\ \frac{1}{\sqrt{2}} & \frac{1}{\sqrt{3}} & \frac{1}{\sqrt{6}} \end{pmatrix}$，该二次曲面是椭圆柱面 .

第　五　章

习题 5-2

1. $(33,\ -82,\ 154)^{\mathrm{T}}$.

2. $\boldsymbol{S}_1$ 的基：$\begin{pmatrix} 1 & 0 \\ 0 & -1 \end{pmatrix}$，$\begin{pmatrix} 0 & 1 \\ 0 & 0 \end{pmatrix}$，$\begin{pmatrix} 0 & 0 \\ 1 & 0 \end{pmatrix}$.

$\boldsymbol{S}_2$ 的基：$\begin{pmatrix} 1 & 0 & 0 \\ 0 & 0 & 0 \\ 0 & 0 & 0 \end{pmatrix}$，$\begin{pmatrix} 0 & 1 & 0 \\ 1 & 0 & 0 \\ 0 & 0 & 0 \end{pmatrix}$，$\begin{pmatrix} 0 & 0 & 1 \\ 0 & 0 & 0 \\ 1 & 0 & 0 \end{pmatrix}$，$\begin{pmatrix} 0 & 0 & 0 \\ 0 & 1 & 0 \\ 0 & 0 & 0 \end{pmatrix}$，$\begin{pmatrix} 0 & 0 & 0 \\ 0 & 0 & 1 \\ 0 & 1 & 0 \end{pmatrix}$，$\begin{pmatrix} 0 & 0 & 0 \\ 0 & 0 & 0 \\ 0 & 0 & 1 \end{pmatrix}$.

$\boldsymbol{S}_3$ 的基：$\begin{pmatrix}0&1&0\\-1&0&0\\0&0&0\end{pmatrix}$，$\begin{pmatrix}0&0&1\\0&0&0\\-1&0&0\end{pmatrix}$，$\begin{pmatrix}0&0&0\\0&0&1\\0&-1&0\end{pmatrix}$.

3. (1)$\boldsymbol{P}=\begin{pmatrix}\frac{16}{13}&1&1&1\\\frac{19}{13}&0&0&0\\\frac{20}{13}&1&0&1\\-\frac{9}{13}&0&1&1\end{pmatrix}$；(2)$\begin{pmatrix}13\\-23\\5\\3\end{pmatrix}$.

4. (1)$\boldsymbol{P}=\begin{pmatrix}1&1&1&1\\0&1&1&1\\0&0&1&1\\0&0&0&1\end{pmatrix}$；(2)在基Ⅰ下的坐标为$\begin{pmatrix}18\\10\\8\\7\end{pmatrix}$，在基Ⅱ下的坐标为$\begin{pmatrix}8\\2\\1\\7\end{pmatrix}$.

5. $\boldsymbol{P}=\begin{pmatrix}0&0&\cdots&0&1\\2&0&\cdots&0&0\\0&3&\cdots&0&0\\0&0&\cdots&0&0\\\vdots&\vdots&\ddots&\vdots&\vdots\\0&0&\cdots&n&0\end{pmatrix}$.

习题 5-3

1. (1)关于 y 轴对称；(2)投影到 y 轴；(3)关于直线 $y=x$ 对称；
   (4)关于直线 $y=-x$ 对称.

3. $\begin{pmatrix}1&1&0\\0&1&2\\0&0&1\end{pmatrix}$.

4. $\boldsymbol{P}=\begin{pmatrix}-1&0&-1\\0&-1&0\\2&3&4\end{pmatrix}$.

5. $\boldsymbol{B}=\begin{pmatrix}-1&1&-2\\2&2&0\\3&0&2\end{pmatrix}$.

测试题五

一、选择题

1. C.

二、填空题

1. 0.

2. $k\begin{pmatrix}1\\1\\-1\end{pmatrix}$，$k\in\mathbb{R}$.

三、解答题

1. $\begin{pmatrix}0&-1&-1&-1\\0&0&-2&-3\\0&0&0&-3\\0&0&0&0\end{pmatrix}$.

2. (2) $\begin{pmatrix}1&1&-2\\1&1&2\\1&-1&0\end{pmatrix}$.

3. $\dim V=2$，一组基为 $\boldsymbol{\alpha}_1$，$\boldsymbol{\alpha}_2$，且 $\boldsymbol{\alpha}_3=2\boldsymbol{\alpha}_1-\boldsymbol{\alpha}_2$，$\boldsymbol{\alpha}_4=\boldsymbol{\alpha}_1+3\boldsymbol{\alpha}_2$，$\boldsymbol{\alpha}_5=-2\boldsymbol{\alpha}_1-\boldsymbol{\alpha}_2$，且 $V=\{\boldsymbol{\alpha}=k_1\boldsymbol{\alpha}_1+k_2\boldsymbol{\alpha}_2 \mid k_1,\ k_2\in\mathbb{R}\}$.

4. (2) $\begin{pmatrix}0&0&0&0\\0&\frac{1}{2}&-\frac{1}{2}&-\frac{1}{2}\\0&-\frac{1}{2}&\frac{1}{2}&\frac{1}{2}\\0&0&0&0\end{pmatrix}$.